微積分

黃學亮　編著

全華圖書股份有限公司

國家圖書館出版品預行編目資料

微積分/黃學亮編著. -- 十三版. -- 新北市：
全華圖書股份有限公司, 2022.05
面； 公分
ISBN 978-626-328-186-8(平裝)
1.CST: 微積分
314.1 111006539

微積分(第十三版)

作者 / 黃學亮
發行人 / 陳本源
執行編輯 / 羅涵之
封面設計 / 楊昭琅
出版者 / 全華圖書股份有限公司
郵政帳號 / 0100836-1 號
印刷者 / 宏懋打字印刷股份有限公司
圖書編號 / 055960A
十三版一刷 / 2022 年 05 月
定價 / 新台幣 500 元
ISBN / 978-626-328-186-8
全華圖書 / www.chwa.com.tw
全華網路書店 Open Tech / www.opentech.com.tw
若您對本書有任何問題，歡迎來信指導 book@chwa.com.tw

臺北總公司(北區營業處)
地址：23671 新北市土城區忠義路 21 號
電話：(02) 2262-5666
傳真：(02) 6637-3695、6637-3696

南區營業處
地址：80769 高雄市三民區應安街 12 號
電話：(07) 381-1377
傳真：(07) 862-5562

中區營業處
地址：40256 臺中市南區樹義一巷 26 號
電話：(04) 2261-8485
傳真：(04) 3600-9806(高中職)
(04) 3601-8600(大專)

作者序 Author Preface

學習微積分的人不論是未來職場需要或專業需要微積分支撐，微積分都是很重要的一門課程。但不可諱言的是數學包括微積分也是很多人在學習上的畏途，原因之一是數學教材。教材沒有誰好誰壞，只有適不適合的問題。因此，在本版做了大幅改寫，重點有九個字「專注核心，編寫人性化」：

1. 專注核心：
   針對微積分二學期三學分之考量下，擷取微積分之讀者必須熟知部分。因此，對微分方程式等刪去，有志者可參閱拙著基礎工程數學（六版全華）。此外，內容編排上除超越函數之微分法仍放第二章外，其餘多按美式微積分課本之編排，以便讀者參考。每章後新增學後評量，可供讀者自我評量。新增了基礎數學回顧，我們列了邏輯與集合二個節次，對同學觀念澄清與數學敘述上有很大的功能。

2. 編寫人性化：
   在這方面，本書著墨較多，包括：

   (1) 每節都有「本節學習目標」指引同學該節重點及學習時應努力之方向。
   (2) 對較難之例題有提示，並與解答併列，讀者可從中得到啓發。
   (3) 部分題目旁有一小框，點醒讀者公式或注意事項。

最後，對使用本書之讀者而言，微積分絕非容易，惟賴努力多做練習方爲王道。對本書有任何建議，我不勝感激。

黃學亮　謹識

編輯部序

Preface

「系統編輯」是我們的編輯方針，我們所提供給您的，絕不只是一本書，而是關於這門學問的所有知識，它們由淺入深，循序漸進。

本書依據作者在大學及補習班任教「微積分」課程多年之經驗及心得累積編寫而成。編寫內容力求精簡、深入淺出，所有章節以能提供學習者未來研習工程數學或專業課程所需。每小節後均附有練習題及解答，可供讀者學後自行練習。書末另附有學後評量，供讀者自我檢核學習成果。本書適合大學、科大及技術學院「微積分」課程使用。

目錄 Contents

00 基礎數學之回顧

01 函數、極限與連續

02 微分學

Contents

07 無窮級數

08 偏微分

09 重積分

APP 附錄

先備知識

基礎數學之回顧

0-1 邏輯

本節學習目標

1. 命題五個連詞之眞値。
2. 「充分」、「必要」與「充要」條件。
3. 量詞。

引子

學數學之目的除了熟悉運算外，更重要的是訓練我們有良好之數學思維能力。因此，我們需要**邏輯**（Logic）來強化論證能力以及活化我們所學的數學知識與正確之數學表達能力。本書只討論邏輯中之**命題代數**（Proposition algebra），這對讀者學習本書應已足矣。

凡能判斷眞僞的**語句**（Statement）便稱爲**命題**（Proposition）。因此一個無法從中判斷眞僞（即對或錯）的語句便不能稱爲命題。最簡單的命題稱爲**原子命題**（Atom proposition），通常以 p, q, r ……表之。

「$1+2=3$」是個命題，「$1+2=4$」也是個命題，因爲我們可判斷這二個語句之眞僞。反之，我們無法從「1 + 2 是 3 嗎？」這個語句得知眞僞，因此這就不是一個命題。一般而言，疑問句、感歎句、祈使句多不是命題。

聯結詞和複合命題

原子命題透過命題代數之聯結詞可形成**複合命題**（Composite proposition）。要記住的是不論原子命題或複合命題，它們的値永遠只有**真**（True, T）、**偽**（False, F）二種。

> 不論原子命題或複合命題，它們的結論只有眞（T）和僞（F）二種，也就是口語之對和錯。

五個命題連結詞

下面是五個常用的命題連結詞（p, q 爲原子命題）：

1. **「或」**（Or）：複合命題 p 或 q 以 $p \vee q$ 表之。
   p 或 q（$p \vee q$）除 p, q 均爲僞（F）外，$p \vee q$ 均爲眞（T）。
2. **且**（And）：複合命題 p 且 q 以 $p \wedge q$ 表之。
   p 且 q（$p \wedge q$）除了 p, q 均爲眞（T）$p \wedge q$ 爲眞外，其餘之結果均爲僞（F）。
3. **否**（Negation）：p 之否定以 $\neg p$ 表之。當 p 爲眞（T）時，$\neg p$ 爲僞（F），p 爲僞（F）時，$\neg p$ 爲眞（T）。
4. **若 p 則 q**：若 p 則 q 通常寫成 $p \to q$，這是一個**條件命題**（Conditional proposition），在此 p 爲**前提**（Premise），q 爲**結果**（Comsequence）。$p \to q$ 只當 p 爲眞（T），q 爲僞（F）時 $p \to q$ 方爲僞（F），其餘均爲眞（T），其中值得注意的是 **p 為偽（F）時，$p \to q$ 一定為真（T）**。
5. **若且惟若 p 則 q**：若且惟若 p 則 q 通常寫 $p \leftrightarrow q$。它是**雙條件命題**（Biconditional proposition）除非 p，q 同爲眞（T）或同爲僞（F）時，$p \leftrightarrow q$ 方爲眞（T），其餘均爲僞（F）。

例題 1

判斷下列複合命題之眞僞：

(1)臺北在臺灣或東京在美國。　(2) $1+2>3$ 且 $2+4=6$。

(3)若 $1+2>3$ 則 $2+4=7$。　(4) 若 $1+2=3$ 則 $2+4=7$。

(5)若且惟若 $1+2>3$ 則 $2+4=7$。

解 (1) 臺北在臺灣爲眞，東京在美國爲僞，∴臺北在臺灣或東京在美國爲眞。

(2) $1+2>3$ 爲僞，$2+4=6$ 爲眞，∴$1+2>3$ 且 $2+4=6$ 爲僞。

(3) $1+2>3$ 爲僞，$2+4=7$ 爲僞，∴若 $1+2>3$ 則 $2+4=7$ 爲眞。

(4) $1+2=3$ 爲眞，$2+4=7$ 爲僞，∴若 $1+2=3$ 則 $2+4=7$ 爲僞。

(5) $1+2>3$ 爲僞，$2+4=7$ 爲僞，∴若且惟若 $1+2>3$ 則 $2+4=7$。 ■

定理 A

p, q 為二命題，若 p 則 q 與若非 q 則非 p **等價**（Equivalent），
即 $p \to q \equiv \neg q \to \neg p$

定理 A 有一些地方要注意：

1. 定理 A 之**「若 p 則 q」與「若非 q 則非 p」是等價，意指「若 A 則 B」成立，那麼「若非 B 則非 A」亦成立，也就是它們表達的意思是一樣的。**這在澄清數學觀念上是很有用的。
2. 請特別注意若 p 則 q 成立不保證若 p 則 $\neg q$ 成立。
3. 且則與或則之否定為：
   $\neg(p \wedge q) \equiv \neg p \vee \neg q$
   $\neg(p \vee q) \equiv \neg p \wedge \neg q$
   因此，「若 p 且 r 則 q」之等價命題是「若非 q 則非 p 或非 r」（即 $p \wedge r \to q \equiv \neg q \to \neg p \vee \neg r$）及「若 p 或 r 則 q」之等價命題是「若非 q 則非 p 且非 r」。
   例如：若 $x = 2$ 或 $x = 3$ 則 $x^3 - 5x^2 + 6x = 0$。現在若 $x^3 - 5x^2 + 6x \neq 0$ 則 $x \neq 2$ 且 $x \neq 3$。

充分條件、必要條件與充要條件

很多數學敘述中會用到**充分條件**（Sufficient condition）**必要條件**（Necessary condition）和**充要條件**（Sufficient and necessary condition）這三個詞彙。

簡單地說，**條件命題若 p 則 q 成立，那麼 p 是 q 之充分條件而 q 是 p 之必要條件。若 p 則 q 與若 q 則 p 均成立時，p、q 互為充要條件。**

例題 2（填充）

(1) $\triangle ABC$ 三邊相等是 $\triangle ABC$ 為正三角形之________條件。

(2) $|x| \geq 1$ 是 $|x| \geq 2$ 之________條件。

(3) $x = 0$ 是 $xy = 0$ 之之________條件。

(4) $\angle A < 90°$ 是 $\triangle ABC$ 為銳角三角形之________條件。

> 判斷二個命題 p 是 q 之充分、必要還充要條件時先確定若 p 則 q 和若 q 則 p 何者成立還是二者都成立。

(1) $\because$ 若 $\triangle ABC$ 三邊相等，則 $\triangle ABC$ 爲正三角形，其逆敘述亦成立，
$\therefore \triangle ABC$ 三邊相等是 $\triangle ABC$ 爲正三角形之充要條件。

(2) $\because$ 若 $|x| \geq 2$ 則 $|x| \geq 1$ 成立，但「若 $|x| \geq 1$ 則 $|x| \geq 2$」不恆成立，
$\therefore$ $|x| \geq 1$ 是 $|x| \geq 2$ 之必要條件。

(3) $\because$「若 $x = 0$ 則 $xy = 0$」成立，
但「若 $xy = 0$ 則 $x = 0$」不恆成立（例：$x = 1$，$y = 0$）
$\therefore$ $x = 0$ 是 $xy = 0$ 之充分條件。

(4) 若 $\triangle ABC$ 爲銳角三角形則 $\angle A < 90°$ 成立，其逆敘述不成立，
$\therefore \angle A < 90°$ 是 $\triangle ABC$ 爲銳角三角形之必要條件。 ■

量詞：討論存在、所有性

在數學中常會討論到「至少有一個」、「存在一個」之「**存在**」（Existence）或**每一個**（For every）之類的命題，因這類命涉及數量，故稱爲**量詞**（Quantifier），它們的表示方法是：

$\forall x\ P(x)$ 或 $P(x) \forall x$，它表示對所有 x，命題 $P(x)$ 均爲眞（成立）

$\exists x\ P(x)$ 表示存在一個 x 使得 $P(x)$ 爲眞（成立）

例如：(1) x 爲實數，$\forall x$（$x^2 \geq 0$），它表示對所有實數 x，$x^2 \geq 0$，此命題爲眞。

(2) $\exists x$（$x - 1 = 2$）：它表示存在一個 x 滿足 $x - 1 = 2$（實際上 $x = 3$），此命題爲眞。

(3) $\exists x$（$2 > x > 1$）；它表示存在一個 x 滿足 $2 > x > 1$，此命題爲眞。

練習題

1. 判斷下列敘述之眞僞

(1) $x^2-2x-3=0$ 之解爲 $x=3$ 且 $x=-1$。

(2) x，y 爲實數，$x>y$ 是 $x^2>y^2$ 之充要條件。

(3) x，y 爲實數，$xy=0$ 是 $x=0$ 或 $y=0$ 之充分條件。

(4) x 爲實數，$\exists x\,(|x|+1=0)$。

2. 微分學有一個定理：

若 $f(x)$在 $x=a$ 可微分，則 $f(x)$在 $x=a$ 爲連續。那麼

(1) $f(x)$在 $x=a$ 爲不連續，那你有何結論？

(2) $f(x)$在 $x=a$ 爲不可微分那你能否得到 $f(x)$在 $x=a$ 處爲不連續？

解答

1. (1)僞
   (2)僞
   (3)眞
   (4)僞

2. (1) $f(x)$在 $x=a$ 不可微分
   (2)不能

0-2 集合

本節學習目標

1. 集合。
2. 不等式。
3. 絕對值。

集合是**定義明確**（Well-defined）之物件所成之集體。集合內之每個物件稱爲**元素**（Element 或 Member）。

習慣上集合通常以大寫字母如 $A, B\cdots$表示，元素是以小寫字母 $a, b, c\cdots$表示。集合 A 之表達方式有列舉式和敘述式二種，以英文前 5 個字母所成之集合爲例：

1. **列舉式：**

   $\{a, b, c, d, e\}$。

2. **敘述式：**

   一般式爲$\{x \mid p(x)\}$，$p(x)$爲 x 之屬性，故英文前 5 個字母之敘述式爲

   $\{x \mid x$ 爲英文前 5 個字母$\}$。

x 若是集合 A 之元素記做 $x \in A$，讀做 x 屬於 A，若 x 不是 A 之元素則記做 $x \notin A$，**元素和集合之關係有$\in$與$\notin$二種，而元素和元素間之關係為「=」與「≠」二種。**

集合內元素之性質

集合內之元素除必須滿足定義明確外，它還有以下之性質：

1. **元素互異性：**

   集合內任二個元素均爲互異，若有重複出現者則均視同同一元素。

   如 $A = \{1, 1, 2, 3, 3, 3\} = \{1, 2, 3\}$。

2. **無次序性：**

   集合中每一元素間無次序關係，例 $A = \{1, 2, 3\} = \{3, 1, 2\}\cdots$。

集合與集合間之關係

定義

A, B 爲二集合，若對所有 A 中元素 a 而言均爲 B 之元素，則稱 A 包含於 B 或 A 是 B 之**子集合**（Subset），以 $A \subseteq B$ 表之。其否定爲 $A \nsubseteq B$。

定義

若 $\boldsymbol{A \subseteq B}$ 且 $\boldsymbol{B \subseteq A}$，則 $\boldsymbol{A = B}$。
不含任何元素之集合爲**空集合**（Empty set 或 Null set），記做 ϕ，規定 $\boldsymbol{\phi}$ **為任何集合之子集合，即** $\boldsymbol{\phi \subseteq A}$ **恆成立**。

例題 1

A, B 為二集合，若 $A \neq B$ 則 $A \nsubseteq B$ 或 $B \nsubseteq A$。

解 依集合相等之定義，若 $A \subseteq B$ 且 $B \subseteq A$ 則 $A = B$，
其等價命題爲「若 $A \neq B$ 則 $A \nsubseteq B$ 或 $B \nsubseteq A$」。 ■

集合之聯集、交集與差集

集合內之基本運算有**聯集**（Union）、**交集**（Intersection）與**差集**（Difference）。

1. **聯集：**

   集合 A, B 之聯集記做 $A \cup B$，定義爲 $A \cup B = \{x \mid x \in A$ 或 $x \in B\}$，用邏輯式表示爲 $A \cup B = \{x \mid x \in A \vee x \in B\}$。

   例：$A = \{a, b, c\}$，$B = \{b, d\}$，則 $A \cup B = \{a, b, c, d\}$，$A \subseteq A \cup B$，$B \subseteq A \cup B$ 一般均成立。

2. **交集：**

集合 A, B 之交集記做 $A\cap B$，定義爲 $A\cap B=\{x\mid x\in A$ 且 $x\in B\}$，用邏輯式表示即爲 $A\cap B=\{x\mid x\in A\wedge x\in B\}$。

例：承 1.之例，$A\cap B=\{b\}$，顯然 $A\cap B\subseteq A$，$A\cap B\subseteq B$，$A\cap B\subseteq A\cup B$ 一般均成立。

實數系

本書討論均限於實數系，常用之數集合有：

1. 正整數集合，以$\mathbb{Z}^+$表之，$\mathbb{Z}^+=\{1, 2, 3, 4\ \cdots\}$。
2. 非負整數集合，以$\mathbb{N}$表之，$\mathbb{N}=\{0, 1, 2, 3, 4\ \cdots\}$。
3. 整數集合，以$\mathbb{Z}$表之，$\mathbb{Z}=\{\cdots, -3, -2, -1, 0, 1, 2, 3\ \cdots\}$。
4. 有理數集合，以$\mathbb{Q}$表之，$\mathbb{Q}=\{x\mid x=\dfrac{q}{p}, p, q\in\mathbb{Z}, p\neq 0\}$。
5. 實數集合，以$\mathbb{R}$表之。
6. 正實數集合，以$\mathbb{R}^+$表之，$\mathbb{R}^+=\{x\mid x>0, x\in\mathbb{R}\}$。
7. 無理數集合，以$\mathbb{Q}'$表之，$\mathbb{Q}'=\{x\mid x\in\mathbb{R}$且$x\notin\mathbb{Q}\}$。

例題 2

(1)若 x 為有理數，試證 $x+2$ 為有理數。

(2)若 $x+2$ 不為有理數，x 是否亦不為有理數?

解 (1) 令 $x=\dfrac{q}{p}$，$p\neq 0$，$p, q\in\mathbb{Z}$，$x+2=\dfrac{q}{p}+2=\dfrac{q+2p}{p}$，

$\because$整數之加法有封閉性，$\therefore$ $q+2p\in\mathbb{Z}$，從而$x+2=\dfrac{q+2p}{p}\in\mathbb{Q}$。

(2) 例題 2(1)可寫成下列命題形式，

{若 $x\in\mathbb{Q}$則 $x+2\in\mathbb{Q}$}其等價命題爲{若 $x+2\notin\mathbb{Q}$則 $x\notin\mathbb{Q}$}，

所以 $x+2$ 不爲有理數，則 x 亦不爲有理數。 ■

不等式

含有「≥」，「>」，「≤」或「<」之不等符號之數學命題即爲不等式。例如 $x+1\geq 2$，$x^2<1$ 等均是。

我們常用**區間**（Interval）來表達不等式範圍：

不等式	區間	圖示
$a<x<b$	(a, b)	
$a<x\leq b$	$(a, b]$	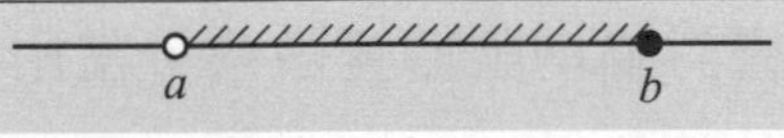
$a\leq x<b$	$[a, b)$	
$a\leq x\leq b$	$[a, b]$	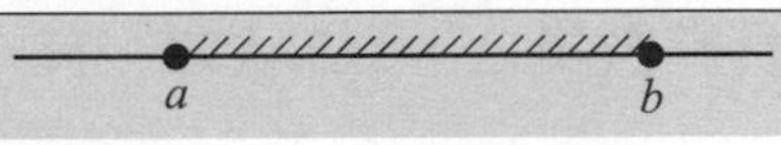

若不等式一端有∞或−∞時，其對應之區間將稱爲**無限區間**（Infinite interval），∞與−∞之意義將在下方說明。

不等式	區間	圖示
$a<x<\infty$	(a, ∞)	
$a\leq x<\infty$	$[a, \infty)$	
$-\infty<x<b$	$(-\infty, b)$	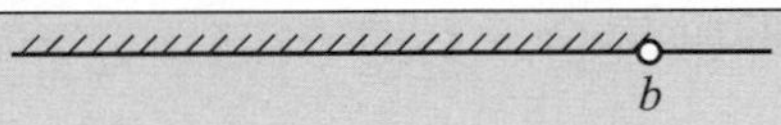
$-\infty<x\leq b$	$(-\infty, b]$	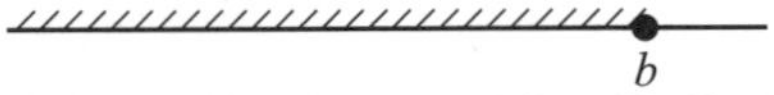

顯然，**∞或−∞旁的括弧是圓括弧）或（**。

∞是什麼

∞是一個概念，它不是數。∞是你想有多大，∞就比你想的還要大，− ∞是你想有多小，− ∞就比你想的還要小，因爲它不是數，因此絕不能說$\infty+1>\infty$或$2\infty>\infty$，但在爾後求無窮大極限或瑕積分時，不妨把它當做一個數，如此在計算極限或定積分時往往比較方便。

例題 3

求(1) $-2 \le 2x + 1 < 3$　(2) $x^2 \ge 1$。

 (1) $-2 \le 2x + 1 < 3$，$-3 \le 2x < 2$，

$\therefore -\frac{3}{2} \le x < 1$，即$[-\frac{3}{2}, 1)$。

(2) $x^2 \ge 1$，$x^2 - 1 \ge 0$，

即$(x + 1)(x - 1) \ge 0$，

得 $x \ge 1$ 或 $x \le -1$，即$[1, \infty) \cup (-\infty, -1]$。■

例題 4

解(1) $x(x - 1)(x + 1) \ge 0$　(2) $x(x - 1)(x + 1) \le 0$。

 (1)

$\therefore$ $x(x - 1)(x + 1) \ge 0$ 之解為

$x \ge 1$ 或 $0 \ge x \ge -1$，

即$[1, \infty) \cup [-1, 0]$。

(2)

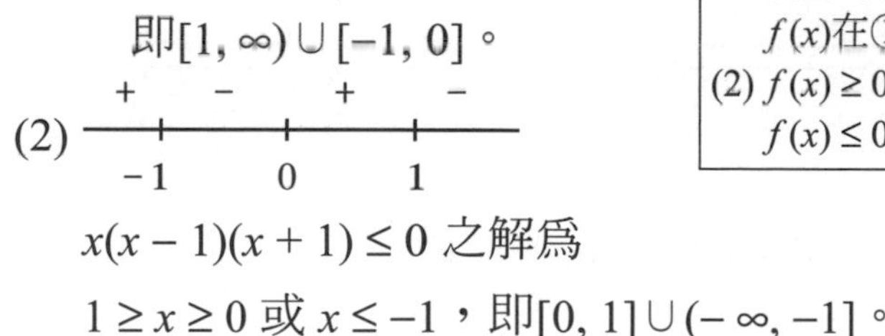

$x(x - 1)(x + 1) \le 0$ 之解為

$1 \ge x \ge 0$ 或 $x \le -1$，即$[0, 1] \cup (-\infty, -1]$。■

> (1) 在求 $f(x) \ge 0$ 或 $f(x) \le 0$ 時，我們先求 $f(x) = 0$ 之根，將這些根畫在數線上，
>
> 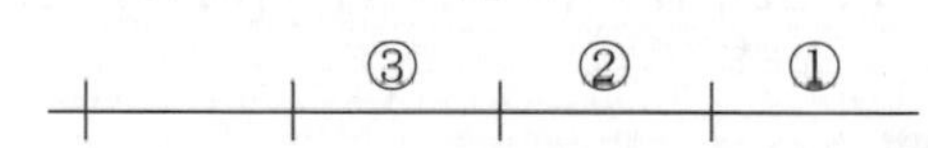
>
> 我們可在最右區間①找個方便值代入，以決定 $f(x)$在①之正負號，相鄰區間+，−相反。
>
> (2) $f(x) \ge 0$ 之解找數線上標記為+之區間，$f(x) \le 0$ 之解找數線上標記為−之區間。

例題 5

解(1) $\frac{(x-1)(x+1)}{x} \ge 0$　(2) $\frac{1}{x} \le 3$。

 (1) 考慮 $x(x - 1)(x + 1) \ge 0$

$\therefore \dfrac{(x-1)(x+1)}{x} \geq 0$ 之解爲 $x \geq 1$ 或 $-1 \leq x < 0$，

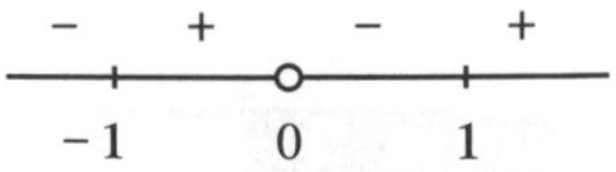

即 $[1, \infty) \cup [-1, 0]$。

(2) $\dfrac{1}{x} \leq 3$，$\dfrac{1}{x} - 3 = \dfrac{1-3x}{x} \leq 0$ 或 $\dfrac{3(x-\frac{1}{3})}{x} \geq 0$，

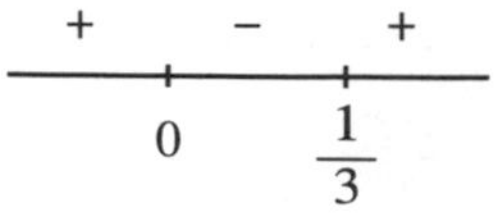

$\therefore$ 解爲 $x \geq \dfrac{1}{3}$ 或 $x < 0$，即 $(-\infty, 0) \cup [\dfrac{1}{3}, \infty)$。■

例題 6

若 $A = \{x \mid x^2 - 2x \geq 3\}$，$B = \{x \mid 0 \leq x \leq 4\}$ 求 $A \cup B$ 與 $A \cap B$。

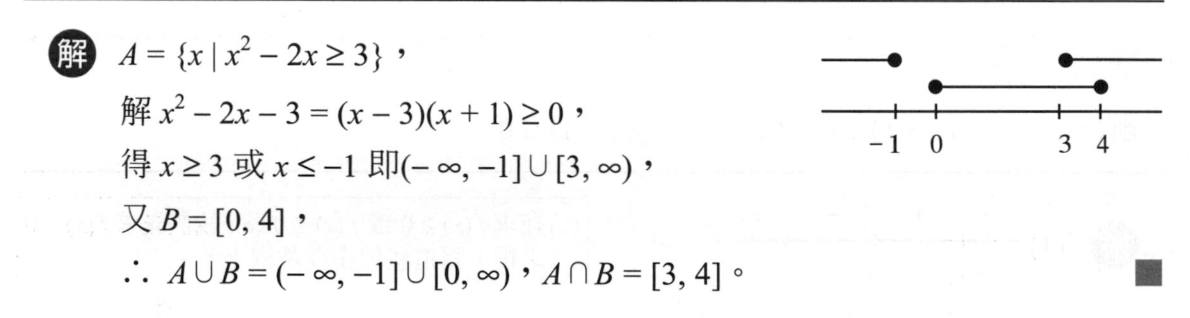

解 $A = \{x \mid x^2 - 2x \geq 3\}$，

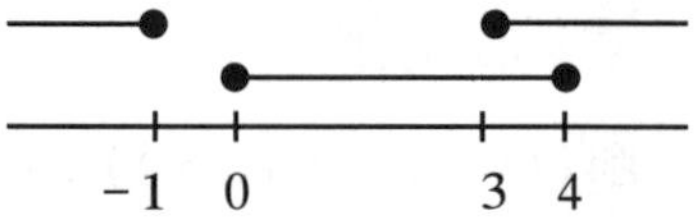

解 $x^2 - 2x - 3 = (x-3)(x+1) \geq 0$，

得 $x \geq 3$ 或 $x \leq -1$ 即 $(-\infty, -1] \cup [3, \infty)$，

又 $B = [0, 4]$，

$\therefore$ $A \cup B = (-\infty, -1] \cup [0, \infty)$，$A \cap B = [3, 4]$。■

絕對值

定義

若 x 爲實數，則 x 之**絕對值**（Absolute value）記做 $|x|$，定義爲

$$|x| = \begin{cases} x & x \geq 0 \\ -x & x < 0 \end{cases}$$ 。

例如：$|\sqrt{2}| = \sqrt{2}$，$|-\sqrt{2}| = -(-\sqrt{2}) = \sqrt{2}$，$|1-\sqrt{3}| = -(1-\sqrt{3}) = \sqrt{3}-1$。

顯然 $|x|$ 恆非負數，且 $|-x| = |x|$。

絕對值不等式

在解絕對值不等式，我們常用以下關係：

若 $a>0$ 則

$\begin{cases}|x|<a \Leftrightarrow -a<x<a \\ |x|>a \Leftrightarrow x>a \text{ 或 } x<-a\end{cases}$ 及 $\begin{cases}|x|\le a \Leftrightarrow -a\le x\le a \\ |x|\ge a \Leftrightarrow x\ge a \text{ 或 } x\le -a\end{cases}$

例題 7

解(1) $|x|=1$　(2) $|x|=-1$。

(1) $|x|=1$，$\therefore$ $x=1$ 或 $x=-1$。

(2)不存在一個 $x\in\mathbb{R}$滿足$|x|=-1$，$\therefore |x|=-1$ 無解。 ■

例題 8

解(1) $|2x+1|\le 3$　(2) $3<|2x+1|\le 5$。

(1) $|2x+1|\le 3 \Rightarrow -3\le 2x+1\le 3$，

$-3-1\le 2x\le 3-1$，$-4\le 2x\le 2$，

$\therefore -2\le x\le 1$，即$[-2, 1]$。

(2) $3<|2x+1|\le 5$ 包括二個絕對值不等式：① $|2x+1|\le 5$，

② $3<|2x+1|$，故要分別求之，

① $|2x+1|\le 5$，$\therefore$ $-5\le 2x+1\le 5$ 得 $-3\le x\le 2$，即$[-3, 2]$。

② $3<|2x+1|$，$\therefore \begin{cases}2x+1>3 \\ 2x+1<-3\end{cases}$ 得 $\begin{cases}x>1 \\ x<-2\end{cases}$，

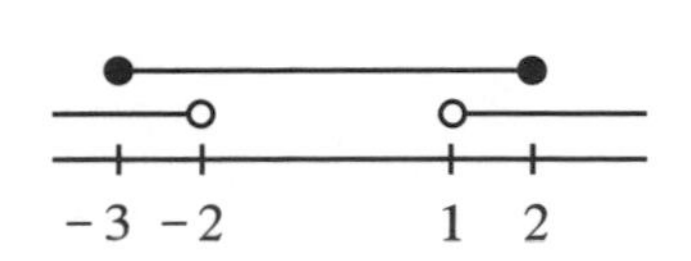

即$(1,\infty)\cup(-\infty,-2)$，

$\therefore$ $3<|2x+1|\le 5$ 之解為 $1<x\le 2$ 或 $-3\le x<-2$，

即$(1, 2]\cup[-3, -2)$。 ■

練習題

1. $A = \{a, b, c, f, g\}$，$B = \{c, d, e, g\}$，求 $A \cup B$，$A \cap B$。

2. 依集合之交集（∩）與聯集之定義，繪出下列三圓形對應之區域。
   (1) $(A \cap B) \cup C$。
   (2) $(A \cup C) \cap B$。

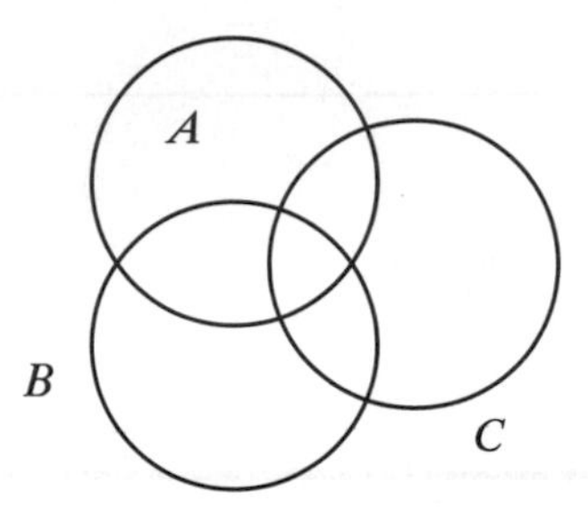

3. 解下列不等式
   (1) $|x-1| = \sqrt{49}$。
   (2) $|3x+2| \le 4$。
   (3) $x(x+1) < 0$。
   (4) $\dfrac{(x+1)(x-2)}{x-1} > 0$。
   (5) $\dfrac{1}{x} > 2$。

4. $-1 \le x \le 1$ 是 $x^2 \le 4$ 之________條件（充分，必要，充要，還是皆非）。

5. 解 $3 \le |2x+5| < 7$。

解答

1. $A \cup B = \{a, b, c, d, e, f, g\}$，$A \cap B = \{c, g\}$

3. (1) $x = -6$ 或 $x = 8$
   (2) $-2 \le x \le \dfrac{2}{3}$，即$[-2, \dfrac{2}{3}]$
   (3) $-1 < x < 0$，即$(-1, 0)$
   (4) $-1 < x < 1$ 或 $x > 2$，即$(-1, 1) \cup (2, \infty)$
   (5) $0 < x < \dfrac{1}{2}$，即$(0, \dfrac{1}{2})$

4. 充分

5. $-6 < x \le -4$ 或$-1 \le x < 1$，即$(-6, -4] \cup [-1, 1)$

01

函數、極限與連續

1-1 函數

本節學習目標

1. 函數之定義、定義域。
2. 自然定義域。
3. 分段定義函數與最大整數函數。

函數（Function）是微積分研究之主體，因此，本書先就函數做一扼要複習。

函數之定義

定義 函數

A、B 爲二個非空集合，若 A 中之每一個元素 x 在 B 中都恰好有一個元素 y 與之對應。我們稱這種對應爲由集合 A 映至集合 B 之一個**函數**，以 $y=f(x)$ 或 $f\colon x \to y$ 表之。這裡的集合 A 爲**定義域**（Domain），集合 B 爲**值域**（Range 或 Co-domain），y 爲 x 對應之**像**（Image）。

由定義，集合 A 中之每一個元素，在集合 B 中都恰好有一元素與之對應，這裡之恰好的意思是：**(1) A 中每一元素在 B 中均必須有一個元素與之對應(2)而這個對應之元素為惟一**，因此，A 中存在一個元素在 B 中沒有元素與之對應，或 A 中存在一個元素在 B 中有二個或二個以上元素與之對應，那麼這些對應都不構成函數。

例題 1

判斷下列的對應何者是一個函數？若是，定義域與値域各為何？

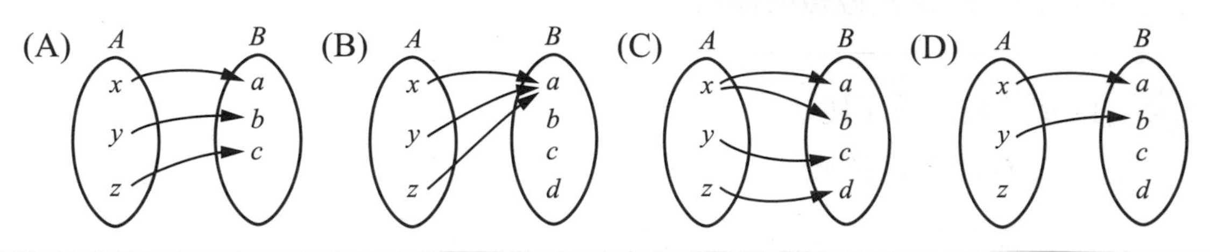

解 (A)是一個函數。因 A 中每一個元素在 B 中均恰有一個元素與之對應。

定義域爲$\{x, y, z\}$，値域爲$\{a, b, c\}$。

(B)是一個函數。因 A 中每一個元素在 B 中均恰有一個元素 a 與之對應。

定義域爲$\{x, y, z\}$，値域爲$\{a\}$。

(C)不是一個函數，因 A 中之 x 在 B 中有 a、b 與之對應。

(D)不是一個函數，因 A 中之 z 在 B 中沒有元素與之對應。 ■

例題 2

求 $f_1(x)=\dfrac{1}{x-2}$ 、 $f_2(x)=\sqrt{2-x}$ 及 $f_3(x)=\dfrac{1}{\sqrt{x-2}}$ 之定義域。

解 (1) $f_1(x)=\dfrac{1}{x-2}$ ：因爲除 2 外之所有實數均能使 $f_1(x)$ 有意義，

故 $f_1(x)=\dfrac{1}{x-2}$ 之定義域爲 $\{x \mid x\in\mathbb{R}$ 但 $x\neq 2\}$。

(2) $f_2(x)=\sqrt{2-x}$ ：因爲只有 $2-x\geq 0$ 時， $f_2(x)$ 方有意義，

$\therefore$定義域爲 $\{x \mid x\leq 2\}$。

(3) $f_3(x)=\dfrac{1}{\sqrt{x-2}}$ ：因爲 $x-2>0$ 時， $f_3(x)$ 方有意義，

$\therefore$定義域爲 $\{x \mid x>2\}$。 ■

例題 3

求 $f(x)=\sqrt{5-x^2}$ 之定義域與值域。

解 (1) 定義域：為了使 $\sqrt{5-x^2}$ 為實數，我們必須限制 $5-x^2\geq 0$，即 $x^2\leq 5$，

$\therefore f(x)$ 之定義域為 $-\sqrt{5}\leq x\leq\sqrt{5}$，即 $[-\sqrt{5},\sqrt{5}]$。

(2) 值域：$f(x)=\sqrt{5-x^2}$ 之範圍是 $0\leq y\leq\sqrt{5}$，

$\therefore f(x)$ 之值域是 $[0,\sqrt{5}]$。 ■

若例題 3 之 $f(x)=\dfrac{1}{\sqrt{5-x^2}}$ 時，$f(x)$ 之定義域為 $(-\sqrt{5},\sqrt{5})$，值域則為 $(\dfrac{1}{\sqrt{5}},\infty)$（何故？）

我們在此應注意的是，**在微積分教程中，我們討論的均僅限於實數系**。

自然定義域

在數學中，為了精簡的目的，常約定函數之定義域為那些使函數式有意義的所有實數所成之集合，而不考慮函數之實際意義，這種實數集合稱為**自然定義域**（Natural domain），例如 $y=\sqrt{x-2}$ 之自然定義為 $\{x\mid x\geq 2\}$。當我們使用自然定義域時，自然定義域通常不寫出來。

函數之相等

若函數 f、g 之對應法則與定義域均相同，則稱 f、g 為同一函數，即便它們之變數所用之符號不同，函數 $f(x)$之變數 x 屬**啞變數**（Dummy variable），換言之，判斷二函數 f、g 是否相等，只需考慮這二函數之定義域與對應法則（即函數式）是否相等，至於變數 x 之所用之符號是否相同，則不在考慮之列。

例如：$f(x)=x^2$，$1\geq x\geq -1$，$g(y)=y^2$，$1\geq y\geq -1$，$h(z)=z^2$，$1\geq z\geq 0$，則 $f=g$，但 $f\neq h$，$g\neq h$。

函數變數與積分變數（第四章）均為啞函數。

例題 4

$f(x)=x^2+1$，求：

(1) $f(1)$　　(2) $\dfrac{f(x+h)-f(x)}{h}$。

解 (1) $f(1)=1^2+1=2$。

(2) $$\frac{f(x+h)-f(x)}{h}=\frac{[(x+h)^2+1]-(x^2+1)}{h}=\frac{x^2+2xh+h^2+1-x^2-1}{h}=2x+h$$。■

二個微積分常用之函數

我們在此介紹二個在微積分常見的函數：**分段定義函數**（Piecewise defined function）與**最大整數函數**（Greatest integer function）。

分段定義函數

簡單地說，分段定義函數是就 x 不同範圍而有不同之函數式，分段定義函數之定義域是各段函數式之定義域的聯集，值域是各段函數式值域之聯集。

例如：$f(x)=|x|=\begin{cases} x, & x\ge 0 \\ -x, & x<0 \end{cases}$ 就是分段定義函數，其定義域為 $\mathbb{R}$，值域為 $\mathbb{R}^+$。

例題 5

$$f(x)=\begin{cases}3 & ，x\le -1\\ 5x-1 & ，-1<x\le 2\\ 3x+2 & ，x>2\end{cases}$$ ，求：

(1) $f(3)$ (2) $f(2)$ (3) $f(0)$ (4) $f(-1)$ (5) $f(x)$之定義域。

解 (1) $f(3)=3\cdot 3+2=11$。

(2) $f(2)=5\cdot 2-1=9$。

(3) $f(0)=5\cdot 0-1=-1$。

(4) $f(-1)=3$。

(5) $(-\infty,\infty)$。 ■

最大整數函數

定義 最大整數函數

n 為整數，x 之最大整數通常以$[x]$表之，規定$n\le x<n+1$時，$[x]=n$。

例如：$[3.14]=3$、$[-3.25]=-4$、$[-5]=-5$、$[2]=2$。

最大整數函數（Greatest integer function）國內稱之為**高斯符號**，最大整數函數常用在演算法分析。

最大整數函數有一個重要性質：**對任一實數 x，$x-1<[x]\le x$**，這個性質在應用擠壓定理求最大整數函數之極限時很有用。

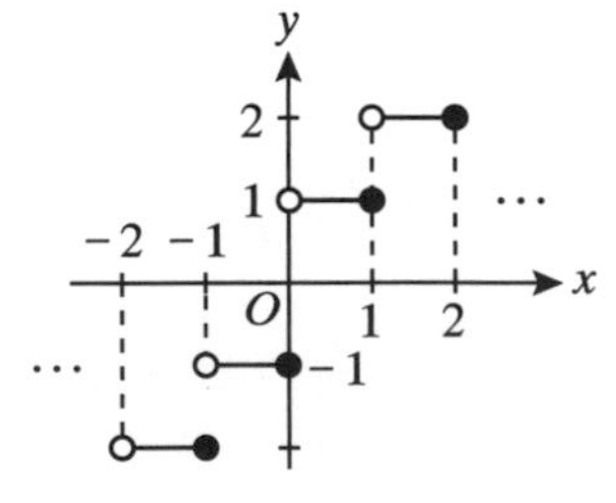

▲ 圖 1-1 $y=[x]$之圖形

例題 6

試繪 $f(x)=[x]x$，$-1\le x<2$ 之圖形。

解 $f(x)=\begin{cases}-x, & -1\le x<0\\ 0, & 0\le x<1\\ x, & 1\le x<2\end{cases}$。

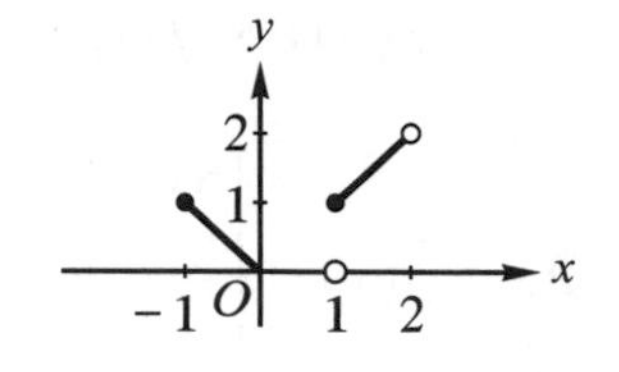

練習題

1. $f(x)=\dfrac{x^2-1}{x-1}$，$x\neq 1$，求 $f(0)$、$f(-1)$、$f(1)$。

2. $f(x)=\begin{cases}5x+1 & ，-3\leq x<-1\\ 2x+5 & ，-1\leq x<0\\ x^2+3x+1 & ，0\leq x\leq 3\end{cases}$，

   求 $f(4)$、$f(0)$、$f(-1)$、$f(-3)$、$f(-5)$ 及 $f(x)$之定義域。

3. 求 $f(x)=\sqrt[4]{x(x-3)}$ 之定義域。

4. 求 $f(x)=\sqrt[3]{\dfrac{x(x-3)}{(x+1)(x-2)^2}}$ 定義域。

5. 求 $f(x)=\sqrt[4]{x^2-4}$ 之定義域。

6. 下列哪一組函數對所有實數 x、y 均滿足 $f(x+y)=f(x)+f(y)$？
   (A) $f(x)=\sqrt{5}x$　(B) $f(x)=3x+1$
   (C) $f(x)=2^x$　(D) $f(x)=x^2$。

7. 下列哪些圖形滿足函數之定義？

   (A)

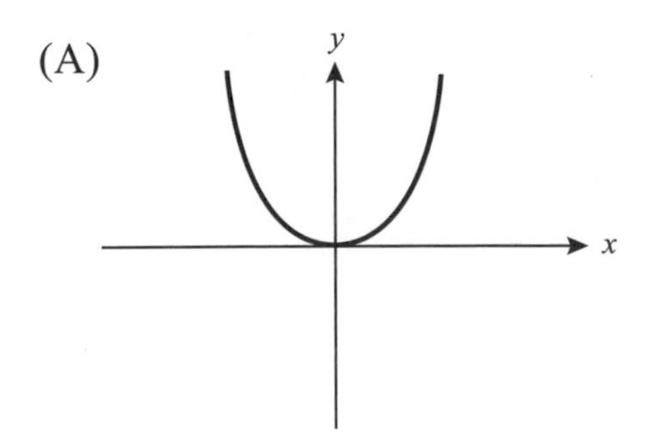

   (B)

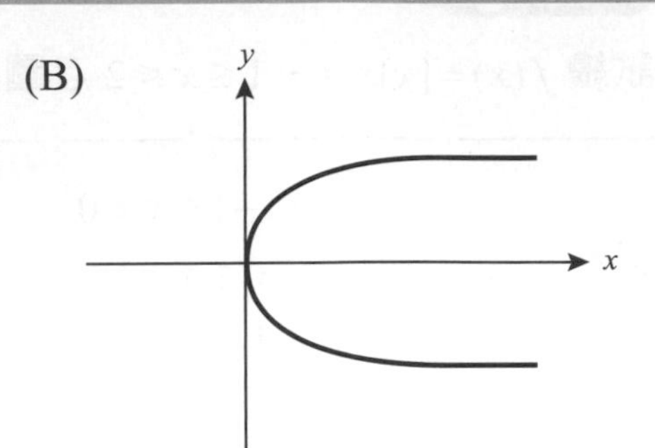

   (C)

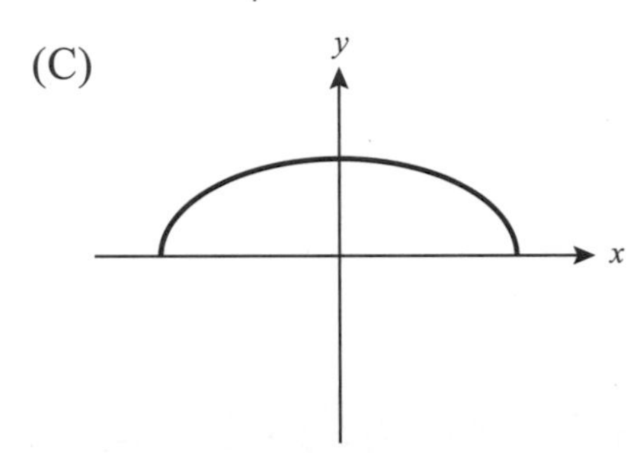

   (D)

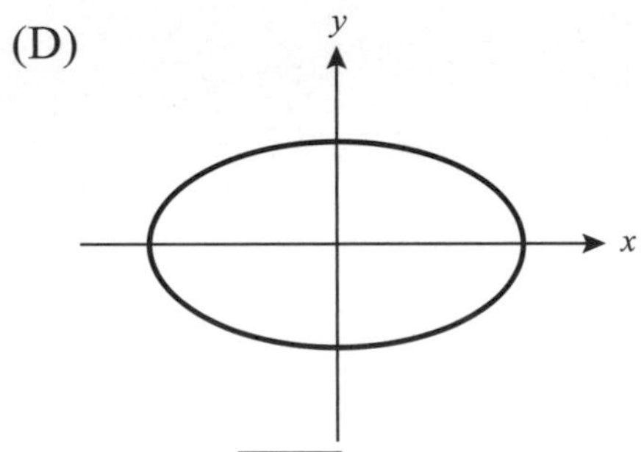

8. 求 $f(x)=\sqrt{\dfrac{x-1}{2-x}}$ 之定義域。

9. 試判斷下列二組函數之 f、g、h 是否相同？
   (1) $f(x)=1$、$g(x)=\dfrac{x}{x}$、$h(x)=\dfrac{\sqrt{x^2}}{x}$。
   (2) $f(x)=1$、$g(x)=\sin^2 x+\cos^2 x$、$h(x)=\sec^2 x-\tan^2 x$。

解答

1. 1、0、無意義
2. 無意義、1、3、-14、無意義，$[-3, 3]$
3. $\{x \mid x \geq 3$ 或 $x \leq 0\}$
4. 除了 $x = -1$、2 外之所有實數
5. $\{x \mid x \geq 2$ 或 $x \leq -2\}$
6. (A)
7. (A)與(C)
8. $1 \leq x < 2$
9. (1) f、g、h 互異

   (2) $f = g = h$

1-2 函數的運算

本節學習目標

1. 函數之四則運算。
2. 合成函數之基本運算。
3. 一對一函數。
4. 反函數存在之條件及求法。
5. 了解函數$f(x)$及其反函數$f^{-1}(x)$之幾何性質。

函數的四則運算

函數四則運算加、減、乘、除之定義如下：

定義 函數的四則運算

A、B、C、D 爲四個實數集合，$f:A\to B$與$g:C\to D$爲二個實數函數，則我們定義它們的四則運算爲：

(1) 加運算：$(f+g)(x)=f(x)+g(x)$，$x\in A\cap C$。

(2) 減運算：$(f-g)(x)=f(x)-g(x)$，$x\in A\cap C$。

(3) 乘運算：$(f\cdot g)(x)=f(x)\cdot g(x)$，$x\in A\cap C$。

(4) 除運算：$(\frac{f}{g})(x)=\frac{f(x)}{g(x)}$，$x\in A\cap C$，且$g(x)\neq 0$。

例題 1

若 $f(x)=2x+3$，$g(x)=3x^2-1$，求

(1) $f(x)+2g(x)$　(2) $3f(x)-4g(x)$　(3) $f(x)\cdot g(x)$　(4) $\dfrac{f(x)}{g(x)}$。

(1) $f(x)+2g(x)=(2x+3)+2(3x^2-1)=(2x+3)+(6x^2-2)=6x^2+2x+1$。

(2) $3f(x)-4g(x)=3(2x+3)-4(3x^2-1)=(6x+9)+(-12x^2+4)$

$=-12x^2+6x+13$。

(3) $f(x)\cdot g(x)=(2x+3)\cdot(3x^2-1)=6x^3+9x^2-2x-3$。

(4) $\dfrac{f(x)}{g(x)}=\dfrac{2x+3}{3x^2-1}$，但 $x\neq\pm\dfrac{1}{\sqrt{3}}$。■

合成函數

定義　合成函數

設 f、g 為二個函數，其中 $f:x\to f(x)$，$x\in A$，$g:x\to g(x)$，$x\in B$，則定義二個**合成函數**（Composite function）$f\circ g$ 與 $g\circ f$ 為：

(1) $(f\circ g)(x)=f(g(x))$，$x\in\{x\mid g(x)\in A\text{ 且 }x\in B\}$。

(2) $(g\circ f)(x)=g(f(x))$，$x\in\{x\mid f(x)\in B\text{ 且 }x\in A\}$。

合成函數之定義域是很直覺的，以 $(f\circ g)(x)=f(g(x))$ 為例，因 $f(g(x))$ 之 f 必須有意義，故 $g(x)$ 必須在 f 之定義域 A 內，其次 $g(x)$ 要有意義，則 x 必須在 g 之定義域 B 內，因此 $(f\circ g)(x)$ 之定義域為 $\{x\mid g(x)\in A\text{ 且 }x\in B\}$，同理可推 $(g\circ f)(x)$ 之定義域。

例題 2

若 $f(x)=2x+3$，$g(x)=3x^2-1$，求

(1) $(f\circ f)(x)$　(2) $(f\circ g)(x)$　(3) $(g\circ f)(x)$。

(1) $(f\circ f)(x)=f(f(x))=2f(x)+3=2(2x+3)+3=4x+9$。

(2) $(f\circ g)(x)=f(g(x))=2g(x)+3=2(3x^2-1)+3=6x^2+1$。

(3) $(g\circ f)(x)=g(f(x))=3f(x)^2-1=3(2x+3)^2-1=12x^2+36x+26$。 ■

由例題 2 之(2)、(3)可知 $f\circ g$ 與 $g\circ f$ 不恆相等。

例題 3

設 $f(x)=(x-6)^4$，試找出二個函數使其合成函數為 $f(x)$。

(1) 取 $t(x)=(x-6)$、$g(x)=x^4$，

則 $g(t(x))=[t(x)]^4=(x-6)^4$。

(2) 我們也可取 $s(x)=(x-6)^2$、$h(x)=x^2$，

則 $h(s(x))=(s(x))^2=((x-6)^2)^2=(x-6)^4$。

因此這種表示方法並非唯一。 ■

例題 4

若 $f(x+\frac{1}{x})=x^2+\frac{1}{x^2}$，求 $f(x+1)$。

$f(x+\frac{1}{x})=x^2+\frac{1}{x^2}=(x+\frac{1}{x})^2-2$，

$\therefore f(x)=x^2-2$，

從而 $f(x+1)=(x+1)^2-2=(x^2+2x+1)-2=x^2+2x-1$。 ■

反函數

許多函數如指數函數與對數函數，三角函數與反三角函數（若對定義域稍做限制的話），等都有**反函數**（Inverse function）的關係。

> **定 義　反函數**
>
> 若二個函數 $f(x)$、$g(x)$滿足：
>
> (1) g 定義域中之每一個 x 均有 $f(g(x))=x$，且
>
> (2) f 定義域中之每一個 x 均有 $g(f(x))=x$，
>
> 則 f、g 互為**反函數**，f 之反函數以 f^{-1} 表之。

若 f^{-1} 為 f 之反函數，對所有 f 定義域中之 x，$f^{-1}(f(x))=x$ 均成立且 $f(f^{-1}(y))=y$，對所有在值域之 y 亦成立。同時我們也可推知 **f 之定義域即為 f^{-1} 之值域，f^{-1} 之定義域亦為 f 之值域。**

例題 5

驗證 $f(x)=2x^3-5$ 與 $g(x)=\sqrt[3]{\dfrac{x+5}{2}}$ 互為反函數。

解　$f(g(x))=f(\sqrt[3]{\dfrac{x+5}{2}})=2(\sqrt[3]{\dfrac{x+5}{2}})^3-5=2\cdot\dfrac{x+5}{2}-5=x$，

$g(f(x))=g(2x^3-5)=\sqrt[3]{\dfrac{(2x^3-5)+5}{2}}=\sqrt[3]{x^3}=x$，

$\because f(g(x))=g(f(x))$，$\therefore f(x)$ 與 $g(x)$互為反函數，

即 $f^{-1}(x)=\sqrt[3]{\dfrac{x+5}{2}}$，$g^{-1}(x)=2x^3-5$。■

> 驗證 $f(x)$與 $g(x)$互為反函數：
> $f(g(x))=x$
> $g(f(x))=x$

一對一函數與反函數求法

在討論反函數前我們先介紹**一對一函數**（One-to-one function），它可幫助我們判斷哪些函數有反函數。

定 義

函數 $f(x)$ 之定義域內對任意二元素 a, b 而言均有若 $a \neq b$ 則 $f(a) \neq f(b)$，則稱 $f(x)$ 爲一對一函數。

上述定義之等價敘述是「若 $f(a) = f(b)$ 則 $a = b$」，我們可用此來證 $f(x)$ 是否為一對一函數。

例題 6

判斷 $y = 2x + 1$ 是否為一對一函數？

 $f(x) = 2x + 1$，則 $f(a) = f(b) \overset{?}{\Rightarrow} a = b$：

令 $f(a) = f(b) \Rightarrow 2a + 1 = 2b + 1$，

$\therefore\ a = b$，知 $y = 2x + 1$ 爲一對一函數。 ■

例題 7

判斷 $y = x^2$，在(1) $x \geq 0$　(2) $x \leq 0$　(3) $x \in \mathbb{R}$ 是否為一對一函數？

 (1) $x \geq 0$：令 $f(a) = f(b) \Rightarrow a^2 = b^2$，

$\therefore\ (a + b)(a - b) = 0$，則 $a = -b$（不合），$a = b$，

即 $x \geq 0$ 時 $y = x^2$ 爲一對一函數。

(2) $x \leq 0$：令 $f(a) = f(b) \Rightarrow a^2 = b^2$，

$\therefore\ (a+b)(a-b) = 0$，則 $a = -b$（不合），$a = b$，

即 $x \leq 0$ 時 $y = x^2$ 為一對一函數。

(3) $x \in \mathbb{R}$：令 $f(a) = f(b) \Rightarrow a^2 = b^2$，

$\therefore\ (a+b)(a-b) = 0$，

則 $a = -b$ 或 $a = b$，

$\therefore\ x \in \mathbb{R}$ 時 $y = x^2$ 不為一對一函數。■

> 1. 水平線測試：
>   判斷函數是否為一對一函數。
> 2. 垂直測試：
>   判斷圖形是否為函數圖形。

在函數 f 之值域上任取一點 c，若 $y = c$ 與 $y = f(x)$ 之圖形之交不超過一點，則 f 為一對一函數。此即**水平線測試**（Horizontal line test）。

將例題 7 之 3 個子題繪出比較如下：

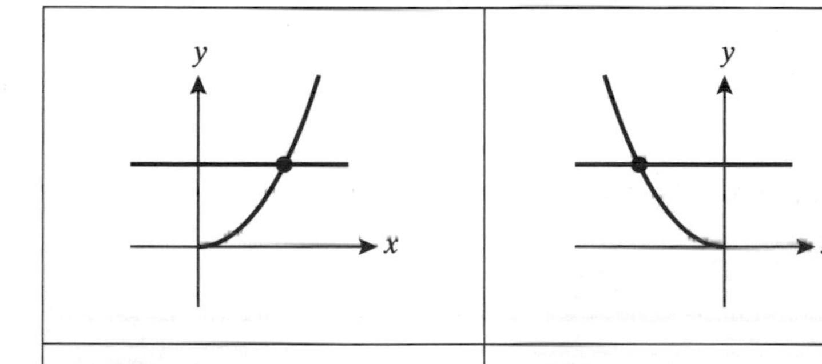		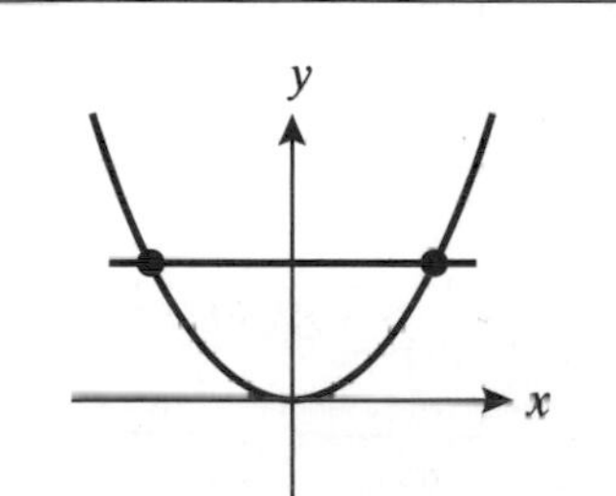
$x \geq 0$ 時，水平線只與 $y = f(x)$ 交於一點，所以是一對一函數。	$x \leq 0$ 時，水平線只與 $y = f(x)$ 交於一點，所以是一對一函數。	$x \in \mathbb{R}$ 時，水平線只與 $y = f(x)$ 交於二點，所以不是一對一函數。

定理 A

$y = f(x)$ 為一對一函數，則 f 有反函數。

$y = f(x)$ 為一對一函數，則 $y = f(x)$ 有反函數 $f^{-1}(x)$，又 $f(x)$ 亦為 $f^{-1}(x)$ 之反函數，所以 $f^{-1}(x)$ 亦為一對一函數。

例題 8

求 $f(x)=3x+5$ 之反函數？並驗證之？

求 $y=f(x)$ 反函數之二部曲：
1. 解 $y=f(x)\Rightarrow x=g(y)$。
2. 令 $y=g(x)$。
注意：$y=f(x)$ 之 x 是啞變數。

令 $y=f(x)=3x+5$，則 $x=\dfrac{y-5}{3}$，

即 $f^{-1}(y)=\dfrac{y-5}{3}$，

$\therefore$ 取 $g(x)=\dfrac{x-5}{3}$，即 $f^{-1}(x)=\dfrac{x-5}{3}$，

我們可驗證 $g(x)=\dfrac{x-5}{3}$ 為 $f(x)=3x+5$ 之反函數：

(1) $g(f(x))=g(3x+5)=\dfrac{(3x+5)-5}{3}=x$，

(2) $f(g(x))=3g(x)+5=3\cdot\dfrac{x-5}{3}+5=x$，

$\therefore g(x)=\dfrac{x-5}{3}$ 是 $f(x)=3x+5$ 之反函數。 ■

例題 9

求 $y=2x^3+1$ 之反函數，並驗證之？

$y=f(x)=2x^3+1$，$\therefore y-1=2x^3$，$x=\sqrt[3]{\dfrac{y-1}{2}}$，即 $f^{-1}(x)=\sqrt[3]{\dfrac{x-1}{2}}$，

我們可驗證 $g(x)=\sqrt[3]{\dfrac{x-1}{2}}$ 為 $f(x)=2x^3+1$ 之反函數：

(1) $f(g(x))=f(\sqrt[3]{\dfrac{x-1}{2}})=2(\sqrt[3]{\dfrac{x-1}{2}})^3+1=x$，

(2) $g(f(x))=g(2x^3+1)=\sqrt[3]{\dfrac{(2x^3+1)-1}{2}}=x$，

$\therefore g(x)=\sqrt[3]{\dfrac{x-1}{2}}$ 是 $f(x)=2x^3+1$ 之反函數。 ■

反函數之幾何意義

定理 B

若 $y=f(x)$ 有一反函數 $y=f^{-1}(x)$，則 $\boldsymbol{y=f(x)}$ **與** $\boldsymbol{y=f^{-1}(x)}$ **這兩個圖形對稱於直線** $\boldsymbol{y=x}$。

證明　若(a,b)為 $y=f(x)$圖上一點，$b=f(a)$，

f反函數為f^{-1}，$\therefore\ a=f^{-1}(b)$，

即$(b,f^{-1}(b))=(b,a)$在f^{-1}之圖形上。

$\because\ (a,b)$與(b,a)對稱 $y=x$，

$\therefore\ y=f(x)$與 $y=f^{-1}(x)$對稱 $y=x$。（如圖 1-2）◆

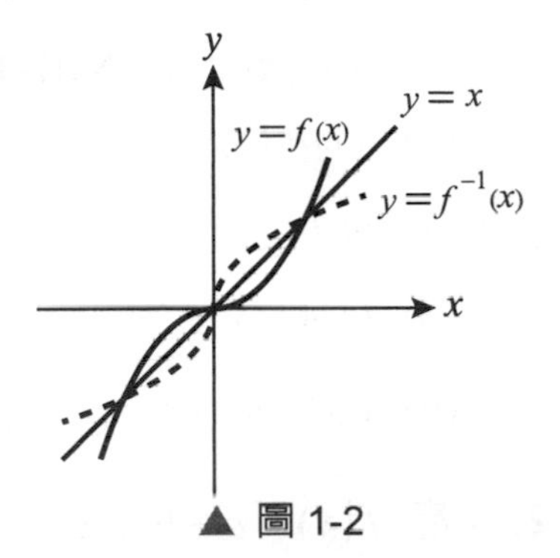

▲ 圖 1-2

例題 10

（承例題 9）求與 $y=2x^3+1$ 圖形對稱 $y=x$ 之函數圖形？

$\because\ y=2x^3+1$ 之反函數為 $y=\sqrt[3]{\dfrac{x-1}{2}}$，由定理 B，

$\therefore\ y=2x^3+1$ 與 $y=\sqrt[3]{\dfrac{x-1}{2}}$ 之圖形對稱 $y=x$。■

練習題

1. $f(x)=x^2$、$g(x)=3x+2$、$h(x)=2-x^3$，f、g、h 之定義域均爲$\mathbb{R}$，

(1) 對 f、g、h 三個函數，何者爲一對一函數？

(2) f、g、h 何者有反函數，若有反函數，請求出反函數。

(3) $f(g(x))$。

(4) $h(f(g(x)))$。

(5) $h(h(h(x)))$。

(6) $g(f(h(x)))$。

2. 若 $f(x)=a+bx$ 之反函數即爲 $f(x)$，則其條件爲何？

3. 若 $f(x)=3x+2$、$g(x)=2-3x$，

(1) 求 $f\circ g$。

(2) 求 $(f\circ g)^{-1}$。

(3) 驗證 $(f\circ g)^{-1}=g^{-1}\circ f^{-1}$。

4. 若 $a^2+bc\neq 0$，$x\neq \frac{a}{c}$，

$f(x)=\frac{ax+b}{cx-a}$，試證 $f(f(x))=x$。

5. 若 x_0 滿足 $f(x_0)=x_0$ 則稱 x_0 爲 $f(x)$ 的一個**固定點**（Fixed point），則

(1) 若 x_0 爲 $f(x)$ 之一固定點，試證 x_0 亦爲 $f\circ f$ 之一固定點。

(2) 求 $f(x)=\frac{2}{-x+3}$ 之固定點。

6. 求 $f(x)=\frac{3^x}{1+3^x}$ 之反函數，假設 $f^{-1}(x)$ 存在。

解答

1. (1) g、h 爲一對一函數

   (2) $g^{-1}(x)=\frac{x-2}{3}$，$h^{-1}(x)=2-x$

   (3) $(3x+2)^2$

   (4) $2-(3x+2)^2$

   (5) $2-x$

   (6) $3(2-x)^2+2$

2. $a=0$、$b=1$ 或 $b=-1$，$a\in\mathbb{R}$

3. (1) $8-9x$ (2) $\frac{8-x}{9}$

5. (2) 1、2

6. 提示：判斷 $f(g(x))$ 爲一對一函數

1-3 極限與連續的直觀意義

本節學習目標

1. 函數極限與連續之直觀意義。
2. 左極限、右極限。

從直觀極限到直觀連續

a

$x \to a^-$　　$a^+ \leftarrow x$

考慮實軸上之二個點 x 與 a，設 a 為固定，x 為動點，則 x 能從 a 之右邊或左邊來接近 a：若 x 由右邊接近 a，則寫成 $x \to a^+$，反之，若 x 由左邊接近 a，則寫成 $x \to a^-$。$\lim_{x\to a^+} f(x) = L_1$ 稱為 $f(x)$ **右極限**（Right-hand limit），$\lim_{x\to a^-} f(x) = L_2$ 稱為 $f(x)$ 之**左極限**（Left-hand limit）。**當左右極限存在且相等時，稱 $f(x)$ 在 $x = a$ 處之極限存在，換言之，左、右極限只要有一個不存在或不相等，我們便可說極限不存在。**

我們先來看二個例子：

例題 1

「猜」$\lim_{x\to 1}(2x+3) = $?

我們在 1 之左右鄰近取值：

x	0.9997	0.9998	0.9999	1	1.0001	1.0002	1.0003
$f(x)$	4.9994	4.9996	4.9998	?	5.0002	5.0004	5.0006

當 x 愈趨近 1 時，$f(x)$ 亦愈接近 5，即 $\lim_{x\to 1}(2x+3) = 5$。■

例題 2

「猜」$\lim_{x\to 1}\frac{x^2-1}{x-1}=$?

解 我們在 1 之左右鄰近取值：

x	0.9997	0.9998	0.9999	1	1.0001	1.0002	1.0003
$f(x)$	1.9997	1.9998	1.9999	?	2.0001	2.0002	2.0003

當 x 愈接近 1 時，$f(x)$ 值愈接近 2，

即 $\lim_{x\to 1}\frac{x^2-1}{x-1}=2$ 。 ■

例題 1 彷彿是將 $x=1$ 值代入 $f(x)$ ，而例題 2 則彷彿是將 $x=1$ 代入 $\frac{x^2-1}{x-1}=\frac{\cancel{(x-1)}(x+1)}{\cancel{x-1}}=x+1$，這種**「先消後代」是計算函數極限之基本技巧的所在**。

例題 3

「猜」$\lim_{x\to 1}f(x)=\begin{cases}x+2，x\ge 1\\ x\quad，x<1\end{cases}$ 。

解 我們在 1 之左右鄰近取值：

x	0.9997	0.9998	0.9999	1	1.0001	1.0002
$f(x)$	0.9997	0.9998	0.9999	?	3.0001	3.0002

顯然不論 x 如何趨近 1，$f(x)$均無法趨近某個值，

因此，我們可以說 $\lim_{x\to 1}f(x)$ 不存在。 ■

若我們將三個例子繪圖比較：

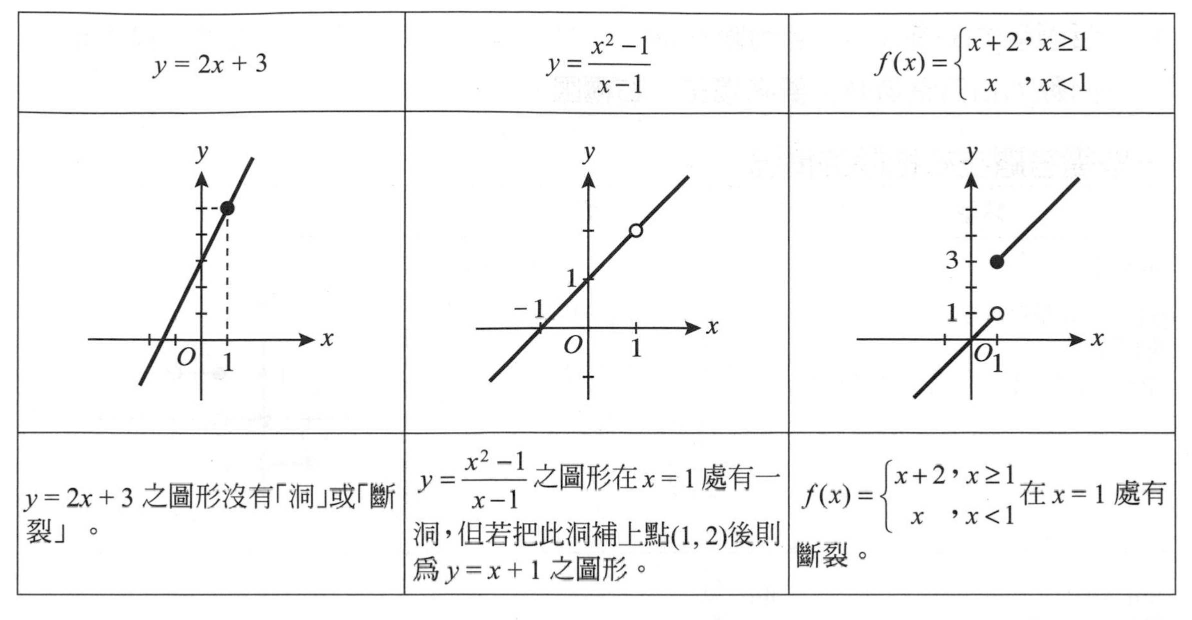

$y=2x+3$	$y=\dfrac{x^2-1}{x-1}$	$f(x)=\begin{cases} x+2, & x\ge 1 \\ x, & x<1 \end{cases}$
（圖）	（圖）	（圖）
$y=2x+3$ 之圖形沒有「洞」或「斷裂」。	$y=\dfrac{x^2-1}{x-1}$ 之圖形在 $x=1$ 處有一洞，但若把此洞補上點(1, 2)後則爲 $y=x+1$ 之圖形。	$f(x)=\begin{cases} x+2, & x\ge 1 \\ x, & x<1 \end{cases}$ 在 $x=1$ 處有斷裂。

許多函數之圖形如：多項式函數，它們的圖形都沒有**洞**（Hole）或**斷裂**（Gap）處。因此，x 從二邊趨近 a，$y=f(x)$都會趨近 $f(a)$，如例題 1。

有些函數如例題 2，我們可用所謂之先消後代，將斷點 $x=a$ 移除後代值，以求出極限值。讀者可比較(1)、(2)之不同處。

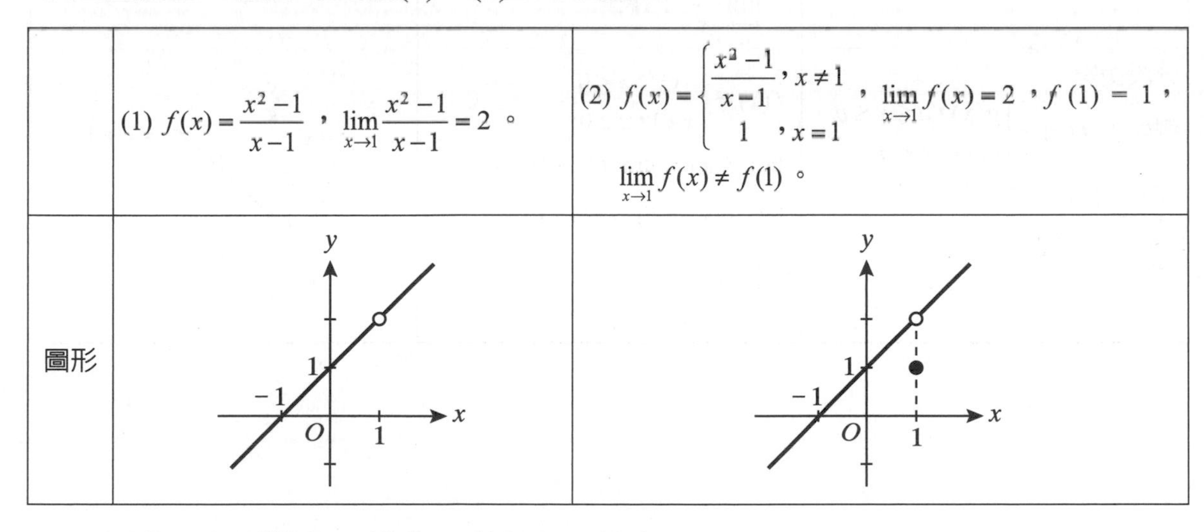

	(1) $f(x)=\dfrac{x^2-1}{x-1}$，$\lim\limits_{x\to 1}\dfrac{x^2-1}{x-1}=2$。	(2) $f(x)=\begin{cases} \dfrac{x^2-1}{x-1}, & x\ne 1 \\ 1, & x=1 \end{cases}$，$\lim\limits_{x\to 1}f(x)=2$，$f(1)=1$，$\lim\limits_{x\to 1}f(x)\ne f(1)$。
圖形	（圖）	（圖）

因此，在現階段，讀者只需記住三件事：

1. **$\lim\limits_{x\to a^+}f(x)$與$\lim\limits_{x\to a^-}f(x)$存在且$\lim\limits_{x\to a^+}f(x)=\lim\limits_{x\to a^-}f(x)=\ell$，則$\lim\limits_{x\to a}f(x)=\ell$，其逆敘述亦成立。**

2. **多項式函數為連續函數**，$\lim_{x\to a} f(x)=f(a)$（$\lim_{x\to a^+} f(x)=\lim_{x\to a^-} f(x)=l$ 當然成立）。

3. **若函數 $f(x)$在 $x=a$ 處有斷點時**（例如：分段定義函數之分段點，最大整數函數 $f(a)$爲整數時）**要考慮左、右極限**。

一些需考慮左右極限的情況

類型	例題	圖形
$\lim_{x\to n}[x]$ $[x]$：最大整數函數，n 爲整數。 推廣： $\lim_{x\to a}[f(x)]$，其中 $f(a)$爲整數。	(1) $\lim_{x\to 0^+}[x]=0$，$\lim_{x\to 0^-}[x]=-1$， $\therefore \lim_{x\to 0}[x]$ 不存在 (2) 同樣地，$\lim_{x\to 1^+}[x]=-1$， $\lim_{x\to -1^-}[x]=-2$ $\therefore \lim_{x\to -1}[x]$ 不存在	y, x, 1, −1, 1, 2, −1
$\lim_{x\to 0}\frac{\lvert x\rvert}{x}$	$\lim_{x\to 0}\frac{\lvert x\rvert}{x}$： $\frac{\lvert x\rvert}{x}=\begin{cases}1, & x>0\\-1, & x<0\end{cases}$ $\therefore \lim_{x\to 0^+}\frac{\lvert x\rvert}{x}=1$，$\lim_{x\to 0^-}\frac{\lvert x\rvert}{x}=-1$ $\lim_{x\to 0}\frac{\lvert x\rvert}{x}$ 不存在	y, x, 1, −1
分段函數 例如：$f(x)=\begin{cases}g(x), & a\le x\le b\\h(x), & x<a\end{cases}$ 之 $\lim_{x\to a} f(x)$（轉折點）或 $\lim_{x\to a} f(x)$（端點）	$f(x)=\begin{cases}x^2, & x<0\\x+1, & x\ge 0\end{cases}$ $\lim_{x\to 0^+} f(x)=\lim_{x\to 0^-} f(x+1)=1$ $\lim_{x\to 0^-} f(x)=\lim_{x\to 0^+}(x^2)=0$ $\therefore \lim_{x\to 0} f(x)$ 不存在	$y=x^2$, $y=x+1$, y, x, 2, 1, −1, 1

除了上述三個基本題型外，還有一些函數需考慮左、右極限，如 $\lim_{x\to 0} 2^{\frac{1}{x}}$ 等我們將在爾後章節提到。

例題 4

求(1) $\lim_{x\to 0^+} \sqrt{x}$　(2) $\lim_{x\to 0} \sqrt[3]{x}$ 。

 (1) 本例題之 $x \to 0^+$ 時，可取一個很小之正數，代到式子中 $\lim_{x\to 0^+} \sqrt{x} = 0$ 。

(2) $\because y = \sqrt[3]{x}$ 爲連續，$\therefore$可直接代值得 $\lim_{x\to 0} \sqrt[3]{x} = 0$ 。

例題 5

求(1) $\lim_{x\to 1^+} \sqrt{x-1}$　(2) $\lim_{x\to 1} \sqrt[3]{x-1}$ 。

 (1)

方法一	仿上例題，$x \to 1^+$ 時，取一個很小之正數，代入式中，得：$\lim_{x\to 1^+} \sqrt{x-1} = 0$ 。
方法二	$\because x \to 1^+$，若我們取 $y = x-1$，則 $y \to 0^+$，$\therefore \lim_{x\to 1^+} \sqrt{x-1} = \lim_{y\to 0^+} \sqrt{y} = 0$ 。

(2) 同(1)之方法二：

$$\lim_{x\to 1} \sqrt[3]{x-1} \overset{y=x-1}{=\!=\!=} \lim_{y\to 0} \sqrt[3]{y} = 0$$

例題 5 之方法二是應用變數變換之例子，變數變換之技巧在微積分解題上扮演重要之角色。

例題 6

$$f(x)=\begin{cases}2x-1，x<1\\x^2+1，x\geq 1\end{cases}$$，求 $\lim_{x\to 1}f(x)$、$\lim_{x\to 2}f(x)$ 及 $\lim_{x\to 0}f(x)$。

解 (1) $\lim_{x\to 1^+}f(x)=\lim_{x\to 1^+}(x^2+1)=2$，

$\lim_{x\to 1^-}f(x)=\lim_{x\to 1^-}(2x-1)=1$，

$\because \lim_{x\to 1^+}f(x)\neq \lim_{x\to 1^-}f(x)$，

$\therefore \lim_{x\to 1}f(x)$ 不存在。

(2) $\lim_{x\to 2}f(x)=\lim_{x\to 2}(x^2+1)=5$。

(3) $\lim_{x\to 0}f(x)=\lim_{x\to 0}(2x-1)=-1$。 ■

> 在例題 6，我們分別求 $f(x)$ 在 $x=1$、2、0 之極限，它們的差異在於 **1 是轉折點，而 2、0 不是，在求 $\lim_{x\to 1}f(x)$ 時要考慮左右極限，其它二個不必求左右極限。**

例題 7

$$f(x)=\begin{cases}3x^2-6x+1，x<-1\\x^2+4，-1\leq x<1\\2x+3，x\geq 1\end{cases}$$，求 $\lim_{x\to 1}f(x)$、$\lim_{x\to -1}f(x)$、$\lim_{x\to 0}f(x)$。

解 (1) $\lim_{x\to 1^+}f(x)=\lim_{x\to 1^+}(2x+3)=5$，$\lim_{x\to 1^-}f(x)=\lim_{x\to 1^-}(x^2+4)=5$，

$\therefore \lim_{x\to 1}f(x)=5$。

(2) $\lim_{x\to -1^+}f(x)=\lim_{x\to -1^+}(x^2+4)=5$，

$\lim_{x\to -1^-}f(x)=\lim_{x\to -1^-}(3x^2-6x+1)=10$，

$\because \lim_{x\to -1^+}f(x)\neq \lim_{x\to -1^-}f(x)$，$\therefore \lim_{x\to 1}f(x)$ 不存在。

(3) $\lim_{x\to 0}f(x)=\lim_{x\to 0}(x^2+4)=4$。 ■

例題 8

求 $\lim\limits_{x\to 0}\dfrac{|x|}{x}$。

$\lim\limits_{x\to 0^+}\dfrac{|x|}{x}=\lim\limits_{x\to 0^+}\dfrac{x}{x}=1$，

$\lim\limits_{x\to 0^-}\dfrac{|x|}{x}=\lim\limits_{x\to 0^-}\dfrac{-x}{x}=-1$，

$\lim\limits_{x\to 0^+}\dfrac{|x|}{x}\neq\lim\limits_{x\to 0^-}\dfrac{|x|}{x}$，

$\therefore\lim\limits_{x\to 0}\dfrac{|x|}{x}$ 不存在。■

例題 9

求 $\lim\limits_{x\to 2}\dfrac{|x-2|}{x-2}$。

方法一	$\lim\limits_{x\to 2^+}\dfrac{\|x-2\|}{x-2}=\lim\limits_{x\to 2^+}\dfrac{x-2}{x-2}=1$，$\lim\limits_{x\to 2^-}\dfrac{\|x-2\|}{x-2}=\lim\limits_{x\to 2^-}\dfrac{-(x-2)}{x-2}=-1$， $\because\lim\limits_{x\to 2^+}\dfrac{\|x-2\|}{x-2}\neq\lim\limits_{x\to 2^-}\dfrac{\|x-2\|}{x-2}$，$\therefore\lim\limits_{x\to 2}\dfrac{\|x-2\|}{x-2}$ 不存在。
方法二 變數變換	取 $y=x-2$，則 $y\to 0$， $\lim\limits_{x\to 2}\dfrac{\|x-2\|}{x-2}=\lim\limits_{y\to 0}\dfrac{\|y\|}{y}$ 不存在。 （由例題 8 之結果）

■

例題 10

求 $\lim\limits_{x\to 0}\dfrac{|x|}{x}(2-x)$。

解 $\lim\limits_{x\to 0^+}\dfrac{|x|}{x}(2-x)=\lim\limits_{x\to 0^+}\dfrac{x}{x}\cdot\lim\limits_{x\to 0^+}(2-x)=1\cdot 2=2$，

$\lim\limits_{x\to 0^-}\dfrac{|x|}{x}(2-x)=\lim\limits_{x\to 0^-}\dfrac{-x}{x}\lim\limits_{x\to 0^-}(2-x)=-1\cdot 2=-2$，

$\because \lim\limits_{x\to 0^+}\dfrac{|x|}{x}(2-x)\neq\lim\limits_{x\to 0^-}\dfrac{|x|}{x}(2-x)$，$\therefore \lim\limits_{x\to 0}\dfrac{|x|}{x}(2-x)$不存在。 ■

當 $\lim\limits_{x\to a}f(x)$ 為整數，求 $\lim\limits_{x\to a}[f(x)]$ 時，通常要討論左右極限。

例題 11

求 $\lim\limits_{x\to 1}[1-x]$。

解 $\lim\limits_{x\to 1^+}[1-x]=-1$，

$\lim\limits_{x\to 1^-}[1-x]=0$，

$\because \lim\limits_{x\to 1^+}[1-x]\neq\lim\limits_{x\to 1^-}[1-x]$，

$\therefore \lim\limits_{x\to 1}[1-x]$不存在。 ■

> 在求最大整數函數之極限時，不妨考慮一個實際值以得到解題之頭緒。例如求 $\lim\limits_{x\to 1}[x^2]$ 需考慮 $\lim\limits_{x\to 1^+}[x^2]$ 及 $\lim\limits_{x\to 1^-}[x^2]$：求 $\lim\limits_{x\to 1^-}[x^2]$ 時，取 $x=0.9$，則 $[x^2]=0$，所以可想到 $\lim\limits_{x\to 1^-}[x^2]=0$，求 $\lim\limits_{x\to 1^+}[x^2]$ 時，取 $x=1.1$ 代入 $[x^2]=[1.21]=1$，知 $\lim\limits_{x\to 1^+}[x^2]=1$，從而 $\lim\limits_{x\to 1}[x^2]$ 不存在，如我們求 $\lim\limits_{x\to 5^-}[x]$ 時可取 $x=4.9$，得 $\lim\limits_{x\to 5^-}[x]=4$……以此類推，此種推理雖不嚴謹，但卻可供解題時之參考。

例題 12

求 $\lim\limits_{x\to 2}[1+3x]$。

$\lim\limits_{x\to 2^+}[1+3x]=7$，$\lim\limits_{x\to 2^-}[1+3x]=6$，

$\because \lim\limits_{x\to 2^+}[1+3x]\neq\lim\limits_{x\to 2^-}[1+3x]$，

$\therefore \lim\limits_{x\to 2}[1+3x]$不存在。 ■

練習題

1. 應用本節方法猜 $\lim_{x\to 1}\frac{x^3-1}{x^2-1}$。

2. 用先消後代方式求上題。

3. 求 $\lim_{x\to 0}\sqrt[4]{x+1}$。

4. 求 $\lim_{x\to 1^+}\sqrt[4]{x-1}$。

5. 求 $\lim_{x\to 2.4}[3x+1]$。

6. 求 $\lim_{x\to 4}[3x+1]$。

7. 計算：

   (1) $\lim_{x\to 1^-}\sqrt{1-x}$　(2) $\lim_{x\to 1^+}\sqrt{x-1}$

   (3) $\lim_{x\to 1^+}\sqrt[3]{x-1}$　(4) $\lim_{x\to 1^+}\sqrt[3]{1-x}$

   (5) $\lim_{x\to 1^-}\sqrt[3]{1-x}$　(6) $\lim_{x\to 1^-}\sqrt[3]{x-1}$。

8. 求 $\lim_{x\to 1}[\frac{x}{3}+1]$。

9. 求 $\lim_{x\to 1}f(x)$，$f(x)=\begin{cases}2x+5, & x<1\\ 3x+4, & x\geq 1\end{cases}$。

10. 求 $\lim_{x\to 1}f(x)$，

    $f(x)=\begin{cases}3x^2-2x+5, & x<0\\ 2x+3, & x\geq 0\end{cases}$。

11. 求 $\lim_{x\to 2^-}\sqrt[3]{4-x^2}$。

12. 求 $\lim_{x\to 3^+}\frac{[x^2]-9}{x-3}$。

13. 求 $\lim_{x\to 4}\frac{|x-4|}{x-4}$。

14. 若 $f(x)=\begin{cases}x^2+a, & x<1\\ 3x^2+2x+1, & x\geq 1\end{cases}$，

    在 $\lim_{x\to 1}f(x)$ 存在，求 $a=$？

15. $\lim_{x\to 2^+}(x^2-3x+1)$。

16. $\lim_{x\to 3^-}\frac{x^2-9}{|x-3|}$。

解答

1. 1.500
2. 1.5
3. 1
4. 0
5. 8
6. 不存在
7. (1) 0 (2) 0 (3) 0 (4) 0
   (5) 0 (6) 0
8. 1
9. 7
10. 5
11. 0
12. 0
13. 不存在
14. 5
15. －1
16. －6

1-4 極限定理與基本解法

本節學習目標

1. 極限之正式定義（若時間不足，可略之）。
2. 極限定理及其應用。
3. 函數極限之基本解法。

極限定義

1-3 節所述極限之直觀定義，只可供讀者對函數之極限有二概念，但無法對極限問題做進一步之探討，因此有對極限做正式定義之必要。

定 義

若對每一個$\varepsilon > 0$，都存在$\delta > 0$使得當 $0 < |x-a| < \delta$ 時均有 $|f(x)-\ell| < \varepsilon$，則稱 x 趨近 a 時，$f(x)$之極限爲ℓ。以 $\lim\limits_{x \to a} f(x) = \ell$ 表之。

由定義之 $0 < |x-a| < \delta$ 可知 x 可無限地接近 a，但 $x \neq a$。

如何證明 $\lim\limits_{x \to a} f(x) = \ell$？

第一步：由 $|f(x)-\ell| < \varepsilon \Rightarrow |x-a| < h(\varepsilon)$，從而取$\delta = h(\varepsilon)$。

第二步：證明第一步所得之$\delta = h(\varepsilon)$滿足 $|f(x)-\ell| < \varepsilon$。

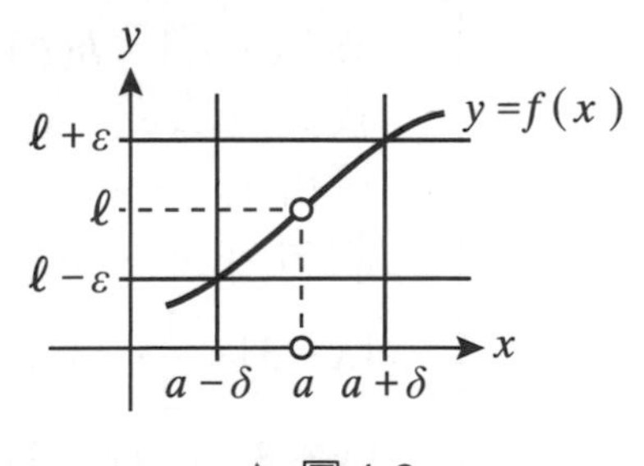

▲ 圖 1-3

例題 1

試證 $\lim_{x \to 1}(2x+1)=3$ 。

提示	解答
1. 由 $\lvert f(x)-3 \rvert < \varepsilon$ $\Rightarrow \lvert x-1 \rvert < \frac{\varepsilon}{2}$ 。 2. 證明 $\delta = \frac{\varepsilon}{2}$ 滿足 $\lvert (2x+1)-3 \rvert < \varepsilon$。	1. $\lvert f(x)-\ell \rvert = \lvert (2x+1)-3 \rvert = 2\lvert x-1 \rvert < \varepsilon$，$\lvert x-1 \rvert < \frac{\varepsilon}{2}$，∴取 $\delta = \frac{\varepsilon}{2}$ 。 2. $\delta = \frac{\varepsilon}{2}$，$0 < \lvert x-1 \rvert < \frac{\varepsilon}{2}$ 時，$\lvert f(x)-\ell \rvert = \lvert (2x+1)-3 \rvert = 2\lvert x-1 \rvert < 2 \cdot \frac{\varepsilon}{2} = \varepsilon$ 。

■

例題 2

試證 $\lim_{x \to 3} x^2 = 9$ 。

提示	解答
1. 由 $\lvert f(x)-\ell \rvert < \varepsilon$ $\Rightarrow \lvert x-a \rvert < h(\varepsilon)$。 我們無法從 $\lvert x+3 \rvert \lvert x-3 \rvert$ 中直接析出 $\lvert x-3 \rvert = h(\varepsilon)$，因此，我們令 $\lvert x-3 \rvert < 1$（你也可令 $\lvert x-3 \rvert < \frac{1}{2} \cdots$）即 $\delta = \ell$，那麼 $\lvert x+3 \rvert = \lvert (x-3)+6 \rvert$ $\le \lvert x-3 \rvert + \lvert 6 \rvert$ $= \lvert x-3 \rvert + 6 < 1+6 = 7$， ∴ $\lvert x-3 \rvert \lvert x+3 \rvert < 7\lvert x-3 \rvert = \varepsilon$， 取 $\delta = \min(1, \frac{\varepsilon}{7})$ 。	1. $\lvert f(x)-\ell \rvert = \lvert x^2-9 \rvert$ $= \lvert (x+3)(x-3) \rvert$ $= \lvert x+3 \rvert \lvert x-3 \rvert$， 令 $\lvert x-3 \rvert < 1$，則 $\lvert x+3 \rvert = \lvert (x-3)+6 \rvert$ $< \lvert x-3 \rvert + \lvert 6 \rvert = 1+6 = 7$， ∴ $\lvert f(x)-\ell \rvert = \lvert x+3 \rvert \lvert x-3 \rvert$ $< 7\lvert x-3 \rvert = \varepsilon$ $\Rightarrow \lvert x-3 \rvert < \frac{\varepsilon}{7} = \delta$， 取 $\delta = \min(1, \frac{\varepsilon}{7})$ 。

2. 證明 $\delta=\min(1,\frac{\varepsilon}{7})$ 滿足 $\lvert x^2-9\rvert<\varepsilon$。 ※在例題 2 中，我們應用一個絕對不等式 $\lvert x+y\rvert\le\lvert x\rvert+\lvert y\rvert$	2. 取 $\delta=\min(1,\frac{\varepsilon}{7})$， $0<\lvert x-3\rvert<\delta$ 時， $\lvert f(x)-\ell\rvert$ $=\lvert x^2-9\rvert$ $=\lvert x-3\rvert\lvert x+3\rvert<7\cdot\frac{\varepsilon}{7}=\varepsilon$。

■

極限基本定理

定理 A

若 $\lim_{x\to a}f(x)=A$，$\lim_{x\to a}g(x)=B$，則

(1) $\lim_{x\to a}\big(f(x)\pm g(x)\big)=\lim_{x\to a}f(x)\pm\lim_{x\to a}g(x)=A\pm B$。

(2) $\lim_{x\to a}\big(f(x)\cdot g(x)\big)=\lim_{x\to a}f(x)\cdot\lim_{x\to a}g(x)=A\cdot B$。

(3) $\lim_{x\to a}\frac{f(x)}{g(x)}=\frac{\lim_{x\to a}f(x)}{\lim_{x\to a}g(x)}=\frac{A}{B}$，但 $B\neq 0$。

(4) 若 $\lim_{x\to a}f(x)$ 存在，則必為唯一；即若 $\lim_{x\to a}f(x)=\ell_1$、$\lim_{x\to a}f(x)=\ell_2$，則 $\ell_1=\ell_2$。

(5) $\lim_{x\to a}(b_nx^n+b_{n-1}x^{n-1}+\cdots\cdots+b_1x+b_0)=b_na^n+b_{n-1}a^{n-1}+\cdots\cdots+b_1a+b_0$。

證明　$\lim_{x\to a}(f(x)+g(x))=A+B$ 部分：

對任意正數 ε 而言，$\frac{1}{2}\varepsilon>0$，又已知 $\lim_{x\to a}f(x)=A$ 則存在一個正數 δ_1，使得

$0<\lvert x-a\rvert<\delta_1\Rightarrow\lvert f(x)-A\rvert<\frac{\varepsilon}{2}$ 同理，$\lim_{x\to a}g(x)=B$

∴存在一個正數 δ_2 使得 $0<\lvert x-a\rvert<\delta_2\Rightarrow\lvert f(x)-B\rvert<\frac{\varepsilon}{2}$，取 $\delta=\min(\delta_1,\delta_2)$ 則

$0<\lvert x-a\rvert<\delta\Rightarrow\lvert f(x)+g(x)-(A+B)\le\lvert f(x)-A\rvert+\lvert g(x)-B\rvert\le\frac{\varepsilon}{2}+\frac{\varepsilon}{2}=\varepsilon$

∴ $\lim_{x\to a}(f(x)+g(x))=A+B$。

◆

例題 3

求 $\lim_{x\to 2}(x^2-3x+1)$。

解 原式 $=\lim_{x\to 2}x^2-\lim_{x\to 2}3x+\lim_{x\to 2}1=(\lim_{x\to 2}x)^2-3\lim_{x\to 2}x+\lim_{x\to 2}1=2^2-3\cdot 2+1=-1$。 ■

例題 4

求 $\lim_{x\to 1}(\dfrac{\alpha x^2+\beta x+\gamma}{x^3+1})^4$。

解 原式 $=(\lim_{x\to 1}\dfrac{\alpha x^2+\beta x+\gamma}{x^3+1})^4=(\dfrac{\lim_{x\to 1}(\alpha x^2+\beta x+\gamma)}{\lim_{x\to 1}(x^3+1)})^4$

$$=(\frac{\alpha\lim_{x\to 1}x^2+\beta\lim_{x\to 1}x+\lim_{x\to 1}\gamma}{\lim_{x\to 1}x^3+\lim_{x\to 1}1})^4=(\frac{\alpha(\lim_{x\to 1}x)^2+\beta\lim_{x\to 1}x+\lim_{x\to 1}\gamma}{(\lim_{x\to 1}x)^3+\lim_{x\to 1}1})^4$$

$$=(\frac{\alpha+\beta+\gamma}{1+1})^4=(\frac{\alpha+\beta+\gamma}{2})^4 \text{。}$$ ■

例題 5

求 $\lim_{x\to 1}\dfrac{x^2+3x+1}{x^2-1}$。

解 原式 $=\dfrac{\lim_{x\to 1}(x^2+3x+1)}{\lim_{x\to 1}(x^2-1)}=\dfrac{\lim_{x\to 1}x^2+\lim_{x\to 1}3x+\lim_{x\to 1}1}{\lim_{x\to 1}x^2-\lim_{x\to 1}1}$

$$=\frac{(\lim_{x\to 1}x)^2+3\lim_{x\to 1}x+\lim_{x\to 1}1}{(\lim_{x\to 1}x)^2-\lim_{x\to 1}1}=\frac{5}{1-1}=\frac{5}{0}$$ （不存在）。 ■

定理 B

若 $\lim\limits_{x\to a} f(x)=A$，則

(1) $\lim\limits_{x\to a}|f(x)|=|\lim\limits_{x\to a} f(x)|=|A|$。

(2) $\sqrt[n]{\lim\limits_{x\to a} f(x)}=\sqrt[n]{A}$，$n\in\mathbb{N}$。（若 n 爲偶數時，A 需爲正值）

例題 6

求 $\lim\limits_{x\to 1}\sqrt[4]{\dfrac{x+1}{x^2+1}}$。

解 原式 $=\sqrt[4]{\lim\limits_{x\to 1}\dfrac{x+1}{x^2+1}}=\sqrt[4]{\dfrac{\lim\limits_{x\to 1}(x+1)}{\lim\limits_{x\to 1}(x^2+1)}}=\sqrt[4]{\dfrac{\lim\limits_{x\to 1}x+\lim\limits_{x\to 1}1}{\lim\limits_{x\to 1}x^2+\lim\limits_{x\to 1}1}}$

$=\sqrt[4]{\dfrac{\lim\limits_{x\to 1}x+\lim\limits_{x\to 1}1}{(\lim\limits_{x\to 1}x)^2+\lim\limits_{x\to 1}1}}=\sqrt[4]{\dfrac{1+1}{1+1}}=1$。 ■

函數極限之基本解法

本節將續介紹四個求函數極限之基本方法：因式分解法、共軛根式法、變數變換法與夾擊法（也稱擠壓定理、三明治定理）。

因式分解法

$f(x)$ 與 $g(x)$ 均爲多項式，$\lim\limits_{x\to a}\dfrac{f(x)}{g(x)}=\dfrac{\lim\limits_{x\to a}f(x)}{\lim\limits_{x\to a}g(x)}=\dfrac{0}{0}$ 時，$f(x)$ 與 $g(x)$ 必有 $x-a$ 之因子，我們可藉因式分解消去因子 $x-a$。**因式分解法之要旨在「先消後代」（把 $x-a$ 因子消掉後再代 $x=a$）**

例題 7

求 $\lim_{x\to1}\frac{x^4-1}{x-1}$。

解 原式 $=\lim_{x\to1}\frac{\cancel{(x-1)}(x+1)(x^2+1)}{\cancel{x-1}}=\lim_{x\to1}(x+1)(x^2+1)$

$=\lim_{x\to1}(x+1)\lim_{x\to1}(x^2+1)=2\cdot2=4$。 ■

例題 8

求 $\lim_{x\to3}\frac{1}{x-3}(\frac{1}{x-2}+\frac{1}{x-4})$。

解 原式 $=\lim_{x\to3}\frac{1}{x-3}[\frac{2x-6}{(x-2)(x-4)}]=\lim_{x\to3}\frac{1}{\cancel{x-3}}\cdot\frac{2\cancel{(x-3)}}{(x-2)(x-4)}$

$=\lim_{x\to3}\frac{2}{(x-2)(x-4)}=-2$。 ■

例題 9

若 $\lim_{x\to2}\frac{x^2+x+a}{x-2}=b$，$b$ 為有限定值，求 a、b。

解 先求 a：

因 $\lim_{x\to2}\frac{x^2+x+a}{x-2}=b$，

b 爲有限定值，又 $\lim_{x\to2}x-2=0$，

$\therefore\lim_{x\to2}x^2+x+a=0$，得 $a=-6$，

次求 b：

$b=\lim_{x\to2}\frac{x^2+x-6}{x-2}=\lim_{x\to2}\frac{(x+3)(x-2)}{x-2}=5$。 ■

> $\lim_{x\to a}\frac{g(x)}{f(x)}=b$，$b$ 爲定值，若 $\lim_{x\to a}f(x)=0$，則 $\lim_{x\to a}g(x)$ 亦爲 0，同樣地，若 $\lim_{x\to a}g(x)=0$，$b\neq0$，則 $\lim_{x\to a}f(x)=0$。

例題 10

求 $\lim\limits_{x\to 1}\dfrac{x+x^2+\cdots+x^n-n}{x-1}$ 。

解　原式 $=\lim\limits_{x\to 1}\dfrac{(x-1)+(x^2-1)+\cdots+(x^n-1)}{x-1}$

$$=\lim_{x\to 1}\frac{x-1}{x-1}+\lim_{x\to 1}\frac{x^2-1}{x-1}+\cdots+\lim_{x\to 1}\frac{x^n-1}{x-1}$$

$$=\lim_{x\to 1}1+\lim_{x\to 1}(x+1)+\lim_{x\to 1}(x^2+x+1)+\cdots$$

$$+\lim_{x\to 1}(x^{n-1}+x^{n-2}+\cdots+x+1)$$

$$=1+2+\cdots+n=\frac{n(n+1)}{2}$$ 。 ■

> 在例題 10 中我們用了初等代數學上的兩個重要結果：
>
> 1. $\dfrac{x^n-1}{x-1}=x^{n-1}+x^{n-2}+\cdots+x+1$ 及
> 2. $1+2+\cdots+n=\dfrac{n}{2}(n+1)$ 。

共軛根式法

若 $f(x)$ 與 $g(x)$ 中至少一個含有根式，且 $\lim\limits_{x\to a}\dfrac{f(x)}{g(x)}=\dfrac{\lim\limits_{x\to a}f(x)}{\lim\limits_{x\to a}g(x)}=\dfrac{0}{0}$ 時，我們便可藉同乘分子或分母之共軛根式，以期**在計算過程中能將分母、分子中之 $x-a$ 消去**。

例題 11

求 $\lim\limits_{h\to 0}\dfrac{\sqrt{x+h}-\sqrt{x}}{h}$ 。

方法一 共軛根式法	原式 $=\lim\limits_{h\to 0}\dfrac{\sqrt{x+h}-\sqrt{x}}{h}\cdot\dfrac{\sqrt{x+h}+\sqrt{x}}{\sqrt{x+h}+\sqrt{x}}=\lim\limits_{h\to 0}\dfrac{(x+h)-x}{h(\sqrt{x+h}+\sqrt{x})}$ $=\lim\limits_{h\to 0}\dfrac{h}{h(\sqrt{x+h}+\sqrt{x})}=\lim\limits_{h\to 0}\dfrac{1}{\sqrt{x+h}+\sqrt{x}}=\dfrac{1}{2\sqrt{x}}$ 。
方法二 （用到下章之微分定義）	$\lim\limits_{h\to 0}\dfrac{\sqrt{x+h}-\sqrt{x}}{h}$ 相當於 $f(x)=\sqrt{x}$ ， $f'(x)=?$ $\therefore f'(x)=\dfrac{1}{2\sqrt{x}}$ 。

■

微積分之解法在思想上應力求活躍，這是這本書一再強調的。

例題 12

求 $\lim\limits_{x\to1}\dfrac{x-1}{\sqrt{2}-\sqrt{x+1}}$。

解 原式 $=\lim\limits_{x\to1}\dfrac{x-1}{\sqrt{2}-\sqrt{x+1}}\cdot\dfrac{\sqrt{2}+\sqrt{x+1}}{\sqrt{2}+\sqrt{x+1}}=\lim\limits_{x\to1}\dfrac{(x-1)(\sqrt{2}+\sqrt{x+1})}{2-(x+1)}$

$=\lim\limits_{x\to1}\dfrac{(x-1)(\sqrt{2}+\sqrt{x+1})}{-(x-1)}=-\lim\limits_{x\to1}(\sqrt{2}+\sqrt{x+1})=-2\sqrt{2}$。 ■

例題 13

求 $\lim\limits_{x\to1}\dfrac{x-1}{x-\sqrt{2-x}}$。

解 原式 $=\lim\limits_{x\to1}\dfrac{(x-1)(x+\sqrt{2-x})}{(x-\sqrt{2-x})(x+\sqrt{2-x})}=\lim\limits_{x\to1}\dfrac{(x-1)(x+\sqrt{2-x})}{x^2+x-2}$

$=\lim\limits_{x\to1}\dfrac{(x-1)(x+\sqrt{2-x})}{(x-1)(x+2)}=\lim\limits_{x\to1}\dfrac{x+\sqrt{2-x}}{x+2}=\dfrac{2}{3}$。 ■

變數變換法

變數變換法的目的是想藉變數變換將式子裡的根式去除掉，以便我們應用因式分解析出因式。

例題14

求 $\lim\limits_{x\to1}\dfrac{1-x}{1-\sqrt{x}}$ 。

方法一 共軛根式法	原式 $=\lim\limits_{x\to1}\dfrac{1-x}{1-\sqrt{x}}\cdot\dfrac{1+\sqrt{x}}{1+\sqrt{x}}=\lim\limits_{x\to1}(\dfrac{1-x}{1-x})(1+\sqrt{x})=\lim\limits_{x\to1}(1+\sqrt{x})=2$ 。
方法二 因式分解法	$\lim\limits_{x\to1}\dfrac{1-x}{1-\sqrt{x}}=\lim\limits_{x\to1}\dfrac{(1-\sqrt{x})(1+\sqrt{x})}{1-\sqrt{x}}=\lim\limits_{x\to1}(1+\sqrt{x})=2$ 。
方法三 變數變換法	$\lim\limits_{x\to1}\dfrac{1-x}{1-\sqrt{x}}\overset{y=\sqrt{x}}{=\!=}\lim\limits_{y\to1}\dfrac{1-y^2}{1-y}=\lim\limits_{y\to1}\dfrac{(1-y)(1+y)}{1-y}=\lim\limits_{y\to1}(1+y)=2$ 。

■

例題15

求 $\lim\limits_{x\to1}\dfrac{\sqrt{x}-\sqrt[3]{x}}{1-\sqrt{x}}$ 。

$\lim\limits_{x\to1}\dfrac{\sqrt{x}-\sqrt[3]{x}}{1-\sqrt{x}}$

$\overset{y=x^{\frac{1}{6}}}{=\!=}\lim\limits_{y\to1}\dfrac{y^3-y^2}{1-y^3}$

$=\lim\limits_{y\to1}\dfrac{y^2(y-1)}{(1-y)(1+y+y^2)}=\lim\limits_{y\to1}\dfrac{y^2\cdot(-1)}{1+y+y^2}=-\dfrac{1}{3}$ 。 ■

> 例題 15 之 x 冪次分別爲 $x^{\frac{1}{2}}$，$x^{\frac{1}{3}}$，爲了脫掉極限式之所有根號，我們看出冪次分母分別爲 2、3、2、3 之最小公倍數 6。因此，我們令 $y=x^{\frac{1}{6}}$ ，又 $x\to1$ 時，$y\to1$，如此簡化了計算。

例題16

求 $\lim_{x\to1}\frac{\sqrt{x}-1}{\sqrt{x}+\sqrt[3]{x}-2}$。

解 $\lim_{x\to1}\frac{\sqrt{x}-1}{\sqrt{x}+\sqrt[3]{x}-2}\overset{y=x^{\frac{1}{6}}}{=\!=}\lim_{y\to1}\frac{y^3-1}{y^3+y^2-2}$

$=\lim_{y\to1}\frac{(y-1)(y^2+y+1)}{(y-1)(y^2+2y+2)}$

$=\lim_{y\to1}\frac{y^2+y+1}{y^2+2y+2}=\frac{3}{5}$。

> $\sqrt{x}=x^{\frac{1}{2}}$，$\sqrt[3]{x}=x^{\frac{1}{3}}$，∴取 $y=x^{\frac{1}{6}}$，
> $\frac{\sqrt{x}-1}{\sqrt{x}+\sqrt[3]{x}-2}=\frac{y^3-1}{y^3+y^2-2}$，
> 又 $x\to1$，∴ $y=x^{\frac{1}{6}}\to1$。

■

例題 16 若改為 $\lim_{x\to1}\frac{\sqrt{x}-1}{\sqrt[5]{x}+\sqrt[3]{x}-2}$，因為式中有 $\sqrt{x}=x^{\frac{1}{2}}$、$\sqrt[5]{x}=x^{\frac{1}{5}}$、$\sqrt[3]{x}=x^{\frac{1}{3}}$，因此我們可取 $y=x^{\frac{1}{30}}$，即取 2、3、5 之最小公倍數。

夾擊法

定理 C 夾擊定理

若 $f_1(x)\le f(x)\le f_2(x)$，$\forall x\in I$（I 為一區間）且 $\lim_{x\to a}f_1(x)=\lim_{x\to a}f_2(x)=l$，則 $\lim_{x\to a}f(x)=l$，$a\in I$。

應用夾擊定理解 $\lim_{x\to a}f(x)$ 前，必須確定二件事：

1. **找到 $f_1(x)$、$f_2(x)$，使得 $f_1(x)\le f(x)\le f_2(x)$。**
2. **$\lim_{x\to a}f_1(x)=\lim_{x\to a}f_2(x)=l$ 一定要成立。**

> 夾擊定理常用之不等式：
> (1) $x-1<[x]\le x$。
> (2) $-1\le\sin f(x)\le1$。

例題17

若 $0 \le f(x) \le M$，求 $\lim_{x\to 0} x^2 f(x)$。

$\because 0 \le f(x) \le M \Rightarrow 0 \cdot x^2 \le x^2 f(x) \le x^2 M \Rightarrow \lim_{x\to 0} 0 = \lim_{x\to 0} x^2 M = 0$，

$\therefore \lim_{x\to 0} x^2 f(x) = 0$。■

例題18

求 $\lim_{x\to 0} x \sin\frac{1}{x}$。

本例題要找二個函數 $h(x)$、$g(x)$，使得

$g(x) \le x\sin\frac{1}{x} \le h(x)$，且 $\lim_{x\to 0} h(x) = \lim_{x\to 0} g(x)$，

我們可想到的是 $-1 \le \sin\frac{1}{x} \le 1$，$\therefore -x \le x\sin\frac{1}{x} \le x$，

$\lim_{x\to 0} x = \lim_{x\to 0}(-x) = 0$，得 $\lim_{x\to 0} x\sin\frac{1}{x} = 0$。■

三角函數之極限

定理 D

$\lim_{x\to a} \sin x = \sin a$、$\lim_{x\to a} \cos x = \cos a$。

由定理 D 易知：$\lim_{x\to a} \tan x = \tan a$，$\lim_{x\to a} \sec x = \sec a \cdots$（若這些極限存在的話）。

例題 19

求 $\lim\limits_{x\to\frac{\pi}{3}}\sin x$，$\lim\limits_{x\to\frac{\pi}{4}}\tan x$，$\lim\limits_{x\to\frac{\pi}{2}}\sec x$。

解 (1) $\lim\limits_{x\to\frac{\pi}{3}}\sin x=\sin\dfrac{\pi}{3}$

$=\dfrac{\sqrt{3}}{2}$。

(2) $\lim\limits_{x\to\frac{\pi}{4}}\tan x=\tan\dfrac{\pi}{4}=1$。

(3) $\lim\limits_{x\to\frac{\pi}{2}}\sec x=\dfrac{1}{\lim\limits_{x\to\frac{\pi}{2}}\cos x}$

$=\dfrac{1}{0}$（不存在）。■

常用正弦、餘弦與正切函數特殊值

	0	$\frac{\pi}{6}$	$\frac{\pi}{4}$	$\frac{\pi}{3}$	$\frac{\pi}{2}$
$\sin x$	0	$\frac{\sqrt{1}}{2}$	$\frac{\sqrt{2}}{2}$	$\frac{\sqrt{3}}{2}$	$\frac{\sqrt{4}}{2}$
$\cos x$	1	$\frac{\sqrt{3}}{2}$	$\frac{\sqrt{2}}{2}$	$\frac{\sqrt{1}}{2}$	0
$\tan x$	0	$\frac{1}{\sqrt{3}}$	1	$\sqrt{3}$	×

定理 E

$\lim\limits_{\theta\to 0}\dfrac{\sin\theta}{\theta}=1$。

證明 為了證明 $\lim\limits_{\theta\to 0}\dfrac{\sin\theta}{\theta}=1$，我們以 O 為圓心，畫一單位圓，$\overline{AB}\perp\overline{OC}$，$\overleftrightarrow{CD}$ 為過點 C 之切線，如圖 1-4 所示：

$\triangle OAB$ 之面積

$=\dfrac{1}{2}\overline{OA}\cdot\overline{AB}=\dfrac{1}{2}\dfrac{\overline{OA}}{\overline{OB}}\cdot\dfrac{\overline{AB}}{\overline{OB}}$（$\because\overline{OB}=1$）$=\dfrac{1}{2}\cos\theta\sin\theta$，

扇形 OBC 之面積$=(\dfrac{\theta}{2\pi})\pi\cdot 1^2=\dfrac{\theta}{2}$，

$\triangle OCD$ 之面積

$=\dfrac{1}{2}\overline{OC}\cdot\overline{CD}=\dfrac{1}{2}\overline{CD}=\dfrac{1}{2}\tan\theta$（$\because\tan\theta=\dfrac{\overline{AB}}{\overline{OA}}=\dfrac{\overline{CD}}{\overline{OC}}=\overline{CD}$），

但 $\triangle OAB$ 之面積 $<$ 扇形 OBC 之面積 $<$ $\triangle OCD$ 之面積，

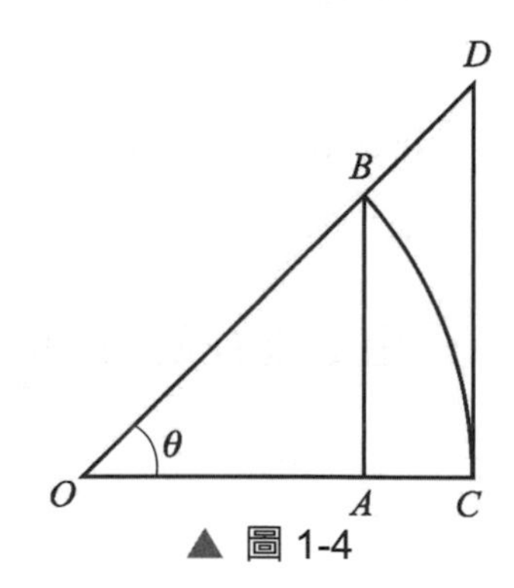

▲ 圖 1-4

即$\frac{1}{2}\cos\theta\sin\theta \le \frac{\theta}{2} \le \frac{1}{2}\tan\theta$，

$\therefore \cos\theta \le \frac{\theta}{\sin\theta} \le \frac{1}{\cos\theta} \Rightarrow \frac{1}{\cos\theta} \le \frac{\sin\theta}{\theta} \le \cos\theta$，

又$\lim_{\theta\to 0}\cos\theta = \lim_{\theta\to 0}\frac{1}{\cos\theta} = 1$，

由定理 C（夾擊定理）知$\lim_{\theta\to 0}\frac{\sin\theta}{\theta} = 1$。 ◆

例題20

求$\lim_{\theta\to 0}\frac{1-\cos\theta}{\theta} = 0$。

解

$$\lim_{\theta\to 0}\frac{1-\cos\theta}{\theta} = \lim_{\theta\to 0}\frac{1-\cos\theta}{\theta}\cdot\frac{1+\cos\theta}{1+\cos\theta} = \lim_{\theta\to 0}\frac{\sin^2\theta}{\theta}\cdot\frac{1}{1+\cos\theta}$$

$$= \lim_{\theta\to 0}\frac{\sin^2\theta}{\theta^2}\cdot\frac{\theta}{1+\cos\theta} = (\lim_{\theta\to 0}\frac{\sin\theta}{\theta})^2\lim_{\theta\to 0}\frac{\theta}{1+\cos\theta}$$

$$= 1\cdot 0 = 0$$ 。 ■

推論 E1　若$\lim_{x\to c}f(x) = 0$，則$\lim_{x\to c}\frac{\sin f(x)}{f(x)} = 1$。

推論 E1 是$\lim_{x\to 0}\frac{\sin x}{x} = 1$之一般化。

例題21

求$\lim_{x\to 1}\frac{\sin[(x-1)(x-2)]}{x-1}$。

解

$$\lim_{x\to 1}\frac{\sin[(x-1)(x-2)]}{x-1} = \lim_{x\to 1}\frac{\sin[(x-1)(x-2)]}{(x-1)(x-2)}\cdot(x-2)$$

$$= \lim_{x\to 1}\frac{\sin[(x-1)(x-2)]}{(x-1)(x-2)}\lim_{x\to 1}(x-2) = 1\cdot(-1) = -1$$ 。 ■

練習題

1. $\lim\limits_{x\to 0}\dfrac{\sqrt{1+x}-1}{x}$。

2. $\lim\limits_{x\to 1}\dfrac{\sqrt[3]{x}-1}{\sqrt{x}-1}$。

3. $\lim\limits_{x\to 0}\dfrac{1}{x}(\dfrac{1}{x+2}-\dfrac{1}{2})$。

4. $\lim\limits_{x\to a}\dfrac{\sqrt[3]{x^2}-\sqrt[3]{a^2}}{x-a}$。

5. $\lim\limits_{x\to 2}\dfrac{\sqrt{x^2+1}-\sqrt{5}}{x-2}$。

6. $\lim\limits_{x\to 1}\dfrac{x^2+ax+b}{x-1}=-5$，求 a、b。

7. $\lim\limits_{h\to 0}\dfrac{\dfrac{1}{x+h}-\dfrac{1}{x}}{h}$。

8. $\lim\limits_{x\to 1}\dfrac{\sqrt{1+x}-\sqrt{2}}{x-1}$。

9. $\lim\limits_{x\to 0}\dfrac{\sqrt{x+2}-\sqrt{2}}{x}$。

10. 若 $x+4\le f(x)\le x^2+3x+1$，$\forall x\in\mathbb{R}$，求 $\lim\limits_{x\to 1}f(x)$。

11. 給定 $\dfrac{x+3}{x+1}\le f(x)\le\dfrac{x^2+3}{x^2+1}$，$-1\le x\le 1$，求 $\lim\limits_{x\to 0}f(x)$。

12. $\lim\limits_{x\to 2}\dfrac{x^2+ax+b}{x^2-x-2}=2$，求 a、b。

13. $\lim\limits_{x\to 1}(\dfrac{3}{1-x^3}-\dfrac{1}{1-x})$。

14. $\lim\limits_{\theta\to 0}\dfrac{1-\cos\theta}{\theta\sin\theta}$。

解答

1. $\dfrac{1}{2}$
2. $\dfrac{2}{3}$
3. $-\dfrac{1}{4}$
4. $\dfrac{2}{3}a^{-\frac{1}{3}}$
5. $\dfrac{2\sqrt{5}}{5}$
6. $a=-7$、$b=6$
7. $-\dfrac{1}{x^2}$
8. $\dfrac{\sqrt{2}}{4}$
9. $\dfrac{\sqrt{2}}{4}$
10. 5
11. 3
12. $a=2$、$b=-8$
13. 1
14. $\dfrac{1}{2}$

1-5 連續函數

本節學習目標

1. $f(x)$在 $x=a$ 處連續性。
2. 介值定理及其應用。

函數之連續性

定 義　連續函數

若(1) $f(x)$ 在 $x=x_0$ 有意義，即 $f(x_0)$ 存在；(2) $\lim\limits_{x\to x_0} f(x)$ 存在且 (3) $\lim\limits_{x\to x_0} f(x)=f(x_0)$，則稱 f 在 $x=x_0$ 處連續。

由定義，如果**(1) $f(x_0)$ 有意義；(2) $\lim\limits_{x\to x_0} f(x)$ 存在；(3) $\lim\limits_{x\to x_0} f(x)=f(x_0)$，三個條件有一個不成立，則 $f(x)$ 在 $x=x_0$ 處便不為連續**。一般而言，我們**判斷 $f(x)$ 在 $x=x_0$ 處可否連續可先從 $\lim\limits_{x\to x_0} f(x)$ 著手，因爲若 $\lim\limits_{x\to x_0} f(x)$ 不存在，則 $f(x)$ 一定不會在 $x=x_0$ 處連續**，如果 $\lim\limits_{x\to x_0} f(x)=l$（存在），或可對 $f(x)$ 做適當定義而使 $f(x)$ 在 $x=x_0$ 爲連續。

不連續函數之例子

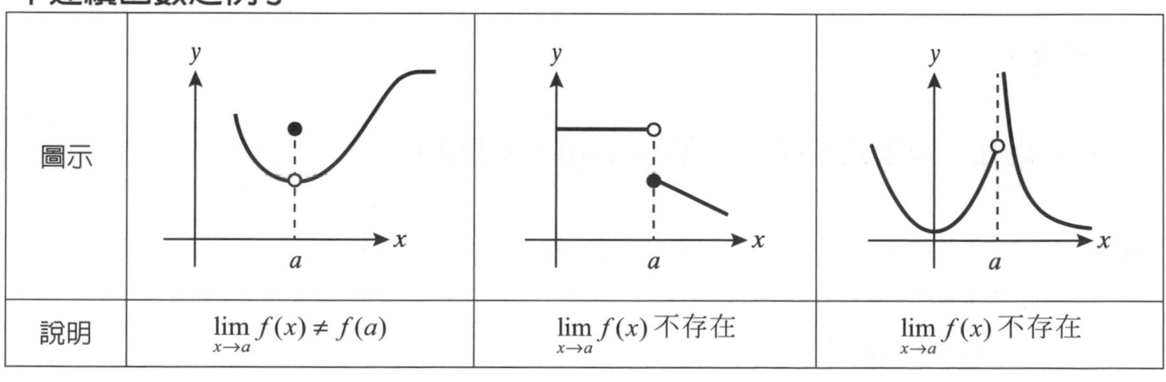

圖示			
說明	$\lim\limits_{x\to a} f(x)\neq f(a)$	$\lim\limits_{x\to a} f(x)$不存在	$\lim\limits_{x\to a} f(x)$不存在

定理 A

若 f 與 g 在 $x=x_0$ 處連續，則

(1) $f \pm g$ 在 $x=x_0$ 處連續。

(2) $f \cdot g$ 在 $x=x_0$ 處連續。

(3) $\dfrac{f}{g}$ 在 $x=x_0$ 處連續，但 $g(x_0)\neq 0$。

(4) f^n 在 $x=x_0$ 處連續。

(5) $\sqrt[n]{f}$ 在 $x=x_0$ 處連續。（但 n 為偶數時需 $f(x_0)\geq 0$）

(6) $|f|$ 在 $x=x_0$ 處連續。

(7) $f\circ g$ 及 $g\circ f$ 在 $x=x_0$ 處連續。

證明　（我們只證明(1)、(7)，其餘請讀者自行仿證）

設 f、g 均在 $x=x_0$ 處為連續，則 $\lim\limits_{x\to x_0} f(x)=f(x_0)$，$\lim\limits_{x\to x_0} g(x)=g(x_0)$

(1) $\lim\limits_{x\to x_0}(f+g)(x)=\lim\limits_{x\to x_0}\left[f(x)+g(x)\right]=\lim\limits_{x\to x_0} f(x)+\lim\limits_{x\to x_0} g(x)$

$=f(x_0)+g(x_0)=(f+g)(x_0)$，即 $f+g$ 在 $x=x_0$ 處為連續。

(7) $\lim\limits_{x\to x_0}(f\circ g)(x)=\lim\limits_{x\to x_0} f(g(x))=f(\lim\limits_{x\to x_0} g(x))=f(g(x_0))$，即 $f\circ g$ 在 $x=x_0$ 處為連續。

◆

有理函數之連續

定理 B

$p(x)$ 為任一多項式，則 $p(x)$ 在 $(-\infty,\infty)$ 中為連續。

證明　令 $p(x)=c_nx^n+c_{n-1}x^{n-1}+\cdots+c_1x+c_0$，$c_0,c_1,\cdots,c_n$ 為常數，

$\lim\limits_{x\to x_0}(c_nx^n+c_{n-1}x^{n-1}+\cdots+c_1x+c_0)=c_n{x_0}^n+c_{n-1}{x_0}^{n-1}+\cdots+c_1x_0+c_0=p(x_0)$，

$\therefore p(x)$ 為連續函數。

◆

定理 C

有理函數 $f(x)=\dfrac{q(x)}{p(x)}$（p、q 爲 x 之多項式函數 p、q 無公因式）在定義域內除了使分母爲 0 之點外之其餘點處均爲連續。

定理 C 說明了，要**找有理函數之不連續點可從使分母為 0 處著手！**

例題 1

函數 $f(x)=\begin{cases} x^3-6 & ,\ x<1 \\ -4-x^2 & ,\ 1\le x\le 10 \\ 6x^2+46 & ,\ x>10 \end{cases}$，在 $x=10$ 處是否連續？

解 $\lim\limits_{x\to 10^-} f(x)=\lim\limits_{x\to 10^-}(-4-x^2)=-104$，

$\lim\limits_{x\to 10^+} f(x)=\lim\limits_{x\to 10^+}(6x^2+46)=646$，

$\because \lim\limits_{x\to 10} f(x)$ 不存在，

$\therefore f(x)$ 在 $x=10$ 處不連續。■

例題 2

$f(x)=\begin{cases} \dfrac{x^3-1}{x^2-1} & ,\ x\neq 1 \\ k & ,\ x=1 \end{cases}$，問應如何定義 k 以使得 $f(x)$ 在 $x=1$ 處為連續？

解 先求 $\lim\limits_{x\to 1}\dfrac{x^3-1}{x^2-1}$：$\lim\limits_{x\to 1}\dfrac{x^3-1}{x^2-1}=\lim\limits_{x\to 1}\dfrac{(x-1)(x^2+x+1)}{(x-1)(x+1)}=\lim\limits_{x\to 1}\dfrac{x^2+x+1}{x+1}=\dfrac{3}{2}$，

$\therefore$ 令 $k=\dfrac{3}{2}$，則 $f(x)$ 在 $x=1$ 處爲連續。■

例題 3

$f(x)=\begin{cases}\dfrac{|x|}{x}, & x\neq 0\\ k, & x=0\end{cases}$，問是否可定義 k 以使得 $f(x)$ 在 $x=0$ 處為連續？

解 先求 $\lim\limits_{x\to 0}\dfrac{|x|}{x}$：

$\because \lim\limits_{x\to 0^+}\dfrac{|x|}{x}=\lim\limits_{x\to 0^+}\dfrac{x}{x}=1$，$\lim\limits_{x\to 0^-}\dfrac{|x|}{x}=\lim\limits_{x\to 0^-}\dfrac{-x}{x}=-1$，

$\lim\limits_{x\to 0^+}f(x)\neq\lim\limits_{x\to 0^-}f(x)$，$\therefore \lim\limits_{x\to 0}f(x)$ 不存在，

因此我們無法定義 k 值以使得 $f(x)$ 在 $x=0$ 處爲連續。■

由例題 3 即可看出 $f(x)$ 在 $x=a$ 處之極限不存在，所以 $f(x)$ 必無法在 $x=a$ 處連續。

定理 D

若 $f(x)$爲連續函數，則 $\lim\limits_{x\to a}f(g(x))=f(\lim\limits_{x\to a}g(x))$。

例題 4

求 $\lim\limits_{x\to 2}\log(x^2+x+1)$。

解 $f(x)=\log x$，則 $f(x)$在$(0,\infty)$爲連續，

$\therefore \lim\limits_{x\to 2}\log(x^2+x+1)=\log\lim\limits_{x\to 2}(x^2+x+1)=\log 7$。■

連續函數之性質

一個函數如果在一個閉區間中為連續時，它會有許多重要性質，**介值定理**（Intermediate value theorem）就是其中之一，而介值定理之一個重要應用即是勘根。

定理 E　介值定理

若函數 f 在 $[a, b]$ 間為連續，$f(a) \neq f(b)$ 且若 N 為介於 $f(a)$、$f(b)$ 間之任一數，則存在一個 c，$c \in [a,b]$ 使得 $f(c) = N$。

我們可想像，某人爬山，山底之海拔為 13m，山之頂端為 1628m，則某人自山底爬到山頂之過程中必然經過海拔 1000m 處。

定理 F　零點定理

若 $f(x)$ 在 $[a, b]$ 為連續，若 $f(a)f(b) < 0$ 則 $f(x) = 0$ 在 $[a, b]$ 間存在一個根 c。

但我們要注意的是：**$f(x_1)\cdot f(x_2) < 0$，$x_1 < x_2$，則 $f(x)$ 在 (x_1, x_2) 中有奇數個根或至少有一個根，$f(x_1)\cdot f(x_2) > 0$ 表示 $f(x)$ 在 (x_1, x_2) 有偶數個根（包括 0 個根）**。

例如：$f(x) = (x-1)(x-2)(x-3)(x-4)(x-5)$，$f(4.5) < 0$、$f(1.5) > 0$，則 $f(x) = 0$ 在 $(1.5, 4.5)$ 間有 3 個根，又如 $f(4.5) < 0$、$f(2.5) < 0$，則 $f(x) = 0$ 在 $(2.5, 4.5)$ 間有 2 個根，又 $f(4.5) < 0$、$f(4.8) < 0$，$f(4.5)f(4.8) > 0$，但 $f(x) = 0$ 在 $(4.5, 4.8)$ 間無根。

連續函數性質之綜合整理

定理	定理敘述	圖示
定理 E 介值定理	N為介於$f(a)$、$f(b)$間之任一數，函數f在$[a, b]$為連續，若$f(a) \neq f(b)$則存在一個c，$c \in [a, b]$使得$f(c) = N$。	
定理 F 零點定理，又稱勘根定理	函數f在$[a, b]$為連續，若$f(a)f(b) < 0$則(a, b)間存在一個c使得$f(c) = 0$。	

例題 5

$f(x) = x^3 - 3x^2 + 1$，問$f(x) = 0$是否有實根？又$f(x) = 0$在$(0, 1)$間是否有實根？又$(1, \infty)$間是否有實根？

(1) $\lim\limits_{x \to \infty} f(x) = \infty$、$\lim\limits_{x \to -\infty} f(x) = -\infty$，

$\therefore f(x) = 0$含有實根。

(2) $f(0) = 1$、$f(1) = -1$，$f(0)f(1) = -1 < 0$，

$\therefore f(x) = 0$在$(0, 1)$間至少有一根。

(3) $f(1) = -1$，$\lim\limits_{x \to \infty} f(x) = \infty$，

$\therefore f(x) = 0$在$(1, \infty)$間至少有一根。 ■

例題 6

求證 $\dfrac{x^2+3}{x-1}+\dfrac{x^4+1}{x-3}=0$ 在 $(1, 3)$ 至少有一根。

解 令 $f(x)=(x-3)(x^2+3)+(x-1)(x^4+1)$，

$f(3)>0$、$f(1)<0$，$\therefore f(1)\,f(3)<0$，從而 $f(x)$ 在 $(1, 3)$ 間有一根，

即 $\dfrac{x^2+3}{x-1}+\dfrac{x^4+1}{x-3}=0$ 在 $(1, 3)$ 間至少有一根。 ■

練習題

1. $f(x)=\begin{cases}\dfrac{x^2-1}{x-1}, & x\neq 1\\ k, & x=1\end{cases}$,

   在 $x=1$ 處連續，求 k。

2. $f(x)=\begin{cases}4x, & x\leq -1\\ cx+d, & -1<x<2\\ -5x, & x\geq 2\end{cases}$,

   在 $(-\infty,\infty)$ 中為連續，求 c、d。

3. $f(x)=\begin{cases}x^2+x-k+1, & x\neq 1\\ \dfrac{1}{4}(x-1), & x=1\end{cases}$,

   在 $x=1$ 處連續，求 k。

4. $f(x)=\dfrac{x^3}{x(x^2+1)(2x-3)}$

   在哪些點不連續？

5. 問 $g(x)=\cos(\dfrac{2x+5}{x^2-3x-4})$

   在何處為不連續？

6. 問 $t(x)=\dfrac{x}{\sqrt{x^2+9}}$ 在何處不連續？

7. 試找出二個函數 f、g，使得 $f\cdot g$ 在 $x=c$ 處為連續，但 $\dfrac{f}{g}$ 在 $x=c$ 處不連續。

8. 若 $f(x)=\begin{cases}4x+1, & x\leq -1\\ ax+b, & -1<x\leq 2\\ ax^2, & x>2\end{cases}$,

   對所有實數連續，求 a、b。

9. 求 $\lim\limits_{x\to\frac{\pi}{2}} 2^{\sin x}$。

10. 試證 $x\cdot 2^x=1$ 至少有一實根。

解答

1. 2
2. $c=-2$、$d=-6$
3. 3
4. $x=0$、$\dfrac{3}{2}$
5. $x=4$、-1
6. 無
7. 例 $f(x)=x$，$g(x)=x^2$ 在 $x=0$，

   $(f\cdot g)(x)=x^3$，在 $x=0$ 處連續，

   但 $(\dfrac{f}{g})(x)=\dfrac{1}{x}$ 在 $x=0$ 處不連續。
8. $a=-3$、$b=-6$
9. 2
10. 提示：取 $f(x)=x\cdot 2^x-1$，

    $\because f(0)=-1<0$，$f(1)=1>0$，

    由定理 E 知 $x\cdot 2^x-1=0$ 在(0, 1)有一根，

    即 $x=2^{-x}$ 在(0, 1)有一根。

02

微分學

2-1 導函數

2-2 微分公式

2-3 鏈鎖律（含反函數微分法）

2-4 三角函數微分法

2-5 自然對數、自然指數函數之微分法

2-6 隱函數微分法

2-7 高階導函數

2-8 相對變化率

2-1 導函數

本節學習目標

1. 函數 $f(x)$之導函數。
2. $f(x)$在 a 點處之導數及可微性。
3. 函數 $f(x)$可微分與連續之關係。

導函數的定義

定義　導函數

函數 f 之**導函數**（Derivative）f' 定義為

$$f'(x)=\lim_{h\to 0}\frac{f(x+h)-f(x)}{h}$$

若上述極限值存在，則稱 $f(x)$ 為**可微分**（Differentiable）或可導否則為不可微分或不可導。

定義中之可微分或不可微分，常簡稱為可微或不可微。

如圖 2-1、2-2 所示，導函數之定義式又可寫成下式：

$$f'(a)=\lim_{h\to 0}\frac{f(a+h)-f(a)}{h}\ \underset{(x=a+h)}{\overset{h=x-a}{=\!=\!=}}\ \lim_{x\to a}\frac{f(x)-f(a)}{x-a}$$ *

因 $\frac{f(x+h)-f(x)}{h}=\frac{f(x+h)-f(x)}{(x+h)-x}=\frac{\Delta y}{\Delta x}$ 是函數之增量與自變數之增量的比值，因此，我們定義它是函數之**平均變化率**（Average rate of change），$x\to a$（即 $\Delta x\to 0$）時，即為函數 $y=f(x)$ 在 $x = a$ 處之**瞬時變化率**（Instantaneous rate of change），$f'(a)$稱為 $f(x)$在 $x=a$ 處之導數。求 $f(x)$之導函數或在 $f(x)$某點導數之運算稱為微分（Differentiate）。

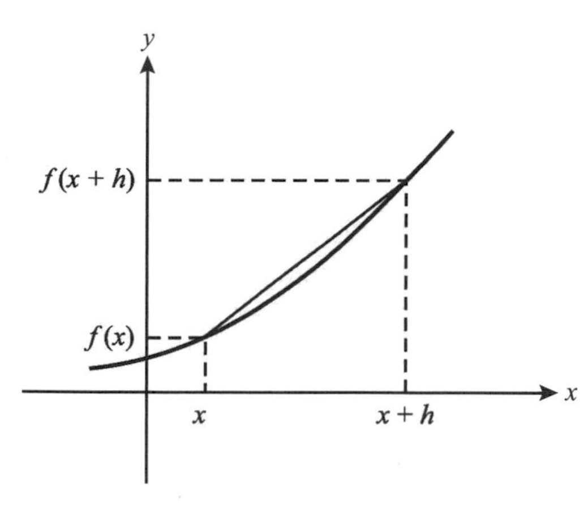

▲ 圖 2-1

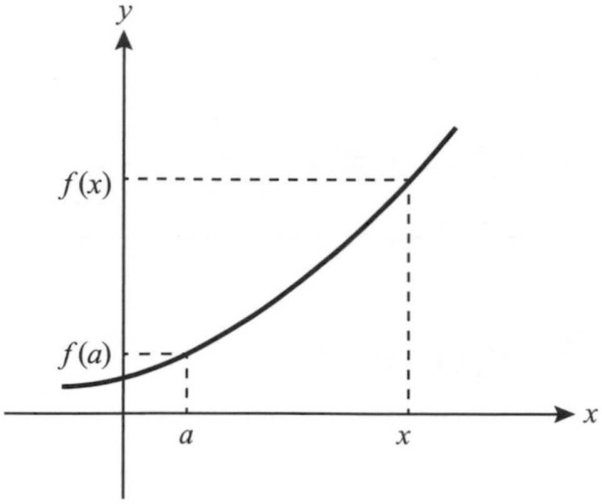

▲ 圖 2-2

經驗上，定義式在導微分公式時較為方便，而式*則多用在求函數在某定點 $x=a$ 處之導數。

函數 $f(x)$ 之導函數之表示法有 $f'(x)$，$\dfrac{d}{dx}y$ 及 $D_x y$ 等三種。

例題 1

用導函數之定義證明：$\dfrac{d}{dx}x^2=2x$，又 $f'(1)=?$

解

$$f'(x)=\lim_{h\to 0}\frac{f(x+h)-f(x)}{h}=\lim_{h\to 0}\frac{(x+h)^2-x^2}{h}=\lim_{h\to 0}\frac{2hx+h^2}{h}$$

$$=\lim_{h\to 0}(2x+h)=2x\text{，}$$

$\therefore f'(1)=2$，

我們也可用下列二種方法求 $f'(1)$：

(1) $$f'(1)=\lim_{h\to 0}\frac{f(1+h)-f(1)}{h}=\lim_{h\to 0}\frac{(1+h)^2-1^2}{h}=\lim_{h\to 0}\frac{(1+2h+h^2)-1}{h}$$

$$=\lim_{h\to 0}\frac{h(2+h)}{h}=\lim_{h\to 0}(2+h)=2\text{。}$$

(2) $$f'(1)=\lim_{x\to 1}\frac{f(x)-f(1)}{x-1}=\lim_{x\to 1}\frac{x^2-1}{x-1}=\lim_{x\to 1}\frac{(x-1)(x+1)}{x-1}=\lim_{x\to 1}(x+1)=2\text{。}$$ ■

例題 2

用導函數之定義求 $\frac{d}{dx}\frac{1}{x}$，又 $f'(3)=?$

解 $f'(x)=\lim\limits_{h\to 0}\frac{f(x+h)-f(x)}{h}=\lim\limits_{h\to 0}\frac{\frac{1}{x+h}-\frac{1}{x}}{h}=\lim\limits_{h\to 0}\frac{1}{h}\left(\frac{x-(x+h)}{(x+h)x}\right)$

$=\lim\limits_{h\to 0}\frac{-1}{(x+h)x}=-\frac{1}{x^2}$，

$\therefore f'(3)=-\frac{1}{9}$，

我們也可用下列二種方法求 $f'(3)$：

(1) $f'(3)=\lim\limits_{h\to 0}\frac{f(3+h)-f(3)}{h}=\lim\limits_{h\to 0}\frac{\frac{1}{3+h}-\frac{1}{3}}{h}=\lim\limits_{h\to 0}\frac{1}{h}\frac{3-(3+h)}{3(3+h)}$

$=\lim\limits_{h\to 0}\frac{1}{h}\frac{-h}{3(3+h)}=-\lim\limits_{h\to 0}\frac{1}{3(3+h)}=-\frac{1}{9}$。

(2) $f'(3)=\lim\limits_{x\to 3}\frac{f(x)-f(3)}{x-3}=\lim\limits_{x\to 3}\frac{\frac{1}{x}-\frac{1}{3}}{x-3}=\lim\limits_{x\to 3}\frac{\frac{1}{3x}(3-x)}{x-3}=-\lim\limits_{x\to 3}\frac{1}{3x}=-\frac{1}{9}$。 ■

例題 3

設 $f(x)=\frac{(x-1)(x+3)(x-2)(x+1)}{x-4}$，試求 $f'(2)$。

解 $f'(2)=\lim\limits_{x\to 2}\frac{f(x)-f(2)}{x-2}$

$=\frac{\frac{(x-1)(x+3)(x-2)(x+1)}{x-4}-0}{x-2}$

$=\lim\limits_{x\to 2}\frac{(x-1)(x+3)(x+1)}{x-4}=-\frac{15}{2}$。 ■

> 在求 $f'(a)$時，若 $f(a)=0$ 時可用
> $f'(a)=\lim\limits_{x\to a}\frac{f(x)-f(a)}{x-a}=\lim\limits_{x\to a}\frac{f(x)}{x-a}$。

左導數與右導數

函數之導函數之定義式與極限有關，因此，極限要討論左極限與右極限之情況，在求導函數時亦需考慮到。

$f(x)$之左導數 $f'_-(x)=\lim\limits_{h\to 0^-}\dfrac{f(x+h)-f(x)}{h}$，

$f(x)$之右導數 $f'_+(x)=\lim\limits_{h\to 0^+}\dfrac{f(x+h)-f(x)}{h}$，

當 $f'_+(x)=f'_-(x)$時 $f'(x)$存在。

例題 4

$f(x)=|x-1|$，問$f(x)$在 $x=1$ 處是否可微分？

絕對值函數和最大整數函數在求 $x=a$ 處是否可微分時，應盡可能化成分段定義函數。

$$f(x)=\begin{cases}x-1，x<-1，x>1\\ 0\quad，x=1\\ 1-x，1>x>-1\end{cases}，$$

(1) $f'_+(1)=\lim\limits_{x\to 1^+}\dfrac{f(x)-f(1)}{x-1}=\lim\limits_{x\to 1^+}\dfrac{(x-1)-0}{x-1}=1$，

(2) $f'_-(1)=\lim\limits_{x\to 1^-}\dfrac{f(x)-f(1)}{x-1}=\lim\limits_{x\to 1^-}\dfrac{(1-x)-0}{x-1}=-1$，

$\because f'_+(1)\neq f'_-(1)$，$\therefore f(x)$ 在 $x=1$ 處不可微分。■

例題 5

$f(x)=[x]$，問$f(x)$在 $x=2$ 處是否可微分？

$f'_+(2)=\lim\limits_{x\to 2^+}\dfrac{f(x)-f(2)}{x-2}=\lim\limits_{x\to 2^+}\dfrac{[x]-2}{x-2}=\lim\limits_{x\to 2^+}\dfrac{2-2}{x-2}=0$，

$f'_-(2)=\lim\limits_{x\to 2^-}\dfrac{f(x)-f(2)}{x-2}=\lim\limits_{x\to 2^-}\dfrac{[x]-2}{x-2}=\lim\limits_{x\to 2^-}\dfrac{1-2}{x-2}$不存在，

$\therefore f(x)=[x]$在 $x=2$ 處不可微分。■

可導性與連續性之關係

定理 A

若 $f(x)$ 在 $x=x_0$ 處可微分，則 $f(x)$ 在 $x=x_0$ 處連續。

證明 取 $f(x)=[\frac{f(x)-f(x_0)}{x-x_0}](x-x_0)+f(x_0)$，

則 $\lim_{x\to x_0} f(x)=\lim_{x\to x_0}[\frac{f(x)-f(x_0)}{x-x_0}](x-x_0)+f(x_0)=f(x_0)$，

∴由連續定義可知 $f(x)$ 在 $x=x_0$ 處爲連續。 ◆

又「若 A 則 B」與「若非 B 則非 A」同義，故**函數 $f(x)$ 在 $x=x_0$ 處不連續，則 $f(x)$ 在 $x=x_0$ 處必不可微分**。

例題 6

判斷 $f(x)=|x|$ 在 $x=0$ 處是否可微分？

(1) $\lim_{x\to 0^+}\frac{f(x)-f(0)}{x-0}=\lim_{x\to 0^+}\frac{x-0}{x-0}=1$。

(2) $\lim_{x\to 0^-}\frac{f(x)-f(0)}{x-0}=\lim_{x\to 0^-}\frac{-x-0}{x-0}=-1$，

由(1)、(2)知 $f(x)=|x|$ 在 $x=0$ 處不可微分。 ■

> $f(x)$在 $x=a$ 處是否可微
> ⇔ $f(x)$在 $x=a$ 處之導數是否存在？
> （這是同樣問題二種問法）

讀者可驗證 $f(x)=|x|$ 在 $x=0$ 處爲連續。

由例題 6 可知：**$f(x)$在 $x=a$ 處不可微分，$f(x)$在 $x=a$ 處仍可能為連續，但讀者要注意：若 $f(x)$在 $x=a$ 不連續則 $f(x)$在 $x=a$ 必不可微分。**

例題 7

$f(x)=\begin{cases} x^2 &，x\geq 1 \\ ax+b &，x<1 \end{cases}$ 在 $x=1$ 處可微分，求 a、b。

解 (1) $f(x)$在 $x=1$ 處可微分，

$\therefore f(x)$在 $x=1$ 爲連續，

$\lim\limits_{x\to 1^+} f(x)=\lim\limits_{x\to 1^+} x^2=1$，

$\lim\limits_{x\to 1^-} f(x)=\lim\limits_{x\to 1^-}(ax+b)=a+b$，

得 $a+b=1$。

(2) $f(x)$在 $x=1$ 處可微分，

$f'(x)=\begin{cases} 2x &，x>1 \\ a &，x<1 \end{cases}$，$f'_+(1)=2=f'_-(1)=a$，

$\therefore a=2$ 代入 $a+b=1$ 得 $b=-1$。■

> $f(x)$在 $x=c$ 之可微分
> (1) $f(x)$在 $x=c$ 處連續
> $\Rightarrow \lim\limits_{x\to c^+} f(x)=\lim\limits_{x\to c^-} f(x)=f(c)$。
> (2) $f(x)$在 $x=c$ 處可微
> $\Rightarrow f'_+(c)=\lim\limits_{x\to c^+}\dfrac{f(x)-f(c)}{x-c}$，
> $f'_-(c)=\lim\limits_{x\to c^-}\dfrac{f(x)-f(c)}{x-c}$。

練習題

1. $f(x)=\sqrt{x}$，用定義證明 $f'(x)=\dfrac{1}{2\sqrt{x}}$，並求 $f'(4)$。

2. $f(x)=x^2+x+1$，用定義證明 $f'(x)=2x+1$，並求 $f'(0)$。

3. 若 $f(x)=\dfrac{x(x+1)(x+2)}{x+5}$，求 $f'(0)$。

4. 若 $f(x)=\dfrac{x-3}{(x-1)(x^2+1)(x+5)}$，求 $f'(3)$。

5. 試用微分之定義，求：若 $f(x)=\dfrac{1}{x^2}$，則 $f'(3)=$？

6. 試判斷 $f(x)=|x^3|$ 在 $x=0$ 處之可微分性及連續性。

7. $f(x)=\begin{cases}-x & ,x<0\\ x^2 & ,x\geq 0\end{cases}$，求 $f'(0)$。

 （提示：$f'_+(0)=0$，$f'_-(0)=-1$）

8. 若 $f(x)=c$，試證 $f'(x)=0$。

9. $f(x)=\dfrac{x(x-1)(x-2)\cdots\cdots(x-n)}{(x+1)(x+2)\cdots\cdots(x+n)}$，求 $f'(0)$。

10. $f(x)=x^{\frac{2}{3}}$，求 $f(x)$在 $x=0$ 處是否可微？

11. $f(x)$在 $x=a$ 處連續是 $f(x)$在 $x=a$ 處可微分之__________條件（充分、必要、充要）。

解答

1. $\dfrac{1}{4}$
2. 1
3. $\dfrac{2}{5}$
4. $\dfrac{1}{160}$
5. $\dfrac{-2}{27}$
6. 可微分也爲連續
7. 不存在
8. 略
9. $(-1)^n$
10. 不可微
11. 必要

2-2 微分公式

本節學習目標

1. 微分公式之導出及其應用。
2. $f(x)$上一點(x_0, y_0)之切線方程式與法線方程式。

本節裡，我們將發展一些基本微分公式，讀者對這些微分公式之導證與應用都應熟稔。

微分之四則公式

定理 A 微分之四則公式

(1) $\frac{d}{dx}(f(x)\pm g(x))=\frac{d}{dx}f(x)\pm\frac{d}{dx}g(x)$

或$(f(x)\pm g(x))'=f'(x)\pm g'(x)$。

(2) $\frac{d}{dx}(cf(x)+b)=c\frac{d}{dx}f(x)$ 或 $(cf(x)+b)'=cf'(x)$。

(3) $\frac{d}{dx}(f(x)\cdot g(x))=[\frac{d}{dx}f(x)]g(x)+f(x)\frac{d}{dx}g(x)$

或$(f(x)\cdot g(x))'=f'(x)g(x)+f(x)g'(x)$。

(4) $\frac{d}{dx}(\frac{f(x)}{g(x)})=\frac{g(x)\frac{d}{dx}f(x)-f(x)\frac{d}{dx}g(x)}{g^2(x)}$，$g(x)\neq 0$

或$(\frac{f(x)}{g(x)})'=\frac{g(x)f'(x)-f(x)g'(x)}{g^2(x)}$，$g(x)\neq 0$。

證明 （在此只證明 $(f(x)+g(x))'=f'(x)+g'(x)$ 及 $(f(x)g(x))'=f'(x)g(x)+f(x)g'(x)$，其餘讀者自證之）

(1) $(f(x)+g(x))'$

$$=\lim_{h\to 0}\frac{f(x+h)+g(x+h)-f(x)-g(x)}{h}$$

$$=\lim_{h\to 0}\frac{f(x+h)-f(x)}{h}+\lim_{h\to 0}\frac{g(x+h)-g(x)}{h}=f'(x)+g'(x) \text{。}$$

(3) $(f(x)g(x))'$

$$=\lim_{h\to 0}\frac{f(x+h)g(x+h)-f(x)g(x)}{h}$$

$$=\lim_{h\to 0}\frac{f(x+h)g(x+h)-f(x+h)g(x)+f(x+h)g(x)-f(x)g(x)}{h}$$

$$=\lim_{h\to 0}f(x+h)\frac{g(x+h)-g(x)}{h}+\lim_{h\to 0}g(x)\cdot\frac{f(x+h)-f(x)}{h}$$

$$=\lim_{h\to 0}f(x+h)\cdot\lim_{h\to 0}\frac{g(x+h)-g(x)}{h}+g(x)\lim_{h\to 0}\frac{f(x+h)-f(x)}{h}$$

$$=f(x)g'(x)+f'(x)g(x) \text{。}$$ ◆

定理 B

$\frac{d}{dx}x^n=nx^{n-1}$，n 爲正整數。

證明 $f'(x)=\lim_{h\to 0}\frac{f(x+h)-f(x)}{h}=\lim_{h\to 0}\frac{(x+h)^n-x^n}{h}$

$$=\lim_{h\to 0}\frac{(x^n+nx^{n-1}h+\frac{n(n-1)}{2}x^{n-2}h^2+\cdots+h^n)-x^n}{h}$$

$$=\lim_{h\to 0}\frac{nx^{n-1}h+\frac{n(n-1)}{2}x^{n-2}h^2+\cdots+h^n}{h}$$

$$=\lim_{h\to 0}(nx^{n-1}+\frac{n(n-1)}{2}x^{n-2}h+\cdots+h^{n-1})=nx^{n-1} \text{。}$$ ◆

定理 B 在 n 爲任一實數時均成立，如 $\frac{d}{dx}x^{\pi}=\pi x^{\pi-1}$。

例題 1

若 $f(x)=\sqrt{\sqrt[3]{x}}$，求 $f'(x)$。

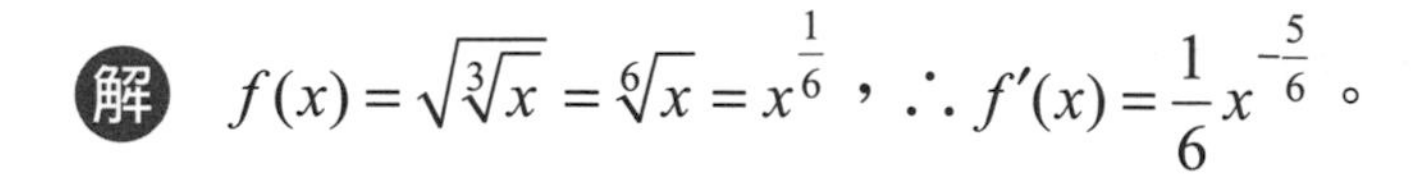

解　$f(x)=\sqrt{\sqrt[3]{x}}=\sqrt[6]{x}=x^{\frac{1}{6}}$，$\therefore f'(x)=\dfrac{1}{6}x^{-\frac{5}{6}}$。■

例題 2

若 $f(x)=x^4-3x^2+\sqrt{2}x+1$，求 $f'(x)$。

解　$f'(x)=4x^3-3\cdot 2x+\sqrt{2}=4x^3-6x+\sqrt{2}$。■

例題 3

若 $f(x)=(x^3+1)(2x^5-3x+1)$，求 $f'(x)$。

解
$$\begin{aligned} f'(x)&=(x^3+1)'(2x^5-3x+1)+(x^3+1)(2x^5-3x+1)' \\ &=3x^2(2x^5-3x+1)+(x^3+1)(10x^4-3) \\ &=16x^7+10x^4-12x^3+3x^2-3 \end{aligned}$$
。■

例題 4

若 $f(x)=\dfrac{x^2}{x^3+1}$，求 $f'(x)$。

解　$f'(x)=\dfrac{(x^3+1)\cdot 2x-x^2(3x^2)}{(x^3+1)^2}=\dfrac{-x^4+2x}{(x^3+1)^2}$。■

切線斜率

如圖 2-3 所示，若我們在 $y=f(x)$ 之曲線上任取二點，$(x,f(x))$ 及 $(x+h,f(x+h))$ 所連結割線之斜率爲：

$$m=\frac{f(x+h)-f(x)}{(x+h)-x}=\frac{f(x+h)-f(x)}{h}$$

$h\to 0$ 時，割線與 $y=f(x)$ 之圖形將只交於一點 P（讀者應試行筆劃），這點即爲切點，曲線在這點之斜率即爲切線 T 在點 P 之斜率，因此在**給定 $y=f(x)$ 上一點 $(a,f(a))$ 之切線斜率**爲

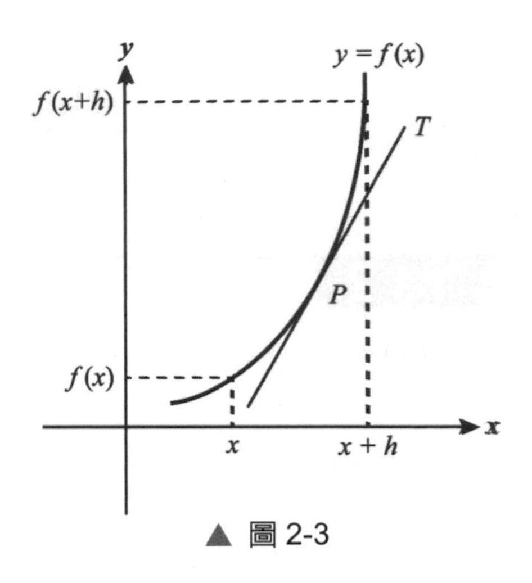

▲ 圖 2-3

$$f'(a)=\lim_{x\to a}\frac{f(x)-f(a)}{x-a}$$

因此，**過 $(a,f(a))$ 之切線方程式為 $y-f(a)=f'(a)(x-a)$**，除了切線方程式外，我們還要定義過 $(a,f(a))$ 之**法線方程式**（Normal equation）：**在 $(a,f(a))$ 之法線是過 $(a,f(a))$ 且與過該點切線垂直之直線，若 $f'(a)\neq 0$，則法線斜率為 $-\frac{1}{f'(a)}$**，從而**法線方程式為 $y-f(a)=-\frac{1}{f'(a)}(x-a)$**。因此**若 $y=f(x)$ 在 (a,b) 之導數不存在，則在點 (a,b)，切線方程式為 $y=b$**。

例題 5

為何 $f(x)$ 在 $x=a$ 處之切線為垂直線時，$f(x)$ 在 $x=a$ 處必不可微分？

解 $f(x)$ 在 $x=a$ 處之切線斜率爲 $f'(a)$，當 $f(x)$ 在 $x=a$ 處之切線斜率爲垂直線時斜率爲 ∞，$f'(a)=\infty$ 表示 $f'(a)$ 不存在，即 $f(x)$ 在 $x=a$ 處不可微分。 ■

例題 6

求過 $y=\frac{1}{x}$ 上一點 $(3,\frac{1}{3})$ 之切線方程式，又法線方程式為何？

解 (1) 先求切線斜率：

> 點斜式：
> 先決條件：已知斜率 m 與一點 (a, b)，
> 直線方程式：$\frac{y-b}{x-a}=m$ 或 $y-b=m(x-a)$。

$$f'(3)=\lim_{x\to 3}\frac{\frac{1}{x}-\frac{1}{3}}{x-3}=\lim_{x\to 3}\frac{\frac{3-x}{3x}}{x-3}$$

$$=\lim_{x\to 3}\frac{-1}{3x}=-\frac{1}{9}，$$

次求切線方程式（點斜式）：

$$\frac{y-\frac{1}{3}}{x-3}=\frac{-1}{9}，$$

$\therefore y-\frac{1}{3}=-\frac{1}{9}(x-3)$，即 $x+9y=6$ 是為所求。

(2) 切線與法線互為垂直，∴法線之斜率為 $m(-\frac{1}{9})=-1$，$m=9$，

$\therefore \frac{y-\frac{1}{3}}{x-3}=9\Rightarrow y-\frac{1}{3}=9(x-3)$，即 $27x-3y=80$ 是為所求。■

例題 7

求函數 $y=2x-x^2$ 在法線斜率為 $\frac{1}{4}$ 時之切線及法線方程式？

$f'(x)=2-2x$，$\therefore y=2x-x^2$ 在 $(a,f(a))$ 之切線斜率 $2-2a=-4$，

$\therefore a=3\Rightarrow f(3)=-3$，∴切點為 $(3,-3)$，

又切線斜率 $m=f'(3)=-4$，

$$\therefore\begin{cases}\text{切線方程式}：\frac{y-(-3)}{x-3}=-4\Rightarrow 4x+y=9\\ \text{法線方程式}：\frac{y-(-3)}{x-3}=\frac{1}{4}\Rightarrow x-4y=15\end{cases}。$$

■

練習題

1. $\frac{d}{dx}\frac{x^2}{x^2-4}$。

2. $\frac{d}{dx}\sqrt{\sqrt[3]{x}}(x-1)$。

3. $\frac{d}{dx}\frac{x}{1+x+x^2}$。

4. $\frac{d}{dx}(x^3-3x^2+4x+1)$。

5. $\frac{d}{dx}(\frac{x+1}{\sqrt{x}})$。

6. $\frac{d}{dx}(\sqrt{x}+1)^2$。

7. $\frac{d}{dx}(x^2+1)(x^3+x+1)$。

8. $\frac{d}{dx}(\frac{x^2+1}{\sqrt{x}+1})\bigg|_{x=1}$。

9. $\frac{d}{dx}(1+x+x^2+\cdots+x^n)\bigg|_{x=1}$。

10. 導出$\frac{d}{dx}(\frac{g+h}{f})$。

11. 求過$y=\frac{1}{x^2+1}$上$(1,\frac{1}{2})$之切線方程式。

12. 求切曲線$y=x^3-3x^2+3$於$(1, 1)$之切線方程式。

解答

1. $\frac{-8x}{(x^2-4)^2}$

2. $\frac{7}{6}x^{\frac{1}{6}}-\frac{1}{6}x^{-\frac{5}{6}}$

3. $\frac{1-x^2}{(1+x+x^2)^2}$

4. $3x^2-6x+4$

5. $\frac{1}{2}(x^{-\frac{1}{2}}-x^{-\frac{3}{2}})$

6. $1+x^{-\frac{1}{2}}$

7. $5x^4+6x^2+2x+1$

8. $\frac{3}{4}$

9. $\frac{n(n+1)}{2}$

10. $\frac{f(g'+h')-(g+h)f'}{f^2}$

11. $y=1-\frac{x}{2}$

12. $y=-3x+4$

2-3 鏈鎖律（含反函數微分法）

本節學習目標

1. 鏈鎖律之基本運算。
2. 參數方程式之導函數。
3. 反函數之導數。

如果我們要求 $y=(x^2+3x+1)^2$ 之導函數，或許可將它展開，利用上節之微分公式求解，但若是 $y=(x^2+3x+1)^{50}$，這樣做就不勝其擾，因此我們必須覓取一些簡便方法，**鏈鎖律**（Chain rule）即為我們提供了好方法。

定理 A

f、g 為可微分函數，$\dfrac{d}{dx}f(g(x))=f'(g(x))g'(x)$。

證明　我們取 $y=f(u)$，$u=g(x)$，並假設(1)g 在 x 處可微分

且(2)f 在 $u=g(x)$ 處可微分，由假設(1)知 g 在 x 處為可微分，

$$\therefore \frac{d}{dx}f(g(x))=\frac{dy}{dx}=\lim_{\Delta x\to 0}\frac{\Delta y}{\Delta x}=\lim_{\Delta x\to 0}\frac{\Delta y}{\Delta u}\cdot\frac{\Delta u}{\Delta x}=\lim_{\Delta u\to 0}\frac{\Delta y}{\Delta u}\lim_{\Delta x\to 0}\frac{\Delta u}{\Delta x}$$

$$=\lim_{\Delta u\to 0}\frac{\Delta y}{\Delta u}\lim_{\Delta x\to 0}\frac{\Delta u}{\Delta x}=\frac{dy}{du}\cdot\frac{du}{dx}$$

$$=f'(g(x))g'(x)\text{。}$$

◆

定理 A 可寫成

$$D_x y=D_u y D_x u$$

我們可將鏈鎖律推廣到一般化之情形以三個函數合成為例，若 f、g、h 為三個可微分函數，則

$$\frac{d}{dx}f(g(h(x)))=f'(g(h(x)))g'(h(x))h'(x)$$

由定理 A 可得推論 A1：

推論 A1 $\frac{d}{dx}[f(x)]^n=n[f(x)]^{n-1}f'(x)$。

例題 1

求 $y=(x^3+2x+1)^{-6}$ 之導函數。

解 $\frac{dy}{dx}=\frac{d}{dx}(x^3+2x+1)^{-6}=-6(x^3+2x+1)^{-7}(3x^2+2)$。 ■

例題 2

求 $y=(x^7+3x-5)^{10}$ 之導函數。

解 $\frac{dy}{dx}=\frac{d}{dx}(x^7+3x-5)^{10}=10(x^7+3x-5)^9(7x^6+3)$。 ■

例題 3

求 $\frac{d}{dx}[1+(2+3x)^{12}]^5$。

解

$$\begin{aligned}\frac{d}{dx}[1+(2+3x)^{12}]^5&=5[1+(2+3x)^{12}]^4\cdot\frac{d}{dx}[1+(2+3x)^{12}]\\&=5[1+(2+3x)^{12}]^4\cdot 12(2+3x)^{11}\cdot\frac{d}{dx}(2+3x)\\&=5[1+(2+3x)^{12}]^4\cdot 12(2+3x)^{11}\cdot 3\\&=180[1+(2+3x)^{12}]^4(2+3x)^{11}\end{aligned}$$

。 ■

例題 4

求 $\frac{d}{dx}\sqrt{x+\sqrt{x}}$ 。

解 $\frac{d}{dx}\sqrt{x+\sqrt{x}}=\frac{d}{dx}(x+x^{\frac{1}{2}})^{\frac{1}{2}}=\frac{1}{2}(x+x^{\frac{1}{2}})^{-\frac{1}{2}}\frac{d}{dx}(x+x^{\frac{1}{2}})$

$$=\frac{1}{2}(x+x^{\frac{1}{2}})^{-\frac{1}{2}}(1+\frac{1}{2}x^{-\frac{1}{2}})$$

$$=\frac{1}{2\sqrt{x+\sqrt{x}}}(1+\frac{1}{2\sqrt{x}})\text{ 。}$$

帶有根號之函數在微分時，可以先化成指數形態比較容易求解。

■

參數方程式微分法

設 $\begin{cases}x=f(t)\\y=g(t)\end{cases}$ 爲一組參數方程式，則由鏈鎖律得

$$\frac{dy}{dx}=\frac{\frac{dy}{dt}}{\frac{dx}{dt}}$$

例題 5

求曲線 $\begin{cases}x=1+t+t^2\\y=t^3+1\end{cases}$ ，在 $t=1$ 處之切線方程式。

解 先求曲線在 $t=1$ 處之切線斜率函數 $\frac{dy}{dx}$ ： $\frac{dy}{dx}=\frac{\frac{dy}{dt}}{\frac{dx}{dt}}=\frac{3t^2}{1+2t}$

$t=1$ 時之切線斜率爲 $\left.\frac{3t^2}{1+2t}\right|_{t=1}=1$ ，又曲線在 $t=1$ 處之直角坐標爲(3, 2)，

$\therefore$ 所求之切線方程式 $\frac{y-2}{x-3}=1$ ，即 $y=x-1$ 。

■

反函數微分法

定理 B

若 $y=f(x)$ 之反函數 $x=g(y)$ 存在，且 $y=f(x)$ 爲可微分，則 $\dfrac{dx}{dy}=\dfrac{1}{\dfrac{dy}{dx}}$。

證明 $x=g(y)$ 爲 $y=f(x)$ 之反函數，則由反函數定義 $f(g(y))=y$，
兩邊同時對 y 微分得 $f'(g(y))g'(y)=1$，
得 $g'(y)=\dfrac{1}{f'(g(y))}=\dfrac{1}{f'(x)}=\dfrac{1}{\dfrac{dy}{dx}}$。 ◆

例題 6

$y=f(x)=x^3+x-1$ 之反函數為 $g(x)$，求 $g'(-1)$。

解 $\because f(0)=-1$，

$\therefore x=0$ 爲 $x^3+x-1=-1$ 之一個明顯解，

$\Rightarrow g'(-1)=\dfrac{1}{\left.\dfrac{dy}{dx}\right|_{x=0}}=\left.\dfrac{1}{3x^2+1}\right|_{x=0}=1$。 ■

$g'(a)=\dfrac{1}{\left.\dfrac{dy}{dx}\right\|_{x=x_0}}$ 之 x_0 求法。
1. $f(x)=a$ 之解即爲 x_0。 2. $f(x)$有反函數$\Leftrightarrow f(x)$爲一對一， $\therefore x_0$ 爲惟一，即 $g(x_0)=a$。 3. 找 $x_0=?$ 常要透過試誤的過程。

例題 7

若 $g(x)$ 是 $y=f(x)=x^5+3x^3-4$ 之反函數，求 $g'(0)$。

解 $\because f(1)=0$，$\therefore x=1$ 爲 $f(x)=x^5+3x^3-4=0$ 之一個明顯解，

$\Rightarrow g'(0)=\dfrac{1}{\left.\dfrac{dy}{dx}\right|_{x=1}}=\left.\dfrac{1}{5x^4+9x^2}\right|_{x=1}=\dfrac{1}{14}$。 ■

練習題

1. $\frac{d}{dx}(5x^2+3)^4$。

2. $\frac{d}{dx}\sqrt{x^2+2x+2}$。

3. $\frac{d}{dx}\sqrt[3]{x^3+x+1}$。

4. $\frac{d}{dx}\sqrt{1+\sqrt[3]{x}}$。

5. $\frac{d}{dx}f(g(x^3))$。

6. $\frac{d}{dx}\frac{x}{a^2\sqrt{a^2-x^2}}$。

7. $\frac{d}{dx}x\sqrt{1+x^2}$。

8. $\frac{d}{dx}\sqrt{x+\sqrt[3]{x}}$。

9. $h(x)=f^2(3x^2)$，求 $h'(x)$。

10. 若 $h(x)=x^7+3x^5+x+1$ 之反函數爲 $t(x)$，試求 $t'(1)$。

11. 若 $g(x)=x^5+x-2$ 之反函數爲 $h(x)$，求 $h'(-2)$。

12. 求下列參數方程式之 $\frac{dy}{dx}$：

(1) $\begin{cases} x=t^2+1 \\ y=t^3+t \end{cases}$

(2) $\begin{cases} x=t^2 \\ y=t^3 \end{cases}$，$t\neq 0$

解答

1. $40x(5x^2+3)^3$
2. $\frac{x+1}{\sqrt{x^2+2x+2}}$
3. $\frac{3x^2+1}{3\sqrt[3]{(x^3+x+1)^2}}$
4. $\frac{1}{6\sqrt[3]{x^2}\sqrt{1+\sqrt[3]{x}}}$
5. $f'(g(x^3))g'(x^3)\cdot 3x^2$
6. $\frac{1}{(a^2-x^2)^{\frac{3}{2}}}$
7. $\frac{1+2x^2}{\sqrt{1+x^2}}$
8. $\frac{1}{2}(x+x^{\frac{1}{3}})^{-\frac{1}{2}}(1+\frac{1}{3}x^{-\frac{2}{3}})$
9. $12xf(3x^2)f'(3x^2)$
10. 1
11. 1
12. (1) $\frac{3t^2+1}{2t}$　(2) $\frac{3}{2}t$

2-4 三角函數微分法

本節學習目標

1. 三角函數導函數公式之導出證明及運算。
2. 反三角函數之導函數公式導出及其運算。

三角函數微分法

定理 A

(1) $\frac{d}{dx}\sin x=\cos x$，(2) $\frac{d}{dx}\cos x=-\sin x$，

(3) $\frac{d}{dx}\tan x=\sec^2 x$，(4) $\frac{d}{dx}\cot x=-\csc^2 x$，

(5) $\frac{d}{dx}\sec x=\sec x\tan x$，(6) $\frac{d}{dx}\csc x=-\csc x\cot x$。

證明 (1)
$$\frac{d}{dx}\sin x=\lim_{h\to 0}\frac{\sin(x+h)-\sin x}{h}$$
$$=\lim_{h\to 0}\frac{\sin x\cos h+\cos x\sin h-\sin x}{h}$$
$$=\lim_{h\to 0}[\frac{\sin x(\cos h-1)}{h}+\frac{\cos x\sin h}{h}]$$
$$=\lim_{h\to 0}\frac{\sin x(\cos h-1)}{h}+\lim_{h\to 0}\frac{\cos x\sin h}{h}$$
$$=\sin x\lim_{h\to 0}\frac{\cos h-1}{h}+\cos x\lim_{h\to 0}\frac{\sin h}{h}$$
$$=\sin x\cdot 0+\cos x\cdot 1=\cos x$$ 。

$\frac{d}{dx}\sin x$ 與 $\frac{d}{dx}\cos x$ 導證時應用之定理：

(1) $\sin(x+y)$
$=\sin x\cos y+\cos x\sin y$

(2) $\cos(x+y)$
$=\cos x\cos y-\sin x\sin y$

(3) $\lim_{x\to 0}\frac{\sin x}{x}=1$ 與 $\lim_{x\to 0}\frac{\cos x-1}{x}=0$

(2)
$$\frac{d}{dx}\cos x=\lim_{h\to 0}\frac{\cos(x+h)-\cos x}{h}=\lim_{h\to 0}\frac{\cos x\cos h-\sin x\sin h-\cos x}{h}$$
$$=\lim_{h\to 0}[\frac{\cos x(\cos h-1)}{h}-\frac{\sin x\sin h}{h}]$$
$$=\cos x\lim_{h\to 0}\frac{\cos h-1}{h}-\sin x\lim_{h\to 0}\frac{\sin h}{h}$$
$$=\cos x\cdot 0-\sin x\cdot 1=-\sin x$$ 。

(3) $\frac{d}{dx}\tan x=\frac{d}{dx}\frac{\sin x}{\cos x}=\frac{\cos x\frac{d}{dx}\sin x-\sin x\frac{d}{dx}\cos x}{\cos^2 x}$

$=\frac{\cos x\cdot\cos x-\sin x(-\sin x)}{\cos^2 x}$

$=\frac{1}{\cos^2 x}=\sec^2 x$ 。

(5) $\frac{d}{dx}\sec x=\frac{d}{dx}\frac{1}{\cos x}=\frac{\cos x\cdot\frac{d}{dx}1-1\cdot\frac{d}{dx}\cos x}{\cos^2 x}$

$=\frac{\sin x}{\cos^2 x}=\frac{\sin x}{\cos x}\cdot\frac{1}{\cos x}=\tan x\sec x$ 。 ◆

同法可證其餘。

推論 A1　（u 為 x 之可微分函數）

(1) $\frac{d}{dx}\sin u=\cos u\cdot\frac{d}{dx}u$ ，　(2) $\frac{d}{dx}\cos u=-\sin u\cdot\frac{d}{dx}u$ ，

(3) $\frac{d}{dx}\tan u=\sec^2 u\cdot\frac{d}{dx}u$ ，　(4) $\frac{d}{dx}\cot u=-\csc^2 u\cdot\frac{d}{dx}u$ ，

(5) $\frac{d}{dx}\sec u=\sec u\tan u\cdot\frac{d}{dx}u$ ，　(6) $\frac{d}{dx}\csc u=-\csc u\cot u\cdot\frac{d}{dx}u$ 。

推論 A1 是定理 A 與鏈鎖律之合併應用。

例題 1

求 $\frac{d}{dx}\sin(x^2+3x+5)$ 。

解 $\frac{d}{dx}\sin(x^2+3x+5)=\cos(x^2+3x+5)\cdot\frac{d}{dx}(x^2+3x+5)$

$=[\cos(x^2+3x+5)](2x+3)$ 。 ■

例題 2

求 $\frac{d}{dx}\sin(x^2+1)^{12}$ 。

解 $\frac{d}{dx}\sin(x^2+1)^{12} = \cos(x^2+1)^{12} \cdot \frac{d}{dx}(x^2+1)^{12}$

$= \cos(x^2+1)^{12} \cdot [12(x^2+1)^{11} \cdot 2x]$

$= 24x(x^2+1)^{11}\cos(x^2+1)^{12}$ 。 ■

例題 3

求 $\frac{d}{dx}\cos^2(x^2)$ 。

解 $\frac{d}{dx}[\cos(x^2)]^2 = 2\cos(x^2) \cdot \frac{d}{dx}\cos(x^2) = 2\cos(x^2)(-\sin(x^2)) \cdot 2x$

$= -4x\cos(x^2)\sin(x^2)$ 。 ■

例題 4

求 $\frac{d}{dx}\sec^2 x$ 。

解 $\frac{d}{dx}\sec^2 x = 2\sec x \cdot \frac{d}{dx}\sec x = 2\sec x \cdot (\sec x \cdot \tan x)$

$= 2\sec^2 x\tan x$ 。 ■

例題 5

求 $\frac{d}{dx}\csc(\frac{1}{x})$ 。

解 $\frac{d}{dx}\csc(\frac{1}{x}) = (-\csc\frac{1}{x}\cot\frac{1}{x}) \cdot (\frac{-1}{x^2}) = \frac{1}{x^2}\csc\frac{1}{x}\cot\frac{1}{x}$ 。 ■

反三角函數[註]

基本三角函數爲週期函數，每一個 y 值均可找到無限個可能的 x 值與之對應，除非我們對其定義域予以限制，否則其反函數是不存在的。以 $y=\sin x$ 圖形爲例，$y=k$，$-1\le k\le 1$，可與 $y=\sin x$ 之圖形至少交二點（事實上，爲無限多個點），所以它不是一對一，從而沒有反函數，但是，如果我們將 $y=\sin x$ 之定義域限制在 $-\frac{\pi}{2}\le x\le\frac{\pi}{2}$ 時，讀者由圖 2-4 可知，此時 $y=\sin x$ 便有反函數。

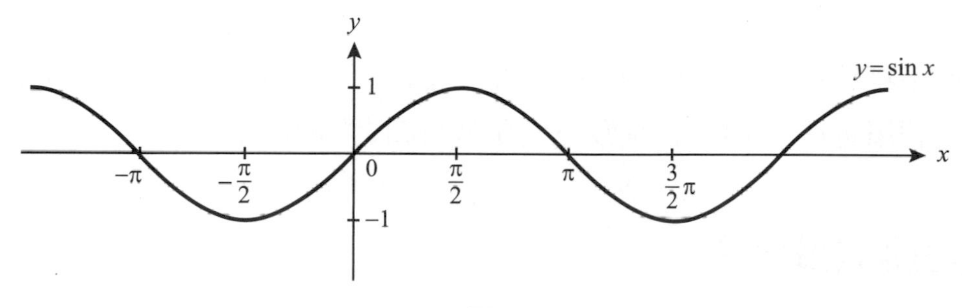

▲ 圖 2-4

我們用一個新的函數──反正弦函數，$\sin^{-1}: x\to\sin^{-1}x$ 表示。（注意 $\sin^{-1}x$ 是反正弦函數，不是 $\sin x$ 之 -1 次方）

同法我們可建立其它三角函數之反函數：

$\cos^{-1}: x\to\cos^{-1}x$，$0\le x\le\pi$

$\tan^{-1}: x\to\tan^{-1}x$，$-\frac{\pi}{2}<x<\frac{\pi}{2}$

$\cot^{-1}: x\to\cot^{-1}x$，$0<x<\pi$

$\sec^{-1}: x\to\sec^{-1}x$，$0\le x\le\pi$，$x\ne\frac{\pi}{2}$

$\csc^{-1}: x\to\csc^{-1}x$，$-\frac{\pi}{2}\le x\le\frac{\pi}{2}$，$x\ne 0$

註：本子節之反三角函數係供部份讀者需要而加入的，若因時間關係，這部份可略之，並不會影響以後之學習。

若$-1\le x\le 1$時，有下列二個$\sin^{-1}(-x)=-\sin^{-1}x$，$\cos^{-1}(-x)=\pi-\cos^{-1}(x)$；關於這點我們證明如下：

1. 設$\sin^{-1}(-x)=y$，$-x=\sin y$，$\therefore x=-\sin y=\sin(-y)$，得$\sin^{-1}x=-y$或 $y=-\sin^{-1}x$，即$\sin^{-1}(-x)=-\sin^{-1}x$。

2. 設$\cos^{-1}(-x)=y$，$-x=\cos y$，$\therefore x=-\cos y=\cos(\pi-y)$，得$\cos^{-1}x=\pi-y$或 $y=\cos^{-1}(-x)=\pi-\cos^{-1}(x)$，又$\sec x=\dfrac{1}{\cos x}$，$\csc x=\dfrac{1}{\sin x}$，
所以我們有$\sec^{-1}x=\cos^{-1}\dfrac{1}{x}$，$\csc^{-1}x=\sin^{-1}(\dfrac{1}{x})$。

我們不打算細述反三角函數，有興趣之讀者可參考高中三角學相關章節。我們緊接就利用定理 2-3B 導出與反三角函數有關之導函數公式。

反三角函數微分法

定理 B

(1) $\dfrac{d}{dx}\sin^{-1}x=\dfrac{1}{\sqrt{1-x^2}}$，$|x|<1$，

(2) $\dfrac{d}{dx}\cos^{-1}x=\dfrac{-1}{\sqrt{1-x^2}}$，$|x|<1$，

(3) $\dfrac{d}{dx}\tan^{-1}x=\dfrac{1}{1+x^2}$，$x\in\mathbb{R}$，

(4) $\dfrac{d}{dx}\cot^{-1}x=\dfrac{-1}{1+x^2}$，$x\in\mathbb{R}$，

(5) $\dfrac{d}{dx}\sec^{-1}x=\dfrac{1}{|x|\sqrt{x^2-1}}$，$|x|>1$，

(6) $\dfrac{d}{dx}\csc^{-1}x=\dfrac{-1}{|x|\sqrt{x^2-1}}$，$|x|>1$。

證明 （我們只證$\dfrac{d}{dx}\sin^{-1}x=\dfrac{1}{\sqrt{1-x^2}}$，$\dfrac{d}{dx}\tan^{-1}x=\dfrac{1}{1+x^2}$及 $\dfrac{d}{dx}\sec^{-1}x=\dfrac{1}{|x|\sqrt{x^2-1}}$，其餘留作習題）

(1) $\dfrac{d}{dx}\sin^{-1}x$：令$y=\sin^{-1}x$，則$x=\sin y$，$\dfrac{dx}{dy}=\cos y$，

$$\therefore \frac{dy}{dx}=\frac{1}{\frac{dx}{dy}}=\frac{1}{\cos y}=\frac{1}{\sqrt{1-\sin^2 y}}=\frac{1}{\sqrt{1-x^2}}$$ 。

(3) $\frac{d}{dx}\tan^{-1}x$：令 $y=\tan^{-1}x$，則 $x=\tan y$，$\frac{dx}{dy}=\sec^2 y$，

$$\therefore \frac{dy}{dx}=\frac{1}{\frac{dx}{dy}}=\frac{1}{\sec^2 y}=\frac{1}{1+\tan^2 y}=\frac{1}{1+x^2}\text{ 。}$$

(5) $\frac{d}{dx}\sec^{-1}x$：$\frac{d}{dx}\sec^{-1}x=\frac{d}{dx}\cos^{-1}(\frac{1}{x})=\frac{1}{\sqrt{1-(\frac{1}{x})^2}}\cdot\frac{-1}{x^2}$，

$$=\frac{1}{\sqrt{x^2-1}}\cdot\frac{\sqrt{x^2}}{x^2}=\frac{1}{\sqrt{x^2-1}}\cdot\frac{|x|}{x^2}=\frac{1}{|x|\sqrt{x^2-1}}\text{ 。}$$

透過鏈鎖律便可得合成函數之情況。 ◆

例題 6

求 $\frac{d}{dx}\tan^{-1}\frac{1}{x}$ 。

解 $$\frac{d}{dx}\tan^{-1}\frac{1}{x}=\frac{\frac{d}{dx}(\frac{1}{x})}{1+(\frac{1}{x})^2}=\frac{-\frac{1}{x^2}}{1+(\frac{1}{x})^2}=\frac{-1}{1+x^2}\text{ 。}$$ ■

例題 7

求 $\frac{d}{dx}\sin(\tan^{-1}x)$ 。

解 $$\frac{d}{dx}\sin(\tan^{-1}x)=\cos(\tan^{-1}x)\cdot\frac{1}{1+x^2}\text{ 。}$$ ■

例題 8

求 $\frac{d}{dx}x(\sin^{-1}x)^2$ 。

解 $$\frac{d}{dx}x(\sin^{-1}x)^2=(\sin^{-1}x)^2+x\cdot 2(\sin^{-1}x)\frac{1}{\sqrt{1-x^2}}=(\sin^{-1}x)^2+\frac{2x\sin^{-1}x}{\sqrt{1-x^2}}\text{ 。}$$ ■

練習題

1. $\frac{d}{dx}\csc^{-1}\frac{\sqrt{1+x^2}}{x}$。

2. $\frac{d}{dx}(x^2+1)^4\tan^{-1}x\Big|_{x=1}$。

3. $\frac{d}{dx}\sin^2 x$。

4. $\frac{d}{dx}\sin(\cos x)$。

5. $\frac{d}{dx}\sec^{-1}\sqrt{x}$。

6. $\frac{d}{dx}(\sin\sqrt{x}-\sqrt{x}\cos\sqrt{x})$。

7. $\frac{d}{dx}\sin^{-1}(\sqrt{\sin x})$。

8. $\frac{d}{dx}\tan^{-1}(\tan^2 x)$。

9. $\frac{d}{dx}f(\sin g(x))$。

10. $\frac{d}{dx}\sin^{-1}(\sin x-\cos x)$。

11. $f(x)=\begin{cases}\sin x，& x<0\\ x，& x\geq 0\end{cases}$，求 $f'(x)$。

（注意：在 $x=0$ 處要討論）

解答

1. $\frac{1}{1+x^2}$
2. $8+16\pi$
3. $2\sin x\cos x$
4. $-\cos(\cos x)\sin x$
5. $\frac{1}{2x\sqrt{x-1}}$
6. $\frac{1}{2}\sin\sqrt{x}$
7. $\frac{\cos x}{2\sqrt{1-\sin x}\sqrt{\sin x}}$
8. $\frac{\sin 2x}{\sin^4 x+\cos^4 x}$
9. $f'(\sin g(x))(\cos g(x))g'(x)$
10. $\frac{\cos x+\sin x}{\sqrt{\sin 2x}}$
11. $f'(x)=\begin{cases}\cos x，& x<0\\ 1，& x\geq 0\end{cases}$

2-5 自然對數、自然指數函數之微分法

本節學習目標

1. e，自然指數函數與自然對數函數。
2. 自然指數函數與自然對數函數之微分。

e、自然指數函數與自然對數函數

在微積分中，不論是自然指數函數或自然對數函數之微分、積分，e 都扮演著極其重要地位，因此本節先從「e」開始。

定義

$\lim_{n\to\infty}(1+\frac{1}{n})^n = e$。

e 是一個**超越數**（Transcendental number）（我們以前學過的圓周率 π 也是一個超越數），由數值方法可推得 e 的值近似於 2.71828⋯。

我們可由 e 之定義得到 $e^0=1$，$e^{a+b}=e^a\cdot e^b$，$e^{a-b}=\frac{e^a}{e^b}$，$(e^m)^n=e^{mn}$ 等一些在初等代數中我們所熟悉指數的結果。以 $e^{a+b}=e^a\cdot e^b$ 為例：

$$e^{a+b}=[\lim_{n\to\infty}(1+\frac{1}{n})^n]^{a+b}=[\lim_{n\to\infty}(1+\frac{1}{n})^n]^a\cdot[\lim_{n\to\infty}(1+\frac{1}{n})^n]^b=e^a\cdot e^b$$

例題 1

求 $\lim_{n\to\infty}(1+\frac{2}{n})^n$ 。

解 $\lim_{n\to\infty}(1+\frac{2}{n})^n \overset{m=\frac{n}{2}}{=\!=\!=} \lim_{m\to\infty}(1+\frac{2}{2m})^{2m}$

$= \lim_{n\to\infty}(1+\frac{1}{m})^{2m} = (\lim_{m\to\infty}(1+\frac{1}{m})^m)^2 = e^2$ 。■

> 一個極重要而簡單之函數極限公式：
> 若 $\lim_{x\to c} f(x)=1$ ， $\lim_{x\to c} g(x)=\infty$
> 則 $\lim_{x\to c} f(x)^{g(x)} = e^{\lim_{x\to c}(f(x)-1)g(x)}$

例題 2

求 $\lim_{n\to 0}(1+2n)^{\frac{1}{n}}$ 。

解 $\lim_{n\to 0}(1+2n)^{\frac{1}{n}} \overset{m=\frac{1}{2n}}{=\!=\!=} \lim_{m\to\infty}(1+\frac{1}{m})^{2m} = (\lim_{m\to\infty}(1+\frac{1}{m})^m)^2 = e^2$ 。■

自然對數函數（Natural logarithm function）是以 e 爲底的對數函數，通常以 $\ln x$ 表之，$x>0$（亦即 $\log_e x = \ln x$），因此 $y=e^x$ 與 $y=\ln x$ 互爲反函數，從而 $e^{\ln x}=x$ 及 $\ln e^x = x$，二者圖形對稱於 $y=x$，此外 $\ln x$ 當然保有 log 之所有性質，諸如：
(1) $\ln x+\ln y=\ln xy$ ， $x>0$ 、 $y>0$ ；(2) $\ln x^r = r\ln x$ ， $x>0$ ；
(3) $\ln x-\ln y=\ln\frac{x}{y}$ ， $x>0$ 、 $y>0$ ；(4) $e^{\ln x}=x$ ，$x>0$；
(5) $\log a^x = \frac{\ln x}{\ln a}$ ，$a>0$，$a\neq 1$，$x>0$（對數換底公式）。

自然指數函數微分法

爲了導出 $f(x)=e^x$ 之導函數，我們先證明預備定理 a、b：

預備定理 a $\lim_{x\to 0}\frac{\ln(1+x)}{x}=1$ 。

證明　$\lim_{x\to 0}\frac{\ln(1+x)}{x}=\lim_{x\to 0}\ln(1+x)^{\frac{1}{x}}\overset{y=\frac{1}{x}}{=\!=}\lim_{y\to\infty}\ln(1+\frac{1}{y})^{y}=\ln e=1$ 。◆

預備定理 b： $\lim_{x\to a}e^{x}=e^{a}$ 。

定理 A

$\frac{d}{dx}e^{x}=e^{x}$ 。

證明　$\frac{d}{dx}e^{x}=\lim_{h\to 0}\frac{e^{x+h}-e^{x}}{h}=\lim_{h\to 0}e^{x}(\frac{e^{h}-1}{h})$ ……………………………①

但 $\lim_{h\to 0}\frac{e^{h}-1}{h}\overset{y=e^{h}-1}{=\!=}\lim_{y\to 0}\frac{y}{\ln(1+y)}=\frac{1}{\lim_{y\to 0}\frac{\ln(1+y)}{y}}\overset{\text{預備定理a}}{=\!=}1$ ……②

代②入①得 $\frac{d}{dx}e^{x}=e^{x}$ 。◆

推論 A1　若 $u(x)$為 x 之可微分函數，則 $\frac{d}{dx}e^{u(x)}=e^{u(x)}\cdot u'(x)$ 。

例題 3

求 $\frac{d}{dx}e^{\sin x^{2}}$ 。

解　$\frac{d}{dx}e^{\sin x^{2}}=(\frac{d}{dx}\sin x^{2})e^{\sin x^{2}}=2x\cos x^{2}\cdot e^{\sin x^{2}}$ 。■

例題 4

求 $\frac{d}{dx}xe^{x}$ 。

解　$\frac{d}{dx}xe^{x}=e^{x}\frac{dx}{dx}+x\frac{d}{dx}e^{x}=e^{x}+xe^{x}$ 。■

自然對數函數微分法

定理 B

$y=\ln x$，$x>0$，則 $\dfrac{dy}{dx}=\dfrac{1}{x}$ 。

證明 $y=\ln x$，$\therefore x=e^{y}$，

由定理 2-3B，$\dfrac{1}{\frac{dy}{dx}}=\dfrac{dx}{dy}=e^{y}$，$\therefore \dfrac{dy}{dx}=\dfrac{1}{e^{y}}=\dfrac{1}{x}$ 。 ◆

推論 B1 若 u 爲 x 之可微分函數則 $\dfrac{d}{dx}\ln u(x)=\dfrac{u'(x)}{u(x)}$ 。

證明 由鏈鎖律即得。 ◆

例題 5

求 $\dfrac{d}{dx}\ln(1+x+x^{2})$ 。

解 $\dfrac{d}{dx}\ln(1+x+x^{2})=\dfrac{1+2x}{1+x+x^{2}}$ 。 ■

例題 6

求 $\dfrac{d}{dx}\log_{3}(1+x+x^{2})$ 。

解 $\dfrac{d}{dx}\log_{3}(1+x+x^{2})=\dfrac{1}{\ln 3}\dfrac{d}{dx}\ln(1+x+x^{2})=\dfrac{1}{\ln 3}\dfrac{1+2x}{1+x+x^{2}}$ 。 ■

自然對數函數在微分法之應用

當我們求連乘積、除法、指數為 x 之函數等之導函數時均可用自然對數微分法求解。

例題 7

$\dfrac{d}{dx}\dfrac{(1+x)(1+x+x^2)^4}{(1+x^2)^3}$。

解　取 $y=\dfrac{(1+x)(1+x+x^2)^4}{(1+x^2)^3}$，

$\ln y=\ln[\dfrac{(1+x)(1+x+x^2)^4}{(1+x^2)^3}]=\ln(1+x)+4\ln(1+x+x^2)-3\ln(1+x^2)$，

兩邊同時對 x 微分（注意左式之 y 為 x 的函數），

$\dfrac{y'}{y}=\dfrac{1}{1+x}+4(\dfrac{1+2x}{1+x+x^2})-3(\dfrac{2x}{1+x^2})$，

$\therefore y'=y[\dfrac{1}{1+x}+4(\dfrac{1+2x}{1+x+x^2})-\dfrac{6x}{1+x^2}]$

$=\dfrac{(1+x)(1+x+x^2)^4}{(1+x^2)^3}[\dfrac{1}{1+x}+\dfrac{4(1+2x)}{1+x+x^2}-\dfrac{6x}{1+x^2}]$。■

例題 8

求 $\dfrac{d}{dx}x^x$。

取 $y=x^x$，$\ln y=x\ln x$，

兩邊同時對 x 微分：

$\dfrac{y'}{y}=\ln x+x(\dfrac{1}{x})=1+\ln x$，

$\therefore y'=y(1+\ln x)=x^x(1+\ln x)$。■

練習題

1. 求

(1) $\frac{d}{dx}x^e$。

(2) $\frac{d}{dx}\ln(1+x^2)$。

(3) $\frac{d}{dx}(\sin x)^x$。

(4) $\frac{d}{dx}2^{\sin x}$。

(5) $\frac{d}{dx}x\ln(1+x^2)$。

(6) $\frac{d}{dx}x^{\cos x}$。

2. 求

(1) $\lim_{n\to\infty}(1+\frac{1}{n})^{2n}$。

(2) $\lim_{n\to\infty}(1+\frac{1}{2n})^{n}$。

(3) $\lim_{n\to 0}(1+\frac{n}{3})^{\frac{2}{n}}$。

3. 求 y'：

(1) $y=x(x^2+1)^2(x^3+1)^3$。

(2) $y=\frac{x(x^3+1)^3}{(x^2+1)^2}$。

解答

1. (1) ex^{e-1}

(2) $\frac{2x}{1+x^2}$

(3) $(\sin x)^x(\ln\sin x+x\cot x)$

(4) $\cos x\cdot 2^{\sin x}\cdot\ln 2$

(5) $\ln(1+x^2)+\frac{2x^2}{1+x^2}$

(6) $x^{\cos x}(-\sin x\ln x+\frac{\cos x}{x})$

2. (1) e^2

(2) $\sqrt{e}$

(3) $e^{\frac{2}{3}}$

3. (1) $x(x^2+1)^2(x^3+1)^3(\frac{1}{x}+\frac{4x}{x^2+1}+\frac{9x^2}{x^3+1})$

(2) $\frac{x(x^3+1)^3}{(x^2+1)^2}(\frac{1}{x}+\frac{9x^2}{x^3+1}-\frac{4x}{x^2+1})$

2-6 隱函數微分法

本節學習目標

1. 隱函數之（一階）導函數。
2. 過隱函數一點(x_0, y_0)之切線方程式。

本節討論**隱函數**（Implicit function）$f(x, y)=0$之$\dfrac{dy}{dx}$的求法。**在隱函數微分法中，我們假設 y 是 x 之可微分函數，透過鏈鎖律解出$\dfrac{dy}{dx}$**。

例題 1

若$x^2+xy+y^2=0$，求$\dfrac{dy}{dx}$。

解　$x^2+xy+y^2=0$兩邊對 x 微分得$2x+y+x\cdot y'+2yy'=0$，

$\therefore 2x+y+(x+2y)y'=0$，

得$y'=-\dfrac{2x+y}{x+2y}$，$x+2y\neq 0$。■

例題 2

$x\cos xy+x^3-2y=2$在$(1, 0)$處之切線方程式。

解　先求$\dfrac{dy}{dx}$：$\cos xy-xy(\sin xy)-x^2(\sin xy)\cdot y'+3x^2-2y'=0$，

$\therefore y'=\dfrac{\cos xy-xy(\sin xy)+3x^2}{2+x^2\sin xy}$，

因此曲線在$(1, 0)$處之斜率為，

$$y'\Big|_{(x,y)=(1,0)}=\dfrac{\cos xy-xy(\sin xy)+3x^2}{2+x^2\sin xy}\Big|_{(1,0)}=2=m，$$

由點斜式公式可求得曲線在$(1, 0)$處之切線方程式為$y=2(x-1)$。■

例題 3

求$(x^2+y^2)^3=125(x^2-y^2)$在(3, 1)處之切線方程式。

先求$\dfrac{dy}{dx}$：

兩邊同時對x微分：

$3(x^2+y^2)^2(2x+2yy')=125(2x-2yy')$，

$3(x^2+y^2)^2x+3y(x^2+y^2)^2y'=125x-125yy'$，

$\therefore m=y'_{(3,1)}=\left.\dfrac{125x-3(x^2+y^2)^2x}{3y(x^2+y^2)^2+125y}\right|_{(3,1)}=\dfrac{-525}{425}=\dfrac{-21}{17}$，

因此$\dfrac{y-1}{x-3}=-\dfrac{21}{17}$，即$17y+21x=80$是為所求。 ■

練習題

1. $x^3+y^3+xy=2$，求$\dfrac{dy}{dx}$。

2. $x^2+4x^3y^2+5y^2=7$，求$\dfrac{dy}{dx}$。

3. $\sqrt{xy}=3$，求$\dfrac{dy}{dx}$。

4. $x^3-3xy+y^3=4$，求$\dfrac{dy}{dx}$。

5. $y^4+4y+4x^3=5x+4$，求$\left.\dfrac{dy}{dx}\right|_{x=1,y=1}$。

6. $x^2y+xy^2-3x^2+2y=8$，求$\left.\dfrac{dy}{dx}\right|_{x=0,y=4}$。

7. 求圓$x^2+y^2=25$在(4,3)處之切線方程式。

8. 求曲線$x(y-x)+6=0$在(3, 1)處之切線斜率。

9. $\tan^{-1}\dfrac{x}{y}+\ln\sqrt{x^2+y^2}=k$，求$\dfrac{dy}{dx}$。

10. $xy^2+y^2-2x=5$，求$\dfrac{dy}{dx}$。

解答

1. $-\dfrac{3x^2+y}{3y^2+x}$，$x+3y^2\neq 0$
2. $-\dfrac{x+6x^2y^2}{4x^3y+5y}$，$4x^3y+5y\neq 0$
3. $\dfrac{-y}{x}$，$xy>0$
4. $\dfrac{y-x^2}{y^2-x}$，$y^2-x\neq 0$
5. $\dfrac{-7}{8}$
6. -8
7. $4x+3y=25$
8. $\dfrac{5}{3}$
9. $\dfrac{x+y}{x-y}$，$x-y\neq 0$
10. $\dfrac{2-y^2}{2y(x+1)}$，$2y(x+1)\neq 0$

2-7 高階導函數

本節學習目標

1. 函數之高階導函數之相關技巧，包括指數、階乘、正負號變化之規則性。
2. 求有理分式函數之高階導函數時，部分分式可能是必要的手段。
3. 善用一些 n 階導函數之小公式以簡化計算。
4. 隱函數之二階導函數求法。

若 f 爲一可微分函數其導函數 f' 亦爲一可微分函數，我們可再求出 f' 之導函數，並用 f'' 表所求之結果，是爲 f 之二階導函數，而稱 f' 爲一階導函數，如此便可反覆求 f 之三階導函數 f'''，以此類推。

例如 $y=x^4$，則 $y'=4x^3$，$y''=4\cdot3x^2$，$y'''=4\cdot3\cdot2x$，$y^{(4)}=4\cdot3\cdot2\cdot1$，又如 $y=x^{-4}$ 則 $y'=-4x^{-5}=(-1)^1\cdot4x^{-5}$，$y''=(-4)(-5)x^{-6}=(-1)^2 4\cdot5\cdot x^{-6}$，$y'''=(-1)^3 4\cdot5\cdot6x^{-7}$……由此，我們應注意到：**冪次、階乘以及正負號等變化之規則性是求高階導函數之重要線索**，此外，在求有理分式之高階導數，應先將有理分式化成部份分式，以便逐項求解。

例題 1

$y=x^3-5x^2+7x+4$，求 y'、y''、y'''、$y^{(4)}\cdots$

$y'=3x^2-10x+7$，$y''=6x-10$，$y'''=6$，$y^{(4)}=0\cdots$。 ■

例題 2

$y=x^n$，$n\in\mathbb{N}$，求 $y^{(n)}(1)=$？又 $y^{(n+1)}(1)=$？

$y'=nx^{n-1}$，$y''=n(n-1)x^{n-2}$，$y^{(n)}=n(n-1)(n-2)\cdots3\cdot2\cdot1=n!$，$y^{(n+1)}=0$，

$\therefore y^{(n)}(1)=n!$，$y^{(n+1)}(1)=0$。 ■

例題 3

$y=x^{58}$，求 $y^{(32)}=$?

解 $y'=58x^{57}$，$y''=58\cdot57x^{56}$，$y'''=58\cdot57\cdot56x^{55}$，⋯，

$y^{(32)}=58\cdot57\cdot56\cdots27x^{26}$。 ■

例題 3 不是什麼難題，但很容易犯錯，你必須抓住它的規則性，包括微分結果之次方以及它的係數。

例題 4

（論例）

$y=\dfrac{1}{ax+b}$，$a\neq0$，求 $y^{(n)}$。

解 $y=(ax+b)^{-1}$，

$y'=(-1)a(ax+b)^{-2}$，

$y''=(-1)(-2)a\cdot a(ax+b)^{-3}=(-1)^2 2!a^2(ax+b)^{-3}$，

⋯⋯⋯

$y^{(n)}=(-1)^n n!a^n(ax+b)^{-n-1}$。 ■

$y=\dfrac{1}{ax+b}$，$a\neq0$，則 $y^{(n)}=(-1)^n n!a^n(ax+b)^{-n-1}$ 在求有理函數之高階導函數時會用到，讀者不妨將結果記住。

例題 5

$y=\dfrac{1}{x^2-3x+2}$，求 $y^{(18)}=$?

解 將 $y=\dfrac{1}{x^2-3x+2}$ 化成部份分式：$\dfrac{1}{x^2-3x+2}=\dfrac{A}{x-2}+\dfrac{B}{x-1}$，

$\therefore 1=A(x-1)+B(x-2)=(A+B)x+(-A-2B)$，

比較兩邊係數得

$\begin{cases} A+B=0 \\ -A-2B=1 \end{cases}$，

$\therefore B=-1$、$A=1$，

即 $y=\dfrac{1}{x-2}-\dfrac{1}{x-1}=(x-2)^{-1}-(x-1)^{-1}\cdots\cdots *$

令 $y_1=(x-2)^{-1}$，$y_2=(x-1)^{-1}$，

$\therefore y^{(18)}=y_1^{(18)}-y_2^{(18)}=(-1)^{18}18!(x-2)^{-19}-(-1)^{18}18!(x-1)^{-19}$，

$=18![\dfrac{1}{(x-2)^{19}}-\dfrac{1}{(x-1)^{19}}]$。 ■

例題 6

$y=\dfrac{x^2+x+1}{(x+1)(x-2)(x+3)}$，求 $y^{(n)}$。

解 $\dfrac{x^2+x+1}{(x+1)(x-2)(x+3)}=-\dfrac{1}{6}\dfrac{1}{x+1}+\dfrac{7}{15}\dfrac{1}{x-2}+\dfrac{7}{10}\dfrac{1}{x+3}$（見 5-2 節例題 1），

$\therefore y^{(n)}=-\dfrac{1}{6}(-1)^n n!(x+1)^{-n-1}+\dfrac{7}{15}(-1)^n n!(x-2)^{-n-1}+\dfrac{7}{10}(-1)^n n!(x+3)^{-n-1}$

$=(-1)^n n![\dfrac{-1}{6(x+1)^{n+1}}+\dfrac{7}{15(x-2)^{n+1}}+\dfrac{7}{10(x+3)^{n+1}}]$。 ■

三個求高階導函數時常用之公式：

1. $(\sin bx)^{(n)} = b^n \sin(bx + \frac{n\pi}{2})$。
2. $(\cos bx)^{(n)} = b^n \cos(bx + \frac{n\pi}{2})$。
3. $(e^{bx})^{(n)} = b^n e^{bx}$。

例題 7

$f(x) = \sin(3x+5)$，求 $f^{(n)}(x)$。

解　$f^{(n)}(x) = 3^n \sin(3x + 5 + \frac{n\pi}{2})$。■

例題 8

$f(x) = e^{-3x}$，求 $f^{(n)}(x)$。

$f^{(n)}(x) = (-3)^n e^{-3x}$。■

例題 9

$y = \sin x \cos 3x$，求 $y^{(n)}$。

由三角積化和差公式

$$y = \sin x \cos 3x$$

$$= \frac{1}{2}[\sin 4x + \sin(-2x)]$$

$$= \frac{1}{2}(\sin 4x - \sin 2x)$$

$$\therefore y^{(n)} = \frac{1}{2}[4^n \sin(4x + \frac{n\pi}{2}) - 2^n \sin(2x + \frac{n\pi}{2})]$$ 。■

1. 積化和差公式

(1) $\sin x \cos y = \frac{1}{2}[\sin(x+y) + \sin(x-y)]$

(2) $\sin x \sin y = -\frac{1}{2}[\cos(x+y) - \cos(x-y)]$

(3) $\cos x \cos y = \frac{1}{2}[\cos(x+y) + \cos(x-y)]$

2. 負角公式

$\sin(-x) = -\sin x$，$\cos(-x) = \cos x$

隱函數之高次微分法

舉二個例子說明隱函數之高次微分法：

例題 10

$x^2+y^2=r^2$，求 $\dfrac{d^2y}{dx^2}$。

解 先求 $\dfrac{dy}{dx}$：$2x+2yy'=0$，

$$\therefore y'=-\frac{x}{y}，$$

次求 $\dfrac{d^2y}{dx^2}$：$y''=-\dfrac{y\cdot 1-xy'}{y^2}$

$$=-\frac{y-x(-\frac{x}{y})}{y^2}\quad（代\ y'=-\frac{x}{y}）$$

$$=-\frac{y^2+x^2}{y^3}\quad（利用題目給之條件\ x^2+y^2=r^2）$$

$$=-\frac{r^2}{y^3}，y\neq 0\ 。$$

■

例題 11

若 $x^2+xy+y^2=r^2$，求 $\dfrac{d^2y}{dx^2}=$？

解 先求 $\dfrac{dy}{dx}$：$2x+y+xy'+2yy'=0$，

$$\therefore y'=-\frac{2x+y}{x+2y}，$$

次求$\dfrac{d^2y}{dx^2}$：$y''=-\dfrac{(x+2y)(2+y')-(2x+y)(1+2y')}{(x+2y)^2}$

$$=-\frac{(x+2y)(2-\dfrac{2x+y}{x+2y})-(2x+y)[1-\dfrac{2(2x+y)}{x+2y}]}{(x+2y)^2}$$

$$=-\frac{3y-(2x+y)(\dfrac{-3x}{x+2y})}{(x+2y)^2}$$

$$=-3[\frac{y(x+2y)+x(2x+y)}{(x+2y)^3}]$$

$$=-3[\frac{2(x^2+xy+y^2)}{(x+2y)^3}]$$

$$=-3[\frac{2r^2}{(x+2y)^3}]$$

$$=\frac{-6r^2}{(x+2y)^3}，x+2y\neq 0。$$

■

參數方程式之二階導函數

參數方程式$\begin{cases}x=f(t)\\y=g(t)\end{cases}$，則$\dfrac{dy}{dx}=\dfrac{dy}{dt}\cdot\dfrac{dt}{dx}=\dfrac{\dfrac{dy}{dt}}{\dfrac{dx}{dt}}$　（即$\dfrac{dy}{dx}=\dfrac{g'(t)}{f'(t)}$），

$$\frac{d^2y}{dx^2}=\frac{d}{dx}y'=\frac{d}{dx}(\frac{dy}{dx})=\frac{\dfrac{d}{dt}(\dfrac{g'(t)}{f'(t)})}{\dfrac{dx}{dt}}$$

$$=\frac{f'(t)g''(t)-g'(t)f''(t)}{[f'(t)]^2}\cdot\frac{1}{f'(t)}$$

$$=\frac{f'(t)g''(t)-g'(t)f''(t)}{[f'(t)]^3}。$$

例題 12

$\begin{cases} x = t - t^2 \\ y = t - t^3 \end{cases}$，求 $\dfrac{dy}{dx}$ 及 $\dfrac{d^2y}{dx^2}$。

解 (1) $\dfrac{dy}{dx} = \dfrac{\frac{dy}{dt}}{\frac{dx}{dt}} = \dfrac{1-3t^2}{1-2t}$。

(2)

方法一	$\dfrac{d^2y}{dx^2} = \dfrac{\frac{d}{dt}(\frac{dy}{dx})}{\frac{dx}{dt}} = \dfrac{\frac{d}{dt}(\frac{1-3t^2}{1-2t})}{(1-2t)} = \dfrac{\frac{(1-2t)(-6t)-(1-3t^2)(-2)}{(1-2t)^2}}{(1-2t)}$ $= \dfrac{6t^2-6t+2}{(1-2t)^3}$，$t \neq \dfrac{1}{2}$。
方法二	$\begin{cases} x = f(t) = t - t^2 \\ y = g(t) = t - t^3 \end{cases}$ $\therefore \dfrac{d^2y}{dx^2} = \dfrac{f'(t)g''(t) - g'(t)f''(t)}{[f'(t)]^3} = \dfrac{(1-2t)(-6t)-(1-3t^2)(-2)}{(1-2t)^3}$ $= \dfrac{6t^2-6t+2}{(1-2t)^3}$，$t \neq \dfrac{1}{2}$。

■

方法二雖然計算上較易，但公式記憶上較困難，因此，本書以方法一為主。

練習題

1. $f(x)=(2x+1)^{70}$，求 $f^{(72)}(x)$。

2. $f(x)=\dfrac{1}{x^6}$，求 $f^{(19)}(x)$。

3. $f(x)=\dfrac{1}{x}$，求 $f^{(29)}(x)$。

4. $f(x)=e^{3x}$，求 $f^{(18)}(x)$。

5. $f(x)=\ln x$，求 $f^{(15)}(x)$。

6. $x^3-y^3=a^3$，求 y''。

7. $\sqrt{x}+\sqrt{y}=\sqrt{a}$，求 y''。

8. $\dfrac{d^n}{dx^n}\sin x$。

9. $g(x)=\dfrac{1-x}{1+x}$，求 $g^{(80)}(0)$。
（提示：化成帶分式）

10. $g(x)=\dfrac{x-5}{x^2-x-2}$，求 $g^{(n)}(x)$。

11. $y=f(e^{-x})$，求 $y''(0)$。

解答

1. 0
2. $(-1)6\cdot7\cdot8\cdots24x^{-25}$
3. $(-1)(29!)x^{-30}$
4. $3^{18}e^{3x}$
5. $14!x^{-15}$
6. $-\dfrac{2a^3x}{y^5}$，$y\neq0$
7. $\dfrac{a^{\frac{1}{2}}}{2x^{\frac{3}{2}}}$，$x>0$
8. $\sin(x+\dfrac{n\pi}{2})$
9. $2(80!)$
10. $(-1)^n n![\dfrac{2}{(x+1)^{n+1}}-\dfrac{1}{(x-2)^{n+1}}]$
11. $f'(1)+f''(1)$

2-8 相對變化率

本節學習目標

讓讀者能將中一個物理或幾何問題化成數學方程式，並將有關已知數值以求知一個變數改變時其它變數改變情形。

有許多類問題，它們的變數和某一變數有關（這個變數通常是時間 t），我們感興趣的是一個變數改變時其它變數改變之情形，這便是**相對變化率**（Related rate of change）問題。

假設函數 $y = f(x)$ 之 y 和 x 均與 t（比方說 t 代表時間）有關。假如我們知道 x 在時間 t 之變化（i.e.已知 $\frac{dx}{dt}$），則可推知 y 在時間 t 之變化（i.e. $\frac{dy}{dt}$）。一個典型的例子是：對一個塑膠球充氣。開始時之球半徑爲 $r = a$ cm，而充氣時之半徑是以 b cm/sec 在擴大，那麼我們想求球體積的改變速率是多少？

相對變化率解題之一般步驟可歸納成：

1. 將問題之關鍵變數以適當之符號表之。
2. 用方程式將各變數間之關係以數學公式連貫。
3. 用導函數表示相對變化率。
4. 用微分以得到變數間之其它關係。
5. 將已知之有關數值代入即得。

例題 1

設一動點 $P(x, y)$在第一象限，由原點沿 $y=\frac{x^3}{48}$ 以 $\frac{dx}{dt}$ 之速率移動，問 x、y 中哪一個坐標增加速度較快？

解 $\because y=\frac{x^3}{48}$，$\frac{dy}{dt}=\frac{x^2}{16}\cdot\frac{dx}{dt}\Rightarrow\frac{\frac{dy}{dt}}{\frac{dx}{dt}}=\frac{x^2}{16}$，

$\therefore x>4$時，$\frac{\frac{dy}{dt}}{\frac{dx}{dt}}>1\Rightarrow\frac{dy}{dt}>\frac{dx}{dt}$，即 y 坐標增加速度比較快，$x<4$時反之。■

例題 2

一圓之半徑 r，經過 t 秒後半徑為 $r(t)=(t^2+2t)$ 公分，求 $t=3$ 秒時圓面積之增加率。

解 在 t 秒時之圓面積爲 $A(t)=\pi r^2(t)=\pi(t^2+2t)^2$，

$\therefore$在 $t=3$ 時圓面積增加率爲

$$\left.\frac{d}{dt}A(t)\right|_{t=3}=\pi\cdot 2(2t+2)(t^2+2t)\big|_{t=3}=240\pi \quad (\text{cm}^2/\text{sec})。$$ ■

例題 3

半徑為 0.5 cm 的一圓幣受熱膨脹，已知半徑膨脹速率為 0.01 cm/sec，則當半徑為 0.6 cm 時，硬幣面積的膨脹速率為何？

解 圓面積函數爲 $A(t)=\pi r^2(t)$，由題意 $\frac{dr}{dt}=0.01$，則 $r(t)=0.6$時，

$$\frac{d}{dt}A(t)=\frac{d}{dt}(\pi r^2(t))=2\pi r(t)\cdot\frac{dr}{dt}=2\pi\cdot 0.6\cdot 0.01=0.012\pi \quad (\text{cm}^2/\text{sec})。$$ ■

練習題

1. x、y 均爲 t 之可微分函數，$x^2+y^2=25$，若 $x=3$、$y=4$ 且 $\frac{dy}{dt}=2$，求 $\frac{dx}{dt}$。

2. $V=\frac{1}{12}\pi h^3$，h 爲 t 之函數，若 $h=8$ 時，$\frac{dh}{dt}=\frac{5}{16}\pi$，求 $\frac{dV}{dt}$。

3. 某球體內充滿氣體，今氣體以 $2\text{ft}^3/\text{min}$ 的速率溢出，求當球體半徑爲 12ft 時，球表面積減小之速率。（註：半徑爲 r 之球體積爲 $V=\frac{4}{3}\pi r^3$ 球表面積爲 $4\pi r^2$）。

4. 設某一矩形在瞬間之長寬分別爲 a、b，此時之長寬變化率分別爲 m、n，求證：此時面積變化率爲 $an+bm$。

解答

1. $-\frac{8}{3}$
2. $5\pi^2$
3. $-\frac{1}{3}\text{ft}^2/\text{min}$

03

微分的應用

3-1 增減函數與函數圖形之凹性

3-2 極值

3-3 無窮極限與漸近線

3-4 繪圖

3-1 增減函數與函數圖形之凹性

本節學習目標

1. 函數 $f(x)$之增減區間。
2. 函數 $f(x)$之上凹、下凹曲間及反曲點。

函數增減性與凹性在微分兩大應用——繪圖及極值問題均扮演重要之角色，因此本章先討論它們，以作為繪圖及極值問題之準備。本節先談**拉格蘭日均值定理**（Lagrange mean value theorem）。

拉格蘭日均值定理

增減性與拉格蘭日均值定理有關，因此先介紹洛爾定理（Rolle's theorem）然後由洛爾定理導出拉格蘭日均值定理：

定理 A 洛爾定理

$f(x)$ 在$[a, b]$上為連續，且在(a, b)內各點皆可微分，若 $f(a)=f(b)$，則在(a, b)之間必存在一數ξ，$a<\xi<b$，使得 $f'(\xi)=0$。

我們用洛爾定理證明拉格蘭日均值定理：

定理 B 拉格蘭日均值定理

若 $f(x)$ 在$[a, b]$上為連續，且在(a, b)內各點均可微分，則在(a, b)之間必存在一數ξ，$a<\xi<b$，使得 $f'(\xi)=\dfrac{f(b)-f(a)}{b-a}$。

證明　設 A、B 二點之坐標分別爲 $(a, f(a))$、$(b, f(b))$，則 $\overleftrightarrow{AB}$ 之斜率

$m = \dfrac{f(b)-f(a)}{b-a}$，

取 $g(x) = [f(x) - f(a)] - m(x-a)$，

$\because g(a) = g(b) = 0$ 及 $g(x)$ 在$(a,\ b)$中可微分及 $g(x)$ 在$[a, b]$連續，故由洛爾定理知存在一個 $\varepsilon \in (a,b)$ 使得 $g'(\varepsilon) = 0$，

$\therefore g'(\varepsilon) = f'(\varepsilon) - m = 0$

$\Rightarrow f'(\varepsilon) = m = \dfrac{f(b)-f(a)}{b-a}$。

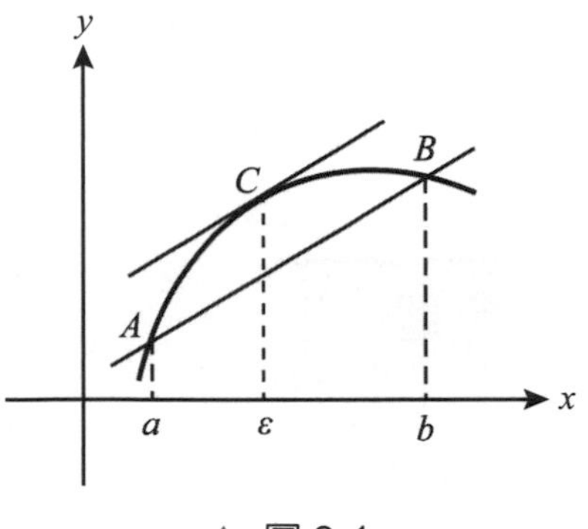

▲ 圖 3-1

◆

增減函數

定義　增減函數

設區間 I 包含在函數 f 的定義域中

(1) 若對所有的 x_1、$x_2 \in I$ 且 $x_1 \le x_2$，都有 $f(x_1) \le f(x_2)$，則稱函數 f 在區間 I 內**遞增**（Increasing）。

(2) 若對所有的 x_1、$x_2 \in I$ 且 $x_1 < x_2$，都有 $f(x_1) < f(x_2)$，則稱函數 f 在區間 I 內**嚴格遞增**（Strictly increasing）。

(3) 將(1)中的「$f(x_1) \le f(x_2)$」改成「$f(x_1) \ge f(x_2)$」，即得**遞減**（Decreasing）。

(4) 將(2)中的「$f(x_1) < f(x_2)$」改成「$f(x_1) > f(x_2)$」，即得**嚴格遞減**（Strictly decreasing）。

增減函數之比較		
嚴格遞增	$x > y \Rightarrow f(x) > f(y)$ $x < y \Rightarrow f(x) < f(y)$	不等符號同向
嚴格遞減	$x > y \Rightarrow f(x) < f(y)$ $x < y \Rightarrow f(x) > f(y)$	不等符號反向

若 $f(x)$ 在定義域 D 中爲嚴格遞增或嚴格遞減時，我們稱它們爲**單調函數**（Monotonic functions）。**單調函數的反函數存在**。

定理 C

若 $f(x)$ 在$[a, b]$爲連續且在(a, b)爲可微分，

(1) 若 $f'(x)>0$，$\forall x\in(a,b)$，則 $f(x)$ 在(a, b)爲嚴格遞增函數。

(2) 若 $f'(x)<0$，$\forall x\in(a,b)$，則 $f(x)$ 在(a, b)爲嚴格遞減函數。

(3) 若 $f'(x)=0$，$\forall x\in(a,b)$，則 $f(x)$ 在(a, b)爲常數函數。

證明　(1) 由定理 B

$$\frac{f(x)-f(a)}{x-a}=f'(\xi)>0\text{ ，}\forall x\in(a,b)\text{ ，}$$

$\because x>a$，$\therefore f(x)>f(a)$，從而 $f(x)$ 爲一嚴格遞增函數。

(2) 讀者可仿(1)之證明，自行證之。

(3) 任取 x_0，$a<x_0<b$，則依定理 B，

$f(x_0)-f(a)=(x_0-a)f'(x_1)=(x_0-a)\cdot 0=0$，$a<x_1<x_0$，

故對任一 $x_0\in(a, b)$均有 $f(x_0)=f(a)$，因此 $f(x)=c$，c 是常數，$x\in(a,b)$。 ◆

定理 C(3)是證明 $f(x)$為常數函數的一個很重要工具。

例題 1

問 $f(x)=x^3-3x^2-9x+4$ 在哪個範圍內為嚴格遞增函數、嚴格遞減函數？

$\because f'(x)=3x^2-6x-9=3(x^2-2x-3)$
$=3(x-3)(x+1)$，

(1) 在 $x>3$，$x<-1$時，$f'(x)>0$，
即 $f(x)$ 在 $(3,\infty)$、$(-\infty,-1)$ 爲嚴格遞增函數。

(2) $f(x)$ 在 $(-1, 3)$ 爲嚴格遞減函數。

> 嚴格遞增（減）函數判別：
> 1. $f'(x)=0$ 之根標記在數線上。
> 2. 數線上爲 $\begin{cases}+\Rightarrow \text{嚴格遞增}\\-\Rightarrow \text{嚴格遞減}\end{cases}$

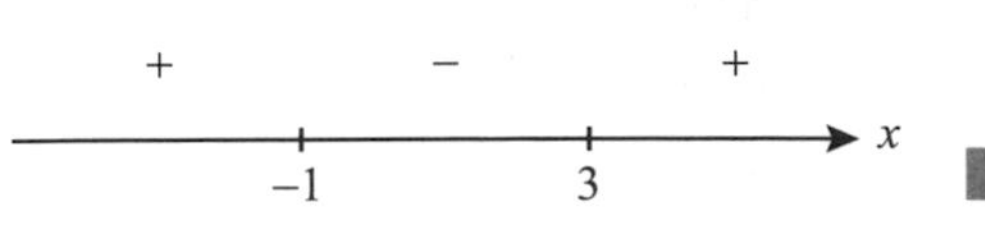

■

例題 2

問 $f(x)=\dfrac{x}{1+x^2}$ 在哪個區間內為嚴格遞增函數？在哪個區間內為嚴格遞減函數？

$f'(x)=\dfrac{(1+x^2)-x(2x)}{(1+x^2)^2}=\dfrac{1-x^2}{(1+x^2)^2}$，

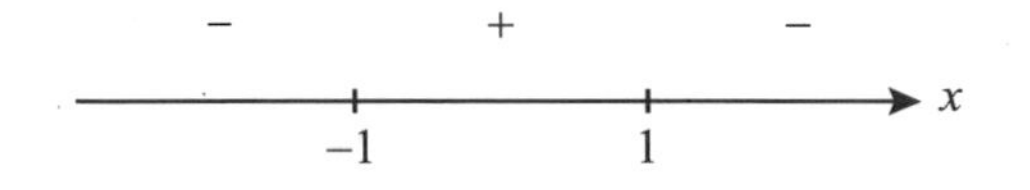

$f'(x)<0 \Rightarrow 1-x^2=(1-x)(1+x)<0$，

即$(x-1)(x+1)>0$，

(1) $-1<x<1$時，$\because f'(x)>0$，

$\therefore f(x)$ 在 $(-1,1)$ 爲嚴格遞增函數。

(2) $x>1$或$x<-1$時，$\because f'(x)<0$，

$\therefore f(x)$ 在 $(1,\infty)$ 或 $(-\infty,-1)$ 爲嚴格遞減函數。 ■

例題 3

$0<x<y$時，證明$\sqrt[3]{y}>\sqrt[3]{x}$及$\dfrac{1}{y^2}<\dfrac{1}{x^2}$。

(1) 取$g(t)=\sqrt[3]{t}$，$g'(t)=\dfrac{1}{3}t^{-\frac{2}{3}}>0$，$\therefore g(t)$爲一嚴格遞增函數，

又$0<x<y$，$\therefore g(y)>g(x)\Rightarrow \sqrt[3]{y}>\sqrt[3]{x}$。

(2) 取$h(t)=\dfrac{1}{t^2}$，$h'(t)=-2t^{-3}<0$，$\forall t>0$，

$\therefore h(t)$爲一嚴格遞減函數，

$\because 0<x<y$，$\therefore h(y)<h(x)$，即$\dfrac{1}{y^2}<\dfrac{1}{x^2}$。 ■

上凹與下凹

圖 3-2 是**上凹**（Concave up）或**下凹**（Concave down），用白話來說，上凹是一個開口向上之圖形，下凹則是開口向下。其定義如下：

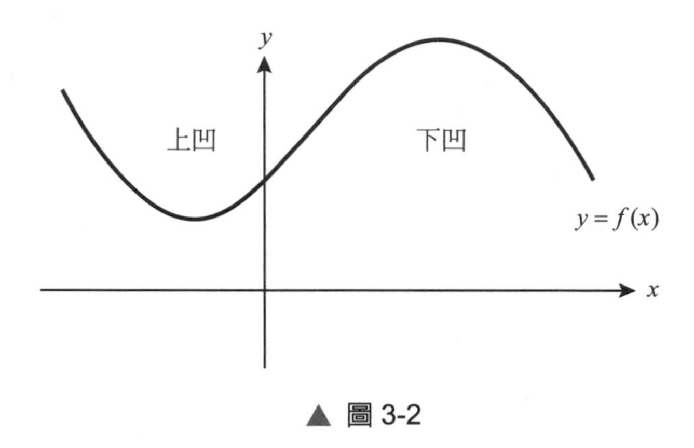

▲ 圖 3-2

定義　上凹與下凹

函數 f 在 $[a, b]$ 中爲連續且在 (a, b) 中爲可微分，則

(1) 在 (a, b) 中 f 之切線位於 f 圖形之下，則稱 f 在 (a, b) 爲上凹；

(2) 在 (a, b) 中 f 之切線位於 f 圖形之上，則稱 f 在 (a, b) 爲下凹。

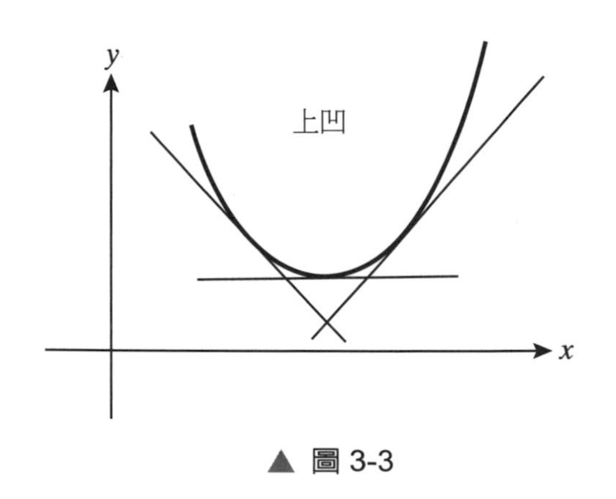

▲ 圖 3-3

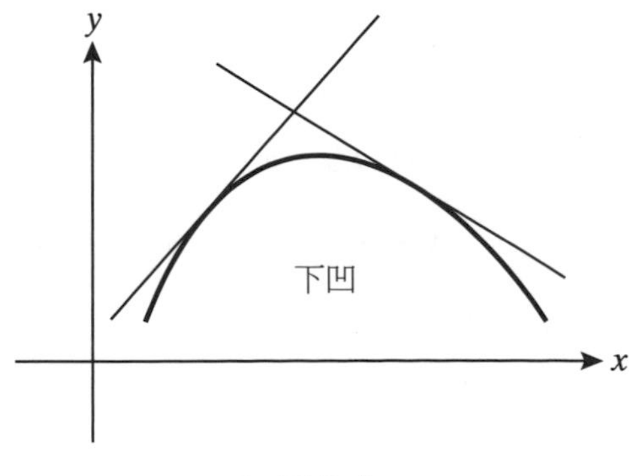

▲ 圖 3-4

定理 D 是判斷圖形凹性之重要方法：

定理 D

f 在 (a, b) 中爲連續，且在 (a, b) 中爲可微分，則
(1) 在 (a, b) 中滿足 $f''>0$，則 f 在 (a, b) 中爲上凹。
(2) 在 (a, b) 中滿足 $f''<0$，則 f 在 (a, b) 中爲下凹。

反曲點

討論 $y=f(x)$ 圖形之凹性時，免不了要和**反曲點**（Inflection point）一起討論。

定義　反曲點

若函數 f 上之一點 $(c, f(c))$ 改變了圖形之凹性，則該點稱爲**反曲點**。

由定義 **$f''(c)=0$ 或 $f''(c)$ 不存在時，$x=c$ 即為 f 之反曲點**，又稱爲拐點。

例題 4

問 $f(x)=x+\dfrac{1}{x}$ 在何處為上凹？在何處為下凹？又 $x=0$ 處是否為反曲點？

解 (1) $f'(x)=1-\dfrac{1}{x^2}$，$f''(x)=\dfrac{2}{x^3}$，

$$\because f''(x)=\begin{cases}\dfrac{2}{x^3}>0\Rightarrow x>0\\[2mm]\dfrac{2}{x^3}<0\Rightarrow x<0\end{cases}$$，$\therefore f(x)$ 在 $(0,\infty)$ 爲上凹，在 $(-\infty,0)$ 爲下凹。

(2) $x=0$ 不爲 $f(x)$ 之反曲點，原因是 $x=0$ 不在 $f(x)$ 之定義域。 ■

$x=a$ 是 $f(x)$ 反曲點之前提是 a 在 $f(x)$ 之定義域內。

例題 5

$y = x^3 - 3x^2 + 7x + 11$ 在何處為上凹？何處為下凹？是否有反曲點？

解 (1) $f'(x) = 3x^2 - 6x + 7$，

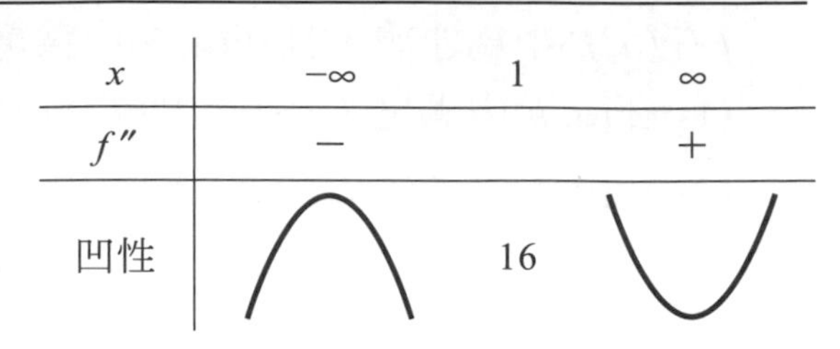

x	$-\infty$	1	∞
f''	$-$		$+$
凹性		16	

$f''(x) = 6x - 6 = 6(x-1)$，

$\because f''(x) = \begin{cases} 6(x-1) > 0 \Rightarrow x > 1 \\ 6(x-1) < 0 \Rightarrow x < 1 \end{cases}$，

$\therefore f(x)$ 在 $(1,\infty)$ 爲上凹，$(-\infty,1)$ 爲下凹。

(2) $f(x)$ 在 $x = 1$ 處有反曲點 $(1, 16)$。 ■

例題 6

$y = a + bx + cx^2$，$c \neq 0$，問何處為上凹？何處為下凹？

 $y' = b + 2cx$，$y'' = 2c$，

若 $c > 0$ 時，$f'' > 0$，即 $c > 0$ 時，f 爲上凹；

若 $c < 0$ 時，$f'' < 0$，即 $c < 0$ 時，f 爲下凹。 ■

定理 E

若 $f(x)$ 在 $x = a$ 處滿足 $f(a) = f''(a) = 0$，但 $f'''(a) \neq 0$，則 $f(x)$ 在 $x = a$ 處有反曲點。

證明 我們可分 $f'''(a) > 0$ 與 $f'''(a) < 0$ 分別討論：

(1) $f'''(a) > 0$ 時：因 $f'''(a) > 0$，所以 $f''(x)$ 在含 a 之鄰域中爲增函數，則在鄰域之 $x < a$ 時，$f''(x) < f''(a) = 0$（下凹），$x > a$ 時，$f''(x) > f''(a) = 0$（上凹），故 $x = a$ 爲一反曲點。

(2) $f'''(a) < 0$ 時：同理可證。 ◆

例題 7

問 $y=x^3$、$y=x^{\frac{4}{3}}$與 $y=x^4$，何者在 $x=0$ 處有反曲點？

(1) $y=x^3$，$y'(0)=y''(0)=0$，$y'''(0)=6\neq 0$，$\therefore x=0$ 為 $y=x^3$ 之反曲點。

(2) $y=x^{\frac{4}{3}}$，$y'(0)=0$，$y''(0)$不存在，$\therefore x=0$ 為 $y=x^{\frac{4}{3}}$ 之反曲點。

(3) $y=x^4$，$y''(x)=12x^2>0$，$\therefore y=x^4$ 為全域上凹，故無反曲點。 ■

應用 $y=f(x)$之單調性與凹性繪圖

有了 $y=f(x)$之單調性與凹性，再加上一些資訊如是否過原點，與 y 軸之交點等資訊，我們可繪製 $y=f(x)$之概圖。

由 $y=f(x)$之單調性與凹性，可得到繪圖之核心資訊，說明如次：

1. 一階導函數 $\begin{cases} f'>0 \Rightarrow f\in\uparrow \text{（遞增）} \\ f'<0 \Rightarrow f\in\downarrow \text{（遞減）} \end{cases}$。

2. 二階導函數 $\begin{cases} f''>0 \Rightarrow f\in\cup \text{（上凹）} \\ f''<0 \Rightarrow f\in\cap \text{（下凹）} \end{cases}$。

3. 在繪曲線時，↗ ↘ ↘ ↗四個圖形與 $f'(x)$、$f''(x)$之正負關係可由下圖一目了然：

(1) 圖 3-5 中，$f''(x)>0$時：

① 在 $x=a$之左側為一遞減函數，故 $f'<0$，因此 $f'<0$、$f''>0$時，圖形為↘。

② 在 $x=a$之右側為一遞增函數，故 $f'>0$，因此 $f'>0$、$f''>0$時，圖形為↗。

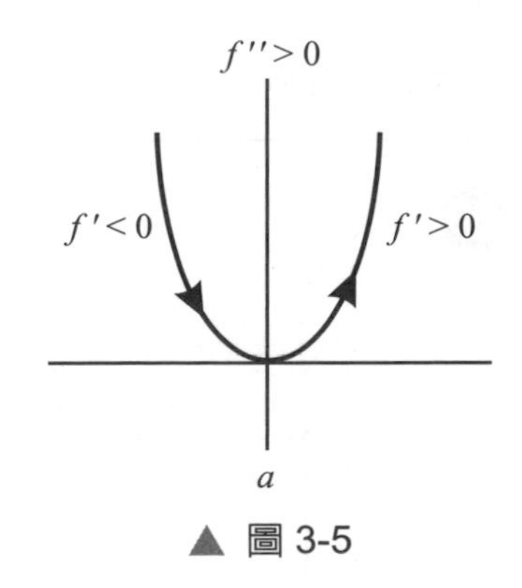

▲ 圖 3-5

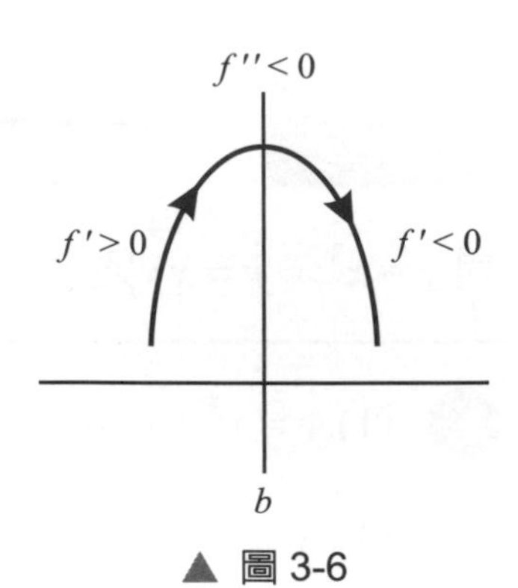

▲ 圖 3-6

(2) 圖 3-6 中，$f''(x)<0$：

① 在 $x=b$ 之左側爲一遞增函數，故 $f'>0$，因此 $f'>0$，$f''<0$時，圖形爲 ↗。

② 在 $x=b$ 之右側爲一遞減函數，故 $f'<0$，因此 $f'<0$，$f''<0$時，圖形爲 ↘。

茲綜合上述結果如下：

$f'(x)$	+	+	−	−
$f''(x)$	+	−	+	−
圖形	↗	↗	↘	↘

許多複雜之函數圖形就由此四條線像「積木」般的組合起來。

例題 8

請根據下列資訊繪出 $y=f(x)$之概圖：

(1) $x>3$，$x<-1$ 時，$y'>0$。

(2) $3>x>-1$ 時，$y'<0$。

(3) $x<1$ 時，$y''<0$。

(4) $x>1$ 時，$y''>0$。

(5)圖形過(0, 4)、((1, 0)、(−1, 5)、(3, −2)。

x		−1		1		3	
f'	+		−		−		+
f''	−		−		+		+
f	↗	5	↘	0	↘	−2	↗

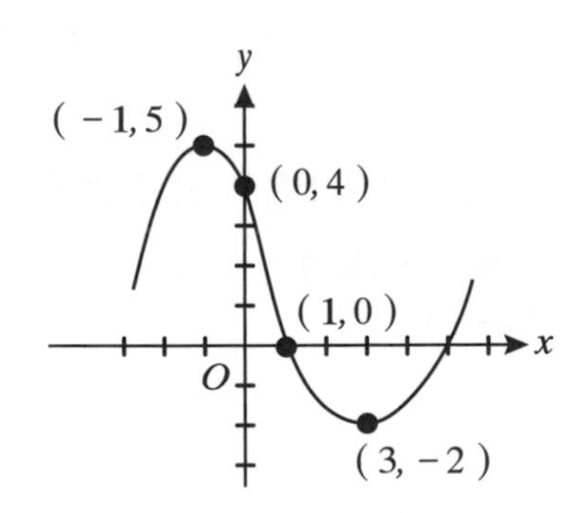

例題 9

試根據下列資訊繪出 $y=f(x)$之概圖：

(1) $x<2$ 時 $y'<0$，$x>2$ 時 $y'>0$。

(2) $x<0$ 或 $x>1$ 時 $y''>0$，$0<x<1$ 時 $y''<0$。

(3) $f(1)=-1$，$f(0)=0$，$f(2)=-2$，$f(3)=0$。

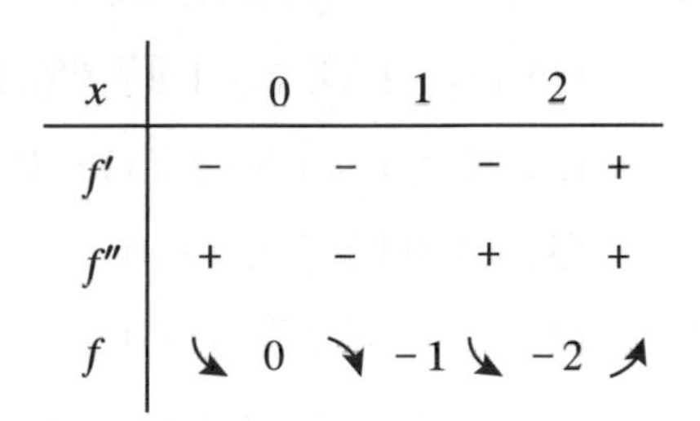

x		0		1		2	
f'	−		−		−		+
f''	+		−		+		+
f	↘	0	↘	−1	↘	−2	↗

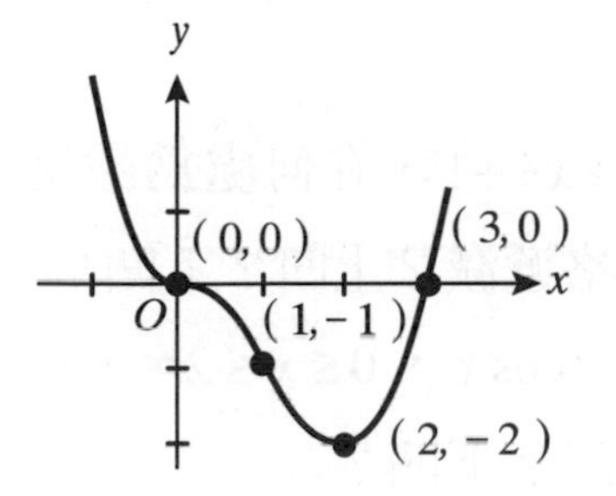

練習題

1. $f(x)=x^3-3x^2-9x+4$ 在哪個區間為嚴格遞增？哪個區間為嚴格遞減？哪個區間為上凹？哪個區間為下凹？
2. $f(x)=x-\sin x$，$x\in[0,\pi]$ 在何處為嚴格遞增？嚴格遞減？上凹？下凹？
3. $f(x)=x^3+x^2+1$，在何處為嚴格遞增？嚴格遞減？上凹？下凹？
4. $f(x)=x-2\cos x$，$0\le x\le 2\pi$，在何處為上凹？下凹？
5. $f(x)=4x+\dfrac{9}{x}$，在何處為嚴格遞增？嚴格遞減？上凹？下凹？
6. 下列哪個函數在(0, 0)處有反曲點？(1) $y=x^{\frac{1}{3}}$　(2) $y=x^{\frac{2}{3}}$。
7. 若(1, − 1)為 $f(x)=ax^3+bx^2-5x+6$ 反曲點，試求 a、b。
8. 試根據下列資訊繪圖：
   (1) $x<-1$ 或 $x>1$ 時 $f'(x)>0$。
   (2) $-1<x<1$ 時 $f'(x)<0$。
   (3) $x<0$ 時 $f''(x)<0$。
   (4) $x>0$ 時 $f''(x)>0$。
   (5) $f(-1)=2$，$f(0)=1$，$f(1)=0$。

解答

1. $x>3$ 或 $x<-1$ 時為嚴格遞增，
   $-1<x<3$ 時為嚴格遞減，
   $x>1$ 時為上凹，$x<1$ 時為下凹
2. $f(x)$ 在 $[0,\pi]$ 中為嚴格遞增及上凹
3. $x<-\dfrac{2}{3}$ 或 $x>0$ 時為嚴格遞增，
   $-\dfrac{2}{3}<x<0$ 為嚴格遞減，
   $x>-\dfrac{1}{3}$ 為上凹，
   $x<-\dfrac{1}{3}$ 為下凹
4. 上凹：$0<x<\dfrac{\pi}{2}$ 或 $\dfrac{3}{2}\pi<x<2\pi$，
   下凹：$\dfrac{\pi}{2}<x<\dfrac{3}{2}\pi$
5. $x<-\dfrac{3}{2}$ 或 $x>\dfrac{3}{2}$ 為嚴格遞增，
   $-\dfrac{3}{2}<x<\dfrac{3}{2}$ 為嚴格遞減，
   $x>0$ 為上凹，$x<0$ 為下凹
6. 均是
7. $a=1$、$b=-3$（提示：$f(1)=-1$）
8.

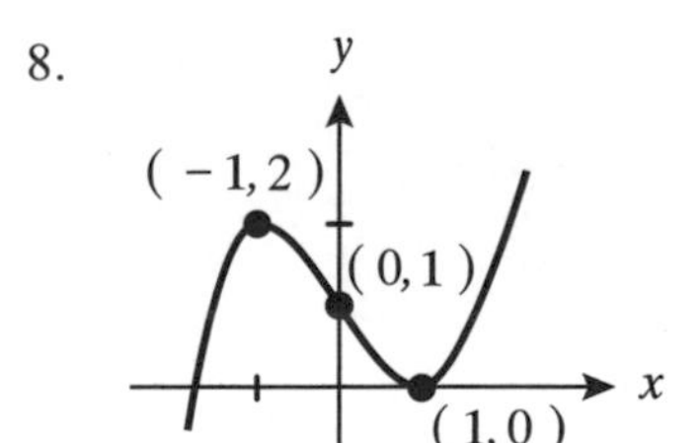

3-2 極值

本節學習目標

1. 求 $f(x)$之絕對極值。
2. 求 $f(x)$之相對極值。
3. 極值之應用問題。

本節所討論的極值有四種：

$$\text{絕對極值}\begin{cases}\text{絕對極大}\\\text{絕對極小}\end{cases}。$$

$$\text{相對極值}\begin{cases}\text{相對極大}\\\text{相對極小}\end{cases}。$$

相對極值

相對極值亦稱之爲**局部極值**（Local Extremes），它的定義是：

定義　相對極值

函數 f 之定義域爲 D，

(1) I 爲包含於 D 之開區間，若 $c\in I$，且 $f(c)\geq f(x)$，$\forall x\in I$，則稱 f 有一相對極大值 $f(c)$。

(2) I 爲包含於 D 之開區間，若 $c\in I$，且 $f(c)\leq f(x)$，$\forall x\in I$，則稱 f 有一相對極小值 $f(c)$。

有了這個定義後，我們將探討以下二個問題，一是相對極值在何處發生？一是如何求出極值，茲分述如下：

1. **臨界點**（Critical point）

   f在(a, b)中為可微分，則 $f'(x)=0$ 或 $f'(x)$ 不存在之點稱為臨界點，有了臨界點之定義，我們可有以下之重要定理：

定理 A

若函數 f 在 $x=c$ 處有一相對極值，則 $f'(c)=0$ 或 $f'(c)$ 不存在。

因此，上述定理說明了一點，要求函數極值，首先要求出其臨界點。

例題 1

求 $y=x+\frac{1}{x}$ 之臨界點，其中 $x\in\mathbb{R}$ 。

$y'=1-\frac{1}{x^2}=0$，

$\therefore x=\pm1$ 是爲二個臨界點，$x=0$ 不在定義域故不爲臨界點。■

例題 2

問 $f(x)=x^5-x^4-4x+1$ 在$(0, 2)$間有無臨界點？

$f'(x)=5x^4-4x^3-4$，

$f'(0)=-4$、$f'(2)=44$，$\because f'(0)f'(2)<0$，

$\therefore f(x)$在 $(0, 2)$間有臨界點。■

2. **相對極值之判別法**

   判斷可微分函數相對極值之方法有二種，一是一階導函數判別法（即常稱之增減表法），一是二階導函數判別法。

一階導函數判別法

定理 B

f在(a, b)中為連續，且 c 為(a, b)中之一點，

(1) 若 $f'>0$，$\forall x\in(a,c)$且 $f'<0$，$\forall x\in(c,b)$，則 $f(c)$為 f 之一相對極大值。

(2) 若 $f'<0$，$\forall x\in(a,c)$且 $f'>0$，$\forall x\in(c,b)$，則 $f(c)$為 f 之一相對極小值。

證明　（只證(1)）

$x\in(a, c)$，則 $f'>0\Rightarrow f(x)<f(c)$，

$x\in(c, b)$，則 $f'<0\Rightarrow f(x)<f(c)$，

$\therefore$在(a, b)中除 $x=c$ 外$\Rightarrow f(x)<f(c)$，

即 $f(c)$為相對極大值。◆

定理 B 有一個直覺的比喻，例如我們爬山，如圖 3-7 所示，先往上走（遞增函數），等爬到了山頂（相對極大點），再往下走（遞減函數）。又如我們到地下室，如圖 3-8 所示，先往下走（遞減函數），等走到地下室（相對極小點）再往上爬（遞增函數）。

▲ 圖 3-7　　▲ 圖 3-8

例題 3

求 $f(x)=x^3-3x^2-9x+11$ 之相對極值。

解 先求臨界點，

$f'(x)=3x^2-6x-9=3(x-3)(x+1)=0$，

$\therefore x=3$ 或 -1 為臨界點，

x		-1		3	
f'	$+$		$-$		$+$
f	↗		↘		↗

作增減表如上，

知 $f(x)$ 在 $x=-1$ 處有相對極大值 $f(-1)=16$，且 $f(x)$ 在 $x=3$ 處有相對極小值 $f(3)=-16$。 ■

例題 4

求 $f(x)=\dfrac{\ln x}{x}$，$x>0$ 之相對極值。

 $f'(x)=\dfrac{x(\ln x)'-\ln x\cdot 1}{x^2}=\dfrac{1-\ln x}{x^2}=0$ 得臨界點 $x=e$，作增減表，

x		e	
f'	$+$		$-$
f	↗		↘

$\therefore f(x)$ 在 $x=e$ 處，有相對極大值 $f(e)=\dfrac{1}{e}$。 ■

二階導函數判別法

定理 C

f'、f'' 在包含 c 之開區間 (a, b) 均存在，若 $f'(c)=0$，則

(1) $f''(c)<0$ 時，$f(c)$ 爲 f 之一相對極大值。

(2) $f''(c)>0$ 時，$f(c)$ 爲 f 之一相對極小值。

證明　（只證 $f''(c)<0$ 之情況）

因 $f'(c)=0$，$\therefore f$ 在 $x=c$ 有一水平切線，若 $f''(c)<0$，則 f 在 $x=c$ 附近爲下凹，亦即 f 在 $x=c$ 附近有 $f(x)<f(c)$，$\therefore f(x)$ 在 $x=c$ 處有一相對極大值 $f(c)$。 ◆

例題 5

用二階導函數判別法重解例題 3。

在例題 3，我們已求出

$f'(x)=3x^2-6x-9$，臨界點爲 3、-1，

$\because f''(x)=6x-6$，

$\therefore f''(3)=12>0$，$\therefore f(x)$ 有一相對極小值 $f(3)=-16$，

$f''(-1)=-12<0$，$\therefore f(x)$ 有一相對極大值 $f(-1)=16$。 ■

定理 D

若函數 $f(x)$ 在 $x=x_0$ 之 n 階導函數存在，且

$f'(x_0)=f''(x_0)=\cdots=f^{(n-1)}(x_0)=0$，但 $f^{(n)}(x_0)\neq 0$，

(1) n 爲偶數時，x_0 爲一臨界點，且

$$\begin{cases} f^{(n)}(x_0)>0\text{，則 } f(x) \text{ 在 } x=x_0 \text{ 處有相對極小值} \\ f^{(n)}(x_0)<0\text{，則 } f(x) \text{ 在 } x=x_0 \text{ 處有相對極大值} \end{cases}\text{。}$$

(2) n 爲奇數時，x_0 不是 $f(x)$ 之極點。

例題 6

求下列函數之極值：

(1) $y=x^3$　　　　(2) $y=x^4$。

 (1) 令 $f'(x)=3x^2=0$，得 $x=0$， $f''(0)=0$， $f'''(0)=6\neq 0$，

$\therefore 0$ 不為 $f(x)=x^3$ 之臨界點，即 $f(x)=x^3$ 無極值。

(2) 令 $f'(x)=4x^3=0$，得 $x=0$， $f''(0)=0$， $f'''(0)=0$， $f^{(4)}(0)=24>0$，

$\therefore f(x)=x^4$ 在 $x=0$ 處有相對極小值 $f(0)=0$。 ■

絕對極值

絕對極值（Absolute extremes）又稱為**全域極值**（Global extremes），下面定理說明了若函數 $f(x)$ 在閉區間 I 中為連續，則它必存在絕對極大值與絕對極小值。

定理 E

若函數 f 在區間 $[a, b]$ 中為連續，則 $f(x)$ 在 $[a, b]$ 中有絕對極大值與絕對極小值。

那麼**絕對極值會在哪些地方出現？答案是 $f'(x)=0$、 $f'(x)$ 不存在之點以及端點**。

例題 7

承例題 3 求在以下之區間之絕對極值：

(1) $-2\leq x\leq 4$　(2) $-2\leq x\leq 2$　(3) $2\leq x\leq 4$　(4) $0\leq x\leq 2$。

解　在例題 3 已求出 f 之臨界點在 -1、3，

(1) $-2 \le x \le 4$

x	-2	-1	3	4
$f(x)$	9	16	-16	-9

∴絕對極大值爲 $f(-1)=16$，絕對極小值爲 $f(3)=-16$。

(2) $-2 \le x \le 2$

x	-2	-1	2
$f(x)$	9	16	-11

∴絕對極大值爲 $f(-1)=16$，絕對極小值爲 $f(2)=-11$

要注意的是 3 不在$[-2, 2]$內，因此，在本子題中 3 不予考慮。

(3) $2 \le x \le 4$

x	2	3	4
$f(x)$	-11	-16	-9

∴絕對極大值爲 $f(4)=-9$，絕對極小值爲 $f(3)=-16$。

(4) $0 \le x \le 2$

x	0	2
$f(x)$	11	-11

∴絕對極大值爲 $f(0)=11$，絕對極小值爲 $f(2)=-11$。 ■

極值的應用

在求極值應用問題，通常先對問題中之變量用字母或其它方便之符號來表示，並儘可能繪圖以使問題具體化。然後建立變數，分析變數間之函數關係，以及變數有意義之範圍，最後求出絕對極大值（極小值）。

 例題 8

將每邊長 a 之正方形鋁片四個角各截去一小正方形做成一個無蓋子盒子，求盒之最大容積為何？

解 (1) 本題要解的是容積 V 的極大值。

(2) 設截去之小正方形每邊長 x，並作出示意圖如右：

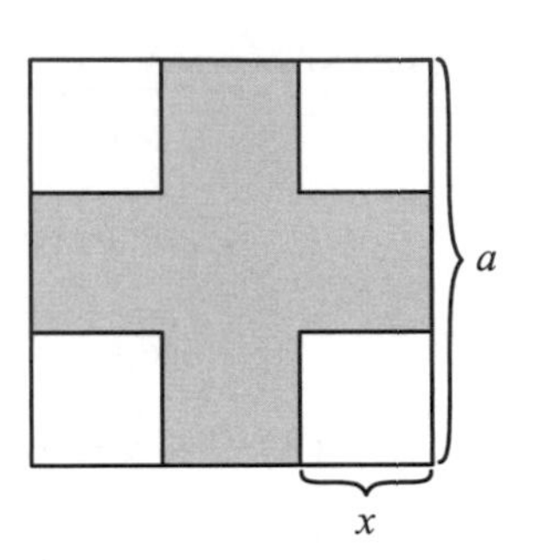

a、x、V 間之關係：$V=(a-2x)^2\cdot x$。

令 $f(x)=(a-2x)^2\cdot x$，$a>2x$。

$f'(x)=12x^2-8ax+a^2=0$，

解得 $x=\dfrac{a}{2}$（不合）或 $x=\dfrac{a}{6}$，

$f''(\dfrac{a}{6})=24(\dfrac{a}{6})-8a<0$，

$\therefore$ 每邊截去四個邊長爲 $\dfrac{a}{6}$ 的小正方形可使盒之容積爲最大，

得最大容積 $V=(a-\dfrac{a}{3})^2\dfrac{a}{6}=\dfrac{2}{27}a^3$。 ■

練習題

1. 求 $y=x^4-4x$ 之極值。

2. 求 $y=x^3+3x^2+1$ 之極值。

3. 求 $y=3x-(x-1)^{\frac{3}{2}}$，$1\le x\le 17$ 之極值。

4. 求 $y=2x^3-3x^2$ 在 $0\le x\le 2$ 之絕對極大值。

5. 求 $y=x(1-x)$，$0\le x\le 1$ 之絕對極大值。

6. 求 $y=x^3-3x+2$ 之極值。

7. 求 $y=\dfrac{x^2}{x+4}$ 在$[-1, 3]$之絕對極值。

8. A、B 二屋與公路之距離分別爲 q、r，而 C、D 之直線距離爲 l，若某人由 A 屋經公路上之一點再到 B 屋，問應如何走法其距離爲最短？

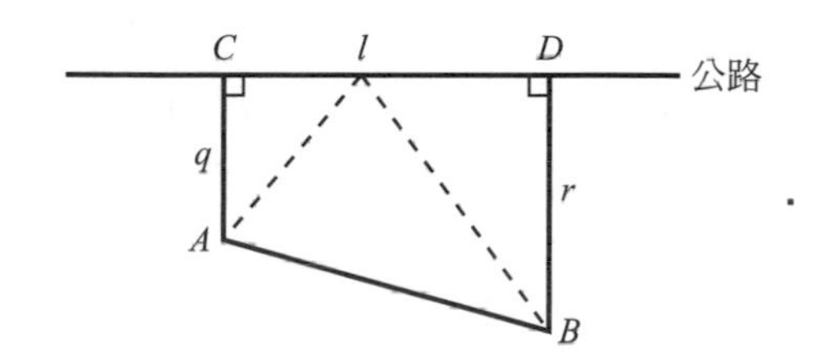

解答

1. $x=1$ 處有一相對極小值-3
2. $x=-2$ 處有一相對極大值 5，
   $x=0$ 處有一相對極小值 1
3. $x=5$ 處有絕對極大值 7，
   $x=17$ 處有絕對極小值-13
4. 4
5. $\dfrac{1}{4}$
6. $x=-1$ 處有相對極大值 4，
   $x=1$ 處有相對極小值 0
7. 在 $x=0$ 處有絕對極小值 0，
   $x=3$ 處有絕對極大值 $\dfrac{9}{7}$
8. 由 A 走到 $\overline{CD}$ 與點 C 距 $\dfrac{lq}{q+r}$ 處再折到 B，走法爲最短

3-3 無窮極限與漸近線

本節學習目標

1. 無窮極限之直觀了解。
2. 應用無窮極限有關定理計算基本無窮極限問題。

當我們考慮函數 $f(x)=\dfrac{1}{x}$，$x\neq 0$；若 $x\to 0^+$，$f(x)=\dfrac{1}{x}\to +\infty$，（$+\infty$ 表正的無窮大）；若 $x\to 0^-$，$f(x)=\dfrac{1}{x}\to -\infty$，（$-\infty$ 表負的無窮大）；若 $x\to\infty$，$f(x)=\dfrac{1}{x}\to 0$；若 $x\to -\infty$，$f(x)=\dfrac{1}{x}\to 0$，這可仿本章第一章直觀極限的方式而得以觀察：

1. $(x\to 0^+)\ \lim\limits_{x\to 0^+}\dfrac{1}{x}$：

x	0.001	0.00001	0.00000001	……
$f(x)$	1000	100000	100000000	$\to\infty$

（$+\infty$ 在不混淆下亦可寫成 ∞）

2. $(x\to 0^-)\ \lim\limits_{x\to 0^-}\dfrac{1}{x}$：

x	−0.001	−0.00001	−0.00000001	……
$f(x)$	−1000	−100000	−100000000	$\to -\infty$

3. $(x\to +\infty)\ \lim\limits_{x\to\infty}\dfrac{1}{x}$：

x	1000	100000	100000000	……
$f(x)$	0.001	0.00001	0.00000001	$\to 0$

4.　$(x \to -\infty)$ $\lim\limits_{x \to -\infty} \dfrac{1}{x}$：

x	-1000	-100000	-100000000	……
$f(x)$	-0.001	-0.00001	-0.00000001	$\to 0$

因此，我們可有一直觀之結果：**若 $p > 0$，則 $\lim\limits_{x \to \infty} \dfrac{1}{x^p} = 0$** 。

例題 1

$\lim\limits_{n \to \infty} (\sqrt[n]{1} + \sqrt[n]{2} + \cdots + \sqrt[n]{8})$ 。

解　$\lim\limits_{n \to \infty} (1^{\frac{1}{n}} + 2^{\frac{1}{n}} + \cdots + 8^{\frac{1}{n}}) = 8$ 。 ■

儘管我們稱 $\lim\limits_{x \to a} f(x) = \infty$ 或 $\lim\limits_{x \to \infty} f(x) = \infty$ 是 $f(x)$之極限無窮大，但這並不意味 $f(x)$之極限存在，同時也要注意，**無窮大∞不是一個數**，因此我們不能說$\infty + 1 > \infty$。

無窮極限之定義[註]

定 義

（$\lim\limits_{x \to a} f(x) = \infty$）給定任意正數 M（不論 M 有多大），總存在正數δ，使得 $0 < |x - a| < \delta$ 均有 $|f(x)| > M$，則稱 x 趨近 a 時，$f(x)$之極限爲無窮大，以 $\lim\limits_{x \to a} f(x) = \infty$ 。

註：無窮極限之定義可略予不授，不影響後續之研習。

定義

（$\lim_{x\to\infty} f(x)=A$ 之定義）對任一正數 $\varepsilon > 0$，存在一個正數 $X > 0$，使得在

$$\begin{cases} x > X \\ x < -X \\ |x| > X \end{cases} \text{時恆有 } |f(x)-A| < \varepsilon\text{，則} \begin{cases} \lim_{x\to+\infty} f(x)=A \\ \lim_{x\to-\infty} f(x)=A \\ \lim_{x\to\infty} f(x)=A \end{cases}\text{。}$$

由定義可導出定理 A。

無窮極限之運算法則

定理 A

若 $\lim_{x\to\infty} f(x)=A$、$\lim_{x\to\infty} g(x)=B$，則

(1) $\lim_{x\to\infty}(f(x)\pm g(x))=\lim_{x\to\infty} f(x)\pm\lim_{x\to\infty} g(x)=A\pm B$。

(2) $\lim_{x\to\infty} f(x)g(x)=\lim_{x\to\infty} f(x)\lim_{x\to\infty} g(x)=AB$。

(3) $\lim_{x\to\infty}\dfrac{f(x)}{g(x)}=\dfrac{\lim_{x\to\infty} f(x)}{\lim_{x\to\infty} g(x)}=\dfrac{A}{B}$，若 $B\neq 0$。

當 $x\to-\infty$ 時上述結果亦成立。

應用定理 A 時，我們要注意到：

1. $\lim_{x\to a} f(x)=\infty$、$\lim_{x\to a} g(x)=A$，$a$ 可為 $\pm\infty$或實數，則

   (1) $\lim_{x\to a} f(x)g(x)=\begin{cases} -\infty\text{，} & A<0 \\ \infty\text{，} & A>0 \end{cases}$。

   (2) $\lim_{x\to a} f(x)\pm\lim_{x\to a} g(x)=\infty$。

2. $\lim_{x\to a} f(x)=\infty$、$\lim_{x\to a} g(x)=\infty$，$a$ 可為 $\pm\infty$或實數，則

(1) $\lim_{x\to a} f(x)+\lim_{x\to a} g(x)=\infty$。

(2) $\lim_{x\to a} f(x)\lim_{x\to a} g(x)=\infty$。

但 $\lim_{x\to a} f(x)-\lim_{x\to a} g(x)$ 與 $\dfrac{\lim_{x\to a} f(x)}{\lim_{x\to a} g(x)}$ 均為不定式。

3. $\lim_{x\to a} f(x)=0$、$\lim_{x\to a} g(x)=\infty$，$a$ 可為 $\pm\infty$或實數，則 $\lim_{x\to a} f(x)g(x)$ 為不定式。

本節將介紹三個不定式：$\dfrac{\infty}{\infty}$、$\infty-\infty$與 $0\cdot\infty$。

$\dfrac{\infty}{\infty}$ 型

定理 B

$$\lim_{x\to\infty}\frac{a_m x^m+a_{m-1}x^{m-1}+\cdots+a_1x+a_0}{b_n x^n+b_{n-1}x^{n-1}+\cdots+b_1x+b_0}=\begin{cases}\infty &，a_m、b_n\text{ 同號且 } m>n \text{ 時}\\ -\infty &，a_m、b_n\text{ 異號且 } m>n \text{ 時}\\ \dfrac{a_m}{b_n} &，m=n \text{ 時}\\ 0 &，m<n \text{ 時}\end{cases}$$

定理 B 是我們利用分子、分母中之最高次數項遍除分子、分母而得的，它便於我們用視察法決定有理分式之無窮極限。

例題 2

求(1) $\lim_{x\to\infty}\dfrac{\sqrt{2}x^3-4x+3}{5x^3+3x^2+1}$　(2) $\lim_{x\to\infty}\dfrac{\sqrt{2}x^4-4x^2+3}{5x^3+3x^2+1}$。

解 (1) 原式 $= \lim_{x\to\infty} \dfrac{\dfrac{\sqrt{2}x^3-4x+3}{x^3}}{\dfrac{5x^3+3x^2+1}{x^3}} = \lim_{x\to\infty} \dfrac{\sqrt{2}-\dfrac{4}{x^2}+\dfrac{3}{x^3}}{5+\dfrac{3}{x}+\dfrac{1}{x^3}} = \dfrac{\lim_{x\to\infty}(\sqrt{2}-\dfrac{4}{x^2}+\dfrac{3}{x^3})}{\lim_{x\to\infty}(5+\dfrac{3}{x}+\dfrac{1}{x^3})}$

$= \dfrac{\lim_{x\to\infty}\sqrt{2}-4(\lim_{x\to\infty}\dfrac{1}{x})^2+3(\lim_{x\to\infty}\dfrac{1}{x})^3}{\lim_{x\to\infty}5+3(\lim_{x\to\infty}\dfrac{1}{x})+(\lim_{x\to\infty}\dfrac{1}{x})^3} = \dfrac{\sqrt{2}-0+0}{5+0+0} = \dfrac{\sqrt{2}}{5}$ 。

(2) 原式 $= \lim_{x\to\infty} \dfrac{\dfrac{\sqrt{2}x^4-4x^2+3}{x^4}}{\dfrac{5x^3+3x^2+1}{x^4}} = \dfrac{\lim_{x\to\infty}(\sqrt{2}-\dfrac{4}{x^2}+\dfrac{3}{x^4})}{\lim_{x\to\infty}(\dfrac{5}{x}+\dfrac{3}{x^2}+\dfrac{1}{x^4})} = \dfrac{\sqrt{2}-0+0}{0+0+0} = \dfrac{\sqrt{2}}{0}$ 。

（不存在） ■

讀者當可用定理 B 直接讀出例題 2 之結果。

例題 3

求(1) $\lim_{x\to\infty} \dfrac{2x^3+3x-5}{x^3+3x^2+2x+1}$ 。 (2) $\lim_{x\to\infty} \dfrac{\sqrt[3]{x^{10}+1}+x-1}{x^3+\sqrt{3x^7+1}-x}$ 。

(3) $\lim_{x\to\infty} \dfrac{2x^3+7x^2+1}{x^2+\sqrt[3]{3x^9+4x^7+1}-x+1}$ 。

解 (1) $\lim_{x\to\infty} \dfrac{\mathbf{2x^3}+3x-5}{\mathbf{x^3}+3x^2+2x+1} = 2$ 。

(2) $\lim_{x\to\infty} \dfrac{\sqrt[3]{\mathbf{x^{10}}+1}+x-1}{x^3+\sqrt{\mathbf{3x^7}+1}-x} = 0$ 。（用 $x^{\frac{7}{2}}$ 遍除分子、分母）

(3) $\lim_{x\to\infty} \dfrac{\mathbf{2x^3}+7x^2+1}{x^2+\sqrt[3]{\mathbf{3x^9}+4x^7+1}-x+1} = \dfrac{2}{\sqrt[3]{3}}$ 。（用 x^3 遍除分子、分母） ■

讀者請特別注意粗體字部份，因它們才是拿來比較之項。

例題 4

若 $\lim\limits_{x\to\infty}\dfrac{(1+a)x^4+(b-1)x^3+2}{x^3+x^2+1}=5$，求 a、b。

解 由視察法，易知 $1+a=0$，$\therefore a=-1$ 且 $b-1=5$，$\therefore b=6$。 ■

∞－∞型

例題 5

求 $\lim\limits_{x\to\infty}\sqrt{x^2+1}-x$。

解 原式 $=\lim\limits_{x\to\infty}(\sqrt{x^2+1}-x)\dfrac{\sqrt{x^2+1}+x}{\sqrt{x^2+1}+x}=\lim\limits_{x\to\infty}\dfrac{x^2+1-x^2}{\sqrt{x^2+1}+x}=\lim\limits_{x\to\infty}\dfrac{1}{\sqrt{x^2+1}+x}=0$。 ■

0‧∞型

例題 6

求 $\lim\limits_{x\to\infty}\dfrac{1}{x}(\sqrt{x^2+1}-1)$。

解

$$\lim_{x\to\infty}\frac{1}{x}(\sqrt{x^2+1}-1)=\lim_{x\to\infty}\frac{1}{x}(\sqrt{x^2+1}-1)(\frac{\sqrt{x^2+1}+1}{\sqrt{x^2+1}+1})$$

$$=\lim_{x\to\infty}\frac{1}{x}\cdot\frac{x^2}{1+\sqrt{x^2+1}}=\lim_{x\to\infty}\frac{x}{1+\sqrt{x^2+1}}=1$$ 。 ■

$\lim\limits_{x\to-\infty}f(x)$

這類問題可令 $\boldsymbol{y=-x}$，將原問題化成 $\lim\limits_{y\to\infty}f(-y)$ 再行求解。

例題 7

求 $\lim\limits_{x\to-\infty}\dfrac{\sqrt{x^2+1}}{x+3}$。

解 取 $y=-x$，則

$$原式=\lim_{y\to\infty}\frac{\sqrt{(-y)^2+1}}{(-y)+3}=\lim_{y\to\infty}\frac{\sqrt{y^2+1}}{-y+3}=\lim_{y\to\infty}\frac{\frac{\sqrt{y^2+1}}{y}}{\frac{-y+3}{y}}=\lim_{y\to\infty}\frac{\sqrt{1+\frac{1}{y^2}}}{-1+\frac{3}{y}}$$

$$=\frac{1}{-1+0}=-1\text{ 。}$$

■

例題 8

求 $\lim\limits_{x\to-\infty}\sqrt{x^2+x+1}+x$。

取 $y=-x$，則

$$原式=\lim_{y\to\infty}(\sqrt{(-y)^2+(-y)+1}+(-y))=\lim_{y\to\infty}\sqrt{y^2-y+1}-y$$

$$=\lim_{y\to\infty}(\sqrt{y^2-y+1}-y)\frac{\sqrt{y^2-y+1}+y}{\sqrt{y^2-y+1}+y}=\lim_{y\to\infty}\frac{-y+1}{\sqrt{y^2-y+1}+y}$$

$$=\lim_{y\to\infty}\frac{\frac{-y+1}{y}}{\sqrt{\frac{y^2-y+1}{y^2}}+\frac{y}{y}}=\lim_{y\to\infty}\frac{-1+\frac{1}{y}}{\sqrt{1-\frac{1}{y}+\frac{1}{y^2}}+1}=-\frac{1}{2}\text{ 。}$$

■

夾擊法

夾擊法亦適用於某些無窮大極限問題。

例題 9

求 $\lim\limits_{x\to\infty}\dfrac{\sin x}{x}$。

解 $\because \dfrac{-1}{x}\le\dfrac{\sin x}{x}\le\dfrac{1}{x}$，$\lim\limits_{x\to\infty}\dfrac{1}{x}=\lim\limits_{x\to\infty}(-\dfrac{1}{x})=0$，

$\therefore \lim\limits_{x\to\infty}\dfrac{\sin x}{x}=0$。■

例題 10

若 $2+x^2>f(x)>1+x^2$，求 $\lim\limits_{x\to\infty}\dfrac{f(x)}{x^2}$。

解 $\because 2+x^2>f(x)>1+x^2$，$\therefore \dfrac{2+x^2}{x^2}>\dfrac{f(x)}{x^2}>\dfrac{1+x^2}{x^2}$，

即 $1+\dfrac{2}{x^2}>\dfrac{f(x)}{x^2}>1+\dfrac{1}{x^2}$，又 $\lim\limits_{x\to\infty}(1+\dfrac{2}{x^2})=\lim\limits_{x\to\infty}(1+\dfrac{1}{x^2})=1$，

得 $\lim\limits_{x\to\infty}\dfrac{f(x)}{x^2}=1$。■

漸近線

漸近線（Asymptote）**是一條直線**，若直線 L 與 $y=f(x)$ 之圖形可無限接近，但 L 不與 $y=f(x)$ 之圖形相交，則稱 L 為 $y=f(x)$ 之漸近線。如圖 3-9 所示，$y=x$ 與 y 軸均與 $y=f(x)$ 之圖形無限接近，但不相交，故 $y=x$ 與 y 軸都是 $y=f(x)$ 圖形之漸近線。漸近線定義如下：

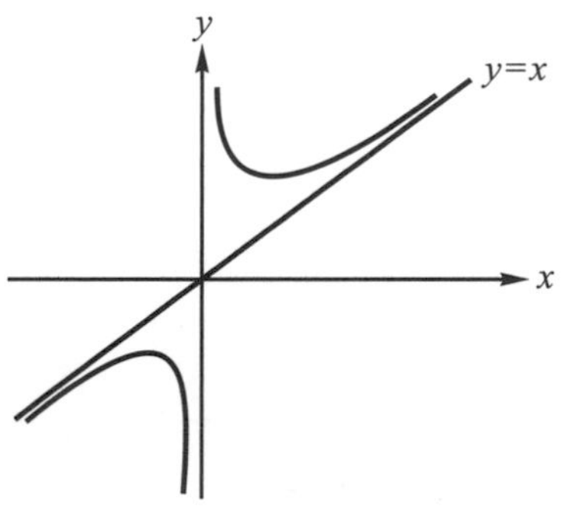

▲ 圖 3-9

定義　漸近線

若(1) $\lim_{x\to a^+} f(x)=\infty$，(2) $\lim_{x\to a^+} f(x)=-\infty$，(3) $\lim_{x\to a^-} f(x)=\infty$，(4) $\lim_{x\to a^-} f(x)=-\infty$ 中有一成立時，稱 $x=a$ 爲曲線 $y=f(x)$ 之**垂直漸近線**（Vertical asymptote）。

若(1) $\lim_{x\to\infty} f(x)=b$，或(2) $\lim_{x\to-\infty} f(x)=b$ 有一成立時，稱 $y=b$ 爲曲線 $y=f(x)$ 之**水平漸近線**（Horizontal asymptote）。

若 $\lim_{x\to\pm\infty}(y-mx-b)=0$，則稱 $y=mx+b$ 爲曲線 $y=f(x)$ 之**斜漸近線**（Skew asymptote）。

分式 $y=\dfrac{b(x)}{a(x)}$、$a(x)$、$b(x)$ 爲二個多項式，$a(x)$與 $b(x)$無公因式，若 $y=\dfrac{b(x)}{a(x)}$ 爲假分式且 **$b(x)$之次數為 $a(x)$之次數+ 1 時**，可先化成帶分式 $\dfrac{b(x)}{a(x)}=r(x)+\dfrac{t(x)}{a(x)}$，$r(x)$ 爲一次式，則 $y=r(x)$ 爲 $y=\dfrac{b(x)}{a(x)}$ 一條斜漸近線，若 $x=c$ 爲 $a(x)=0$ 之實根，則 $x=c$ 爲垂直漸近線，因此**垂直漸近線可從有理分式之分母視察出來**。

讀者宜注意的是，**漸近線是直線**，如 $y=x^2+\dfrac{1}{x}$，則 $y=x^2$ 爲拋物線不是 $y=f(x)=x^2+\dfrac{1}{x}$ 之斜漸近線，也就是 $y=f(x)=x^2+\dfrac{1}{x}$ 之漸近線只有一條那就是 y 軸即 $x=0$。

例題11

求 $y=\dfrac{2}{x(x-1)}$ 之漸近線。

方法一 定義	$\because \lim\limits_{x\to 0^+}\dfrac{2}{x(x-1)}=-\infty$，$\therefore x=0$（$y$ 軸）為垂直漸近線， $\because \lim\limits_{x\to 1^+}\dfrac{2}{x(x-1)}=\infty$，$\therefore x=1$ 為另一垂直漸近線。
方法二 視察法	$y=\dfrac{2}{x(x-1)}$ 之垂直漸近線 $x=0$ 、 $x=1$ 。

■

例題12

求 $y=\dfrac{x^2}{(x-1)(x-2)}$ 之漸近線。

方法一 定義	(1) $\because \lim\limits_{x\to 1^+}\dfrac{x^2}{(x-1)(x-2)}=-\infty$，$\therefore x=1$ 為垂直漸近線； (2) $\because \lim\limits_{x\to 2^+}\dfrac{x^2}{(x-1)(x-2)}=\infty$，$\therefore x=2$ 為垂直漸近線； (3) $\because \lim\limits_{x\to \infty}\dfrac{x^2}{(x-1)(x-2)}=1$，$\therefore y=1$ 為水平漸近線。
方法二 視察法	$y=\dfrac{x^2}{(x-1)(x-2)}=1+\dfrac{3x-2}{(x-1)(x-2)}$， $\therefore y=1$ 為水平漸近線，$x=1$ 、 $x=2$ 為垂直漸近線。

■

有時，函數形式未必如例題 11、例題 12 那麼容易看出漸近線之結果，此時，或可考慮用斜漸近線求法公式：

∵斜漸近線 $y=mx+b$，$\lim\limits_{x\to\pm\infty}\frac{y}{x}=m+\lim\limits_{x\to\pm\infty}\frac{b}{x}$，$\therefore \boldsymbol{m=\lim\limits_{x\to\pm\infty}\frac{y}{x}}$，

然後用所求之 m，解出 b：

$\boldsymbol{b=\lim\limits_{x\to\pm\infty}(y-mx)}$。

例題 13

求 $y=\sqrt{x^2+1}$ 之漸近線。

解 (1) 先求 m：∵ $\lim\limits_{x\to\infty}\frac{y}{x}=\lim\limits_{x\to\infty}\frac{\sqrt{x^2+1}}{x}=1$，又 $\lim\limits_{x\to-\infty}\frac{y}{x}=\lim\limits_{x\to-\infty}\frac{\sqrt{x^2+1}}{x}=-1$。

(2) 次求 b：$m=1$ 時：$b=\lim\limits_{x\to\infty}(\sqrt{x^2+1}-x)=0$（由例題 5），

$m=-1$ 時：$b=\lim\limits_{x\to-\infty}(\sqrt{x^2+1}+x)\overset{y=-x}{=\!=}\lim\limits_{y\to\infty}\sqrt{y^2+1}-y=0$。

$\therefore y=x$ 與 $y=-x$ 是兩條斜漸近線。■

練習題

1. 求下列各式：

(1) $\lim_{x\to\infty}\dfrac{3x^3+x+2}{2x^3+3x^2+1}$。

(2) $\lim_{x\to\infty}\dfrac{\sqrt{x^3+1}+x}{\sqrt{2x^6+1}+x^2+1}$。

(3) $\lim_{x\to\infty}(\sqrt{x^2+x+1}-x)$。

(4) $\lim_{x\to\infty}(\sqrt{x+1}-\sqrt{x})$。

2. 求下列函數之漸近線：

(1) $y=\dfrac{x^2+1}{x(x-1)(x-2)}$。

(2) $y=\dfrac{2x^5+x^4-1}{(x^2+1)(x^3+1)}$。

(3) $y=x^3-x+1$。

(4) $y=\dfrac{x^4+1}{x^2}$。

3. 求 $y=\sqrt{x^2+x+1}$ 之斜漸近線。
利用此結果，
若 $\lim_{x\to\infty}(\sqrt{x^2+x+1}-mx-b)=0$，
求 m、b。

4. 求 $\lim_{x\to\infty}3^{-x}\sin x$。

解答

1. (1) $\dfrac{3}{2}$　(2) 0　(3) $\dfrac{1}{2}$　(4) 0

2. (1) $x=0$（y 軸），$x=1$，$x=2$
(2) $x=-1$，$y=2$
(3)無
(4) $x=0$（y 軸）

3. $y=x$；$m=1$，$b=0$

4. 0（提示：用夾擊定理）

3-4 繪圖

本節學習目標

利用已學的微分知識系統地繪出 $y=f(x)$之圖形。

以往我們對一些簡單的圖形如直線、圓、拋物線等，只需少許之資訊便可繪出概圖，但對於如 $y=xe^{-x}$或更複雜之圖形，便需有一套系統方法，本節旨在討論這種系統方法。這種系統方法是綜合前幾節的知識，而不需新增的東西。

設 $y=f(x)$，要描繪 y 的圖形，可依下述步驟進行：

1. (1) 決定 $f(x)$ 的定義域。

   (2) 求與 x 軸與 y 軸的交點；判斷 $y=f(x)$ 是否過原點。

   (3) 判斷 $y=f(x)$之對稱性。

   函數之奇偶性與函數圖形之對稱性有很大關係，因此，我們有必要在此說明一下。

定義　偶函數與奇函數

$f(x)$ 定義於對稱於原點的區間 ϑ，若 $f(-x)=f(x)$ 對定義域之所有 $x\in\vartheta$ 均成立，則稱 $f(x)$ 爲**偶函數**（Even function），若 $f(-x)=-f(x)$ 對定義域之所有 $x\in\vartheta$ 均成立，則稱 $f(x)$ 爲**奇函數**（Odd function）。

要注意的是：**奇偶函數之定義域必須是對稱原點，也就是說它的定義域之形式為$(-a,a)$或$(-\infty,\infty)$**。奇函數之一個等價表示法是：$f(x)$ 之定義域爲 $(-a,a)$，$a>0$，若 $f(x)+f(-x)=0$，$\forall x\in(-a,a)$，則 $f(x)$ 爲一奇函數。

	定義	圖示與幾何和代數意義	例
偶函數	$f(-x)=f(x)$ $x\in(-a,a)$	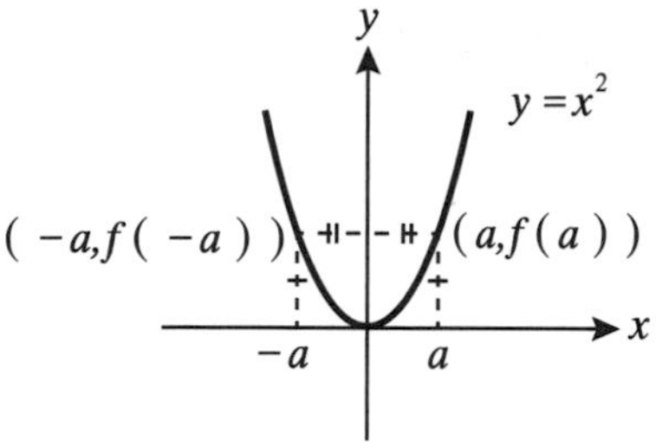 y $y=x^2$ $(-a,f(-a))$ $(a,f(a))$ $-a$ a x 幾何意義：對稱 y 軸 代數意義： $\because f(-a)=f(a)$ $\therefore f(a)+f(-a)=2f(a)$	1. $f(x)=x^2+1$，$x\in\mathbb{R}$ 爲一偶函數。 2. $f(x)=x^2+x+1$： $f(-x)+f(x)=2x^2+2$ 不爲 0 或 $2f(x)$， 故既非偶函數亦非奇函數。 3. $f(x)=x^2$，$2\geq x\geq -3$ 因定義域不爲$(-a,a)$，$a>0$ 之形式， 故 $f_3(x)$非偶函數亦非奇函數。
奇函數	$f(-x)=-f(x)$ $x\in(-a,a)$	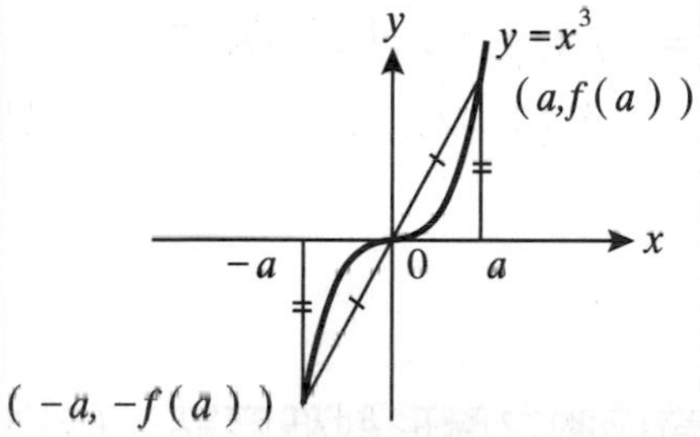 y $y=x^3$ $(a,f(a))$ $-a$ 0 a x $(-a,-f(a))$ 幾何意義：對稱原點 代數意義： $\because f(-a)=-f(a)$ $\therefore f(a)+f(-a)=0$	1. $f(x)=x^3$，$x\in\mathbb{R}$爲一奇函數。

例題 1

試判斷下列何者為奇函數？偶函數或皆非？

(1) $f_1(x)=\dfrac{3x^3}{x^2+1}$

(2) $f_2(x)=x\sin x$

(3) $f_3(x)=x^3+2\sin x$

(4) $f_4(x)=\sin x+\cos x$ 。

(1) $f_1(-x)=\dfrac{3(-x)^3}{(-x)^2+1}=\dfrac{-3x^3}{x^2+1}=-f_1(x)$，∴爲奇函數。

(2) $f_2(-x)=(-x)\sin(-x)=(-x)(-\sin x)=x\sin x=f_2(x)$，∴爲偶函數。

(3) $f_3(-x)=-x^3-2\sin x=-f_3(x)$，∴爲奇函數。

(4) $f_4(-x)=-\sin x+\cos x$ 不等於 $-f_4(x)$ 或 $f_4(x)$，∴皆非。 ■

偶函數之圖形對稱 y 軸，奇函數之圖形對稱原點一般均成立。

2. 由 $f'(x)$ 正、負決定曲線遞增、遞減的範圍。由 $f''(x)$ 正、負決定曲線上凹、下凹的範圍，做出類似 3-1 節的表格。

3. 由從 2.所獲資料求出反曲點。

4. 漸近線。

例題 2

試繪 $y=x^3-3x^2-9x+11$ 之概圖。

解　我們依本節所述之繪圖步驟

(1) 範圍：$\lim\limits_{x\to\infty} y=\lim\limits_{x\to\infty}(x^3-3x^2-9x+11)=\infty$，

$\lim\limits_{x\to-\infty} y=\lim\limits_{x\to\infty}(x^3-3x^2-9x+11)=-\infty$，

即 $y=x^3-3x^2-9x+11$ 之範圍為整個實數域。

(2) 漸近線：無。

(3) 不通過原點，也不具對稱性。

(4) 作表：

$y'=3x^2-6x-9=3(x^2-2x-3)=3(x-3)(x+1)=0$，

$\therefore x=3$、-1 為臨界點，且增減區間如下：

$x<-1$　，$y'>0$，

$-1<x<3$　，$y'<0$，

$x>3$　，$y'>0$，

$y''=6x-6=6(x-1)$，

$\therefore x<1$　，$y''<0$，

$x>1$　，$y''>0$，

(5) 反曲點：(1, 0)。

綜上資訊如下表：

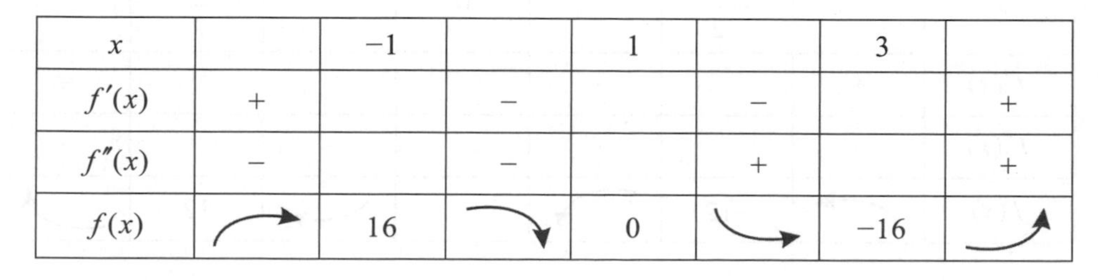

x		-1		1		3	
$f'(x)$	+		−		−		+
$f''(x)$	−		−		+		+
$f(x)$	↗	16	↘	0	↘	−16	↗

故可繪圖如上。■

例題 3

試繪 $y=4x+\dfrac{9}{x}$。

解 (1) 範圍：$\because \lim\limits_{x\to\infty} y=\lim\limits_{x\to\infty}(4x+\dfrac{9}{x})=\infty$，

$\lim\limits_{x\to\infty} y=\lim\limits_{x\to-\infty}(4x+\dfrac{9}{x})=-\infty$，

$\therefore y$ 之範圍為整個實數域。

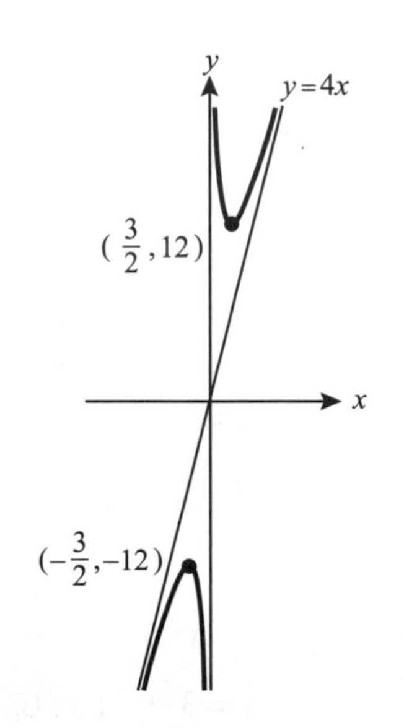

(2) 漸近線：由視察法易知有二條漸近線：

①斜漸近線 $y=4x$，

②垂直漸近線 $x=0$（即 y 軸）。

(3) 不通過原點，也不具對稱性。

(4) 作表：

$y'=4-\dfrac{9}{x^2}=0$，得 $x=\pm\dfrac{3}{2}$，

$$\therefore \begin{cases} x<-\dfrac{3}{2}，y'>0， \\ -\dfrac{3}{2}<x<\dfrac{3}{2}，y'<0， \\ x>\dfrac{3}{2}，y'>0， \end{cases}，$$

$y''=\dfrac{18}{x^3}$，$\begin{cases} x>0 & ，y''>0 \\ x<0 & ，y''<0 \end{cases}$。

綜上資訊如下表：

x		$-\frac{3}{2}$		0		$\frac{3}{2}$	
$f'(x)$	+		−		−		+
$f''(x)$	−		−		+		+
$f(x)$	↗	−12	↘		↘	12	↗

故可繪圖如上。■

例題 4

求作 $y=\dfrac{4x}{1+x^2}$ 之圖形。

解 (1) $f'(x)=\dfrac{4(1-x^2)}{(1+x^2)^2}$，令 $f'(x)=0 \Rightarrow x=\pm 1$。

(2) $f''(x)=\dfrac{8x(x^2-3)}{(1+x^2)^3}$，令 $f''(x)=0 \Rightarrow x=0$ 或 $x=\pm\sqrt{3}$。

(3) $\lim\limits_{x\to\infty}\dfrac{4x}{1+x^2}=0,\ \lim\limits_{x\to-\infty}\dfrac{4x}{1+x^2}=0 \Rightarrow y=0$ 爲水平漸近線。

(4) 反曲點：$(-\sqrt{3},-\sqrt{3})$，$(0,0)$，$(\sqrt{3},\sqrt{3})$

(5) 作表：

x		$-\sqrt{3}$		-1		0		1		$\sqrt{3}$	
$f'(x)$	−	−	−	0	+	+	+	0	−	−	−
$f''(x)$	−	0	+	+	+	0	−	−	−	0	+
$f(x)$	↘	$-\sqrt{3}$	↘	-2	↗	0	↗	2	↘	$\sqrt{3}$	↘

(5) 作圖：

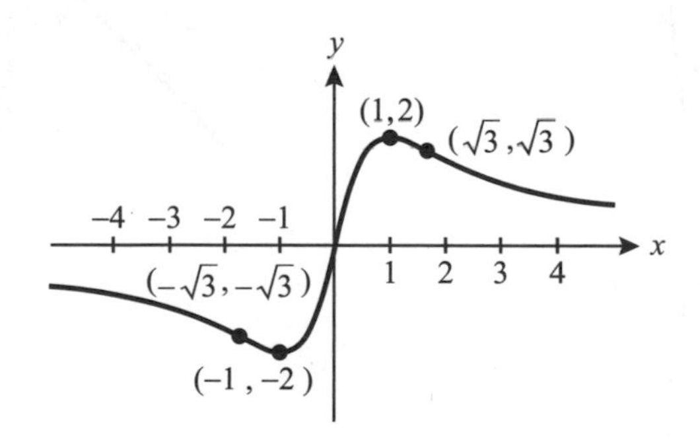

例題 4 之作表，請讀者自行驗證之。 ■

練習題

1. 試繪 $y=\dfrac{\ln x}{x}$，$x>0$。

2. 試繪 $y=xe^x$。

3. 試繪 $y=\dfrac{x^2}{x-2}$。

4. 試繪 $y=\dfrac{1}{x+1}$。

5. 試繪 $y=x+\dfrac{1}{x}$。

6. 試繪 $y=x^{\frac{2}{3}}$。

7. 試繪 $y=\dfrac{1}{x^2}$。

8. 試繪 $y=\dfrac{x}{x-1}$。

解答

1.

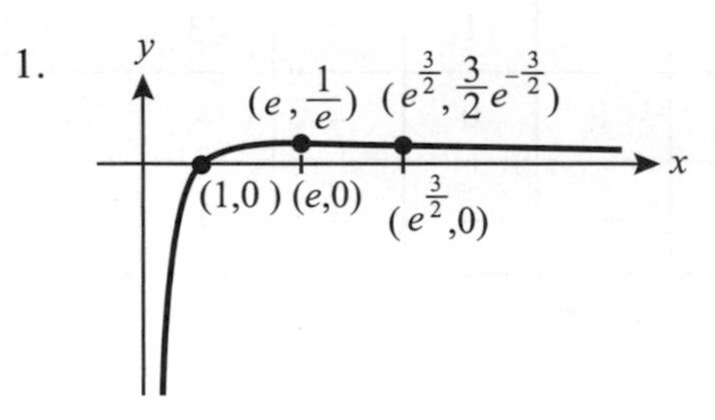

2.

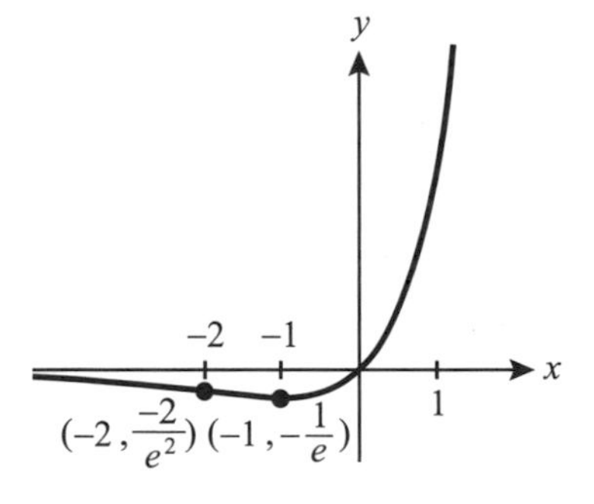

3.

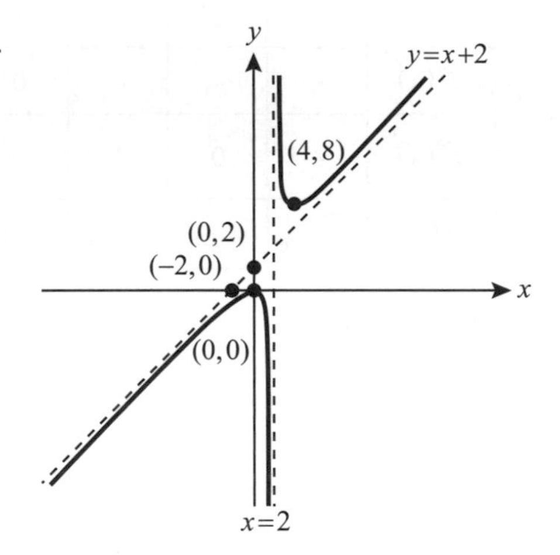

4.

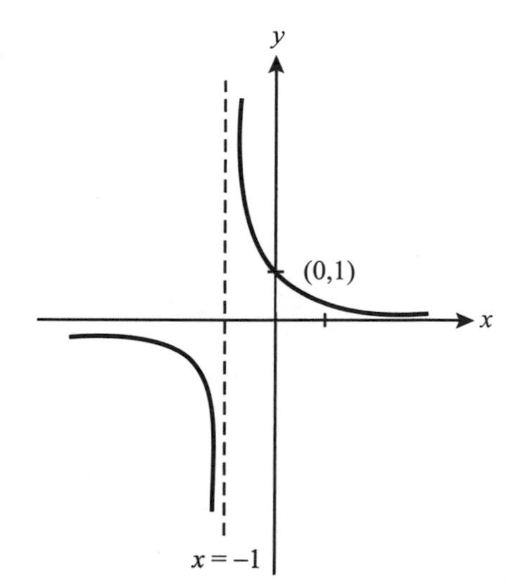

5.

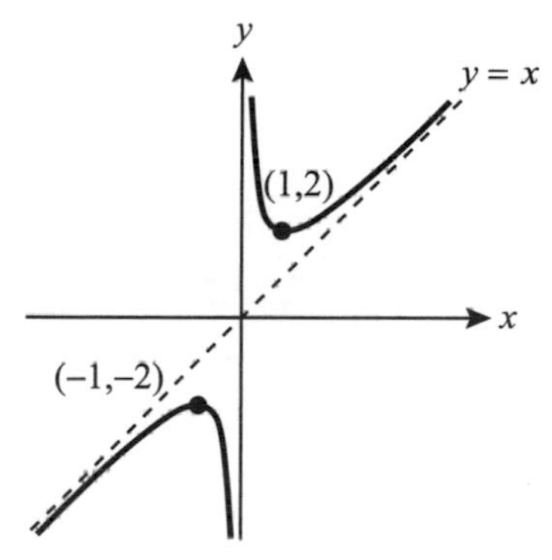

6.

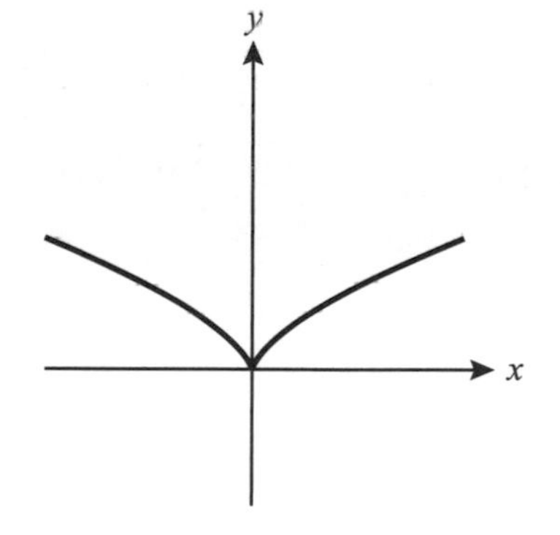

7.

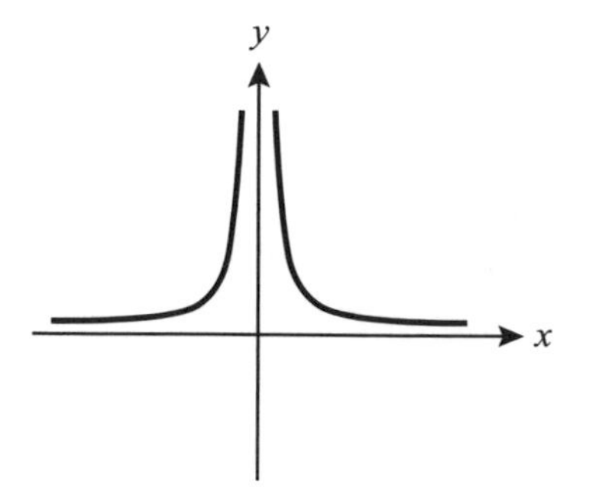

8.

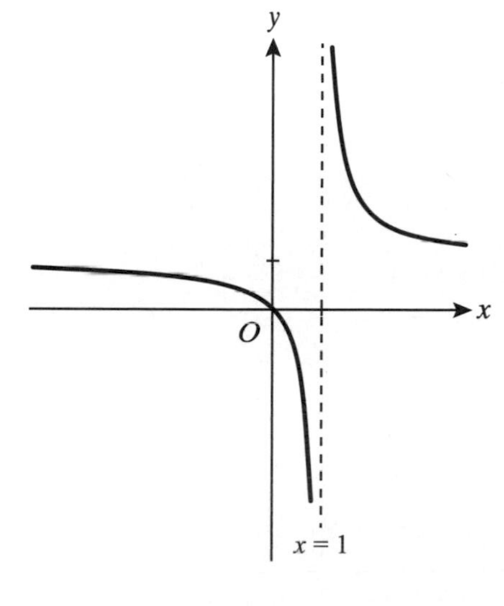

04

積分及其應用

4-1 不定積分

4-2 定積分

4-3 變數變換

4-4 定積分在求平面面積上之應用

4-5 旋轉固體體積

4-1 不定積分

本節學習目標

1. 導函數與不定積分（反導函數）之關係。
2. 不定積分（反導函數）之基本解法。
3. 三角函數之不定積分（反導函數）之技巧。

函數 $F(x)$ 滿足 $F'(x)=f(x)$，則稱 $F(x)$ 爲 $f(x)$ 之一個**原函數**（Primitive function），**不定積分**（Infinite integral）或**反導函數**（Anti-derivative）。求 $f(x)$ 之反導函數之運算，以 $\int f(x)dx$ 表之，$\int$稱爲**積分符號**（Integral sign），$f(x)$稱爲**積分式**（Integrand）。用一個簡單的例子說明：求反導函數即在求「若 $\frac{d}{dx}F(x)=2x+3$，那麼 $F(x)=$ ？」也就是 $\int(2x+3)dx=$？我們看出 x^2+3x+3 是個解，$x^2+3x+50001$ 也是一個解，顯然凡形如 x^2+3x+c 之函數均是其解，由此可看出反導函數必有一常數 c。若不考慮常數 c，反導函數與導函數互爲逆運算。

因爲不定積分較爲通用，因此本書以不定積分取代反導函數。

例題 1

已知 $\frac{d}{dx}x^x=x^x(1+\ln x)$，那麼 $\int x^x(1+\ln x)dx=$ ？

解 $\frac{d}{dx}x^x=x^x(1+\ln x)$，$\therefore\int x^x(1+\ln x)dx=x^x+c$。 ■

例題 2

問 $\int[\frac{d}{dx}f(x)]dx=\frac{d}{dx}\int f(x)dx$ 是否成立？

解 不恆成立，舉個反例：

假設 $f(x)=3x^2+2x+4$，

$\int[\frac{d}{dx}f(x)]dx=\int(6x+2)dx=3x^2+2x+c$，

$\frac{d}{dx}[\int f(x)dx]=\frac{d}{dx}(x^3+x^2+4x+c)=3x^2+2x+4$，

$\therefore \int\frac{d}{dx}f(x)dx=\frac{d}{dx}\int f(x)dx$ 不恆成立。 ■

定理 A

若 f、g 之不定積分均存在，且 k 為任一常數，則

(1) $\int kf(x)dx=k\int f(x)dx$。

(2) $\int(f(x)\pm g(x))\,dx=\int f(x)dx\pm\int g(x)dx$。

證明 （我們只證(2)，(1)可自行仿證）

$$\frac{d}{dx}[\int f(x)dx\pm\int g(x)dx]=\frac{d}{dx}\int f(x)dx\pm\frac{d}{dx}\int g(x)dx=f(x)\pm g(x)$$ ◆

在討論不定積分前，我們須知道：

1. **不定積分不一定都能解得出**，例如：$\int\frac{\sin x}{x}dx$、$\int\sin x^2dx$、$\int\frac{dx}{\ln x}$、$\int e^{x^2}dx$、$\int\frac{e^x}{x}dx$、⋯。

2. **不同積分方法所得之結果在樣式上可能不同**，但它們微分後仍可得相同之積分式。

3. **不定積分之結果一定有一積分常數。**

由例題 2，$\int\frac{d}{dx}f(x)dx=\frac{d}{dx}\int f(x)dx$ **不恆成立**，但 $\frac{d}{dx}[\int f(x)dx]=f(x)$ **成立**。

定理 B

$n \neq -1$ 時 $\int x^n dx = \frac{1}{n+1} x^{n+1} + e$。

證明 $\frac{d}{dx}(\frac{1}{n+1} x^{n+1} + e) = x^n$。 ◆

推論 B1 若 u 是 x 之可微分函數，則 $n \neq -1$ 時 $\int u^n du = \frac{1}{n+1} u^{n+1} + e$。

例題 3

求 $\int (x^3 + 2x + 1) dx$。

解 $\int (x^3 + 2x + 1) dx = \int x^3 dx + 2\int x dx + \int 1 dx = \frac{x^4}{4} + 2 \cdot \frac{x^2}{2} + x + c$

$= \frac{x^4}{4} + x^2 + x + c$。 ■

例題 4

求 $\int \sqrt{x}(x+1) dx$。

解 $\int \sqrt{x}(x+1) dx = \int x^{\frac{3}{2}} dx + \int x^{\frac{1}{2}} dx = \frac{1}{\frac{3}{2}+1} x^{\frac{3}{2}+1} + \frac{1}{\frac{1}{2}+1} x^{\frac{1}{2}+1} + c$

$= \frac{2}{5} x^{\frac{5}{2}} + \frac{2}{3} x^{\frac{3}{2}} + c$。 ■

有關自然指數函數與自然對數函數之積分公式

定理 C

$\int e^x dx = e^x + c$ 。

推論 C1　$\int e^u du = e^u + c$，u 爲 x 之函數。

例題 5

求 $\int xe^{x^2} dx$ 。

解　取 $u = e^{x^2}$ ，則 $du = 2xe^{x^2} dx$ ，

原式 $= \frac{1}{2} \int (2xe^{x^2}) dx = \frac{1}{2} \int du = \frac{u}{2} + c = \frac{1}{2} e^{x^2} + c$ ，

或原式 $= \frac{1}{2} \int e^{x^2} dx^2 = \frac{1}{2} e^{x^2} + c$ 。 ■

定理 D

$\int \frac{dx}{x} = \ln|x| + c$ 。

證明　(1) $\frac{d}{dx}(\frac{1}{n+1} x^{n+1} + c) = x^n$ 。

(2) $\frac{d}{dx}(\ln|x| + c) = \frac{1}{x}$ ，故之。 ◆

例題 6

求 $\int \frac{(\sqrt{x}+1)^2}{x}dx$ 。

解 $\int \frac{(\sqrt{x}+1)^2}{x}dx = \int (\frac{x+2x^{\frac{1}{2}}+1}{x})dx = \int (1+2x^{-\frac{1}{2}}+x^{-1})dx$

$= \int 1dx + 2\int x^{-\frac{1}{2}}dx + \int x^{-1}dx = x+4\sqrt{x}+\ln|x|+c$ 。 ■

定理 E

$\int \frac{f'(x)}{f(x)}dx = \ln|f(x)|+c$ 。

推論 E1 $\int \frac{u'}{u}du = \ln|u|+c$，$u$ 為 x 之函數。

例題 7 我們是用變數變換法求解，這種方法在積分解法中極為重要。我們將在 4-3 節再詳加討論。

例題 7

求 $\int \frac{2x+3}{x^2+3x+1}dx$ 。

解 取 $u=x^2+3x+1$，則 $du=(2x+3)dx$，

$\therefore$ 原式 $=\int \frac{du}{u} = \ln|u|+c = \ln|x^2+3x+1|+c$，

或原式 $= \int \frac{d(x^2+3x+1)}{x^2+3x+1} = \ln|x^2+3x+1|+c$ 。 ■

推論 E2 $\int \frac{dx}{(x+a)(x+b)} = \frac{1}{b-a}\ln|\frac{x+a}{x+b}|+c$，$a \neq b$。

證明 $$\int \frac{dx}{(x+a)(x+b)} = \int \frac{1}{b-a}\left(\frac{1}{x+a} - \frac{1}{x+b}\right)dx = \frac{1}{b-a}(\ln|x+a| - \ln|x+b|) + c$$

$$= \frac{1}{b-a}\ln\left|\frac{x+a}{x+b}\right| + c \text{ 。}$$ ◆

推論 E2 之 $a=b$ 時 $\int \frac{dx}{(x+a)(x+b)} = \int \frac{dx}{(x+a)^2} = -\frac{1}{x+a} + c$ 。

推論 E2 之特例： $\int \frac{dx}{(x+a)(x-a)} = \frac{1}{2a}\ln\left|\frac{x-a}{x+a}\right| + c$ 。

例題 8

求 $\int \frac{dx}{(x+2)(x+7)}$ 。

解 $\int \frac{dx}{(x+2)(x+7)} = \frac{1}{5}\ln\left|\frac{x+2}{x+7}\right| + c$ 。 ■

例題 9

求 $\int \frac{dx}{x^2-9}$ 。

解 $\int \frac{dx}{x^2-9} = \int \frac{dx}{(x+3)(x-3)} = \frac{1}{6}\ln\left|\frac{x-3}{x+3}\right| + c$ 。 ■

定理 F

$\int a^x dx = \frac{1}{\ln a}a^x + c$，$a>0$ 。

證明 讀者可由右邊結果微分即得。

例題 10

求 $\int 2^x dx$ 。

解 $\int 2^x dx = \frac{1}{\ln 2} 2^x + c$ 。 ■

有關三角函數之不定積分

定理 G

(1) $\int \sin x dx = -\cos x$ 。

(2) $\int \cos x dx = \sin x + c$ 。

(3) $\int \tan x dx = -\ln|\cos x| + c$ 。

(4) $\int \cot x dx = \ln|\sin x| + c$ 。

(5) $\int \sec x dx = \ln|\sec x + \tan x| + c$ 。

(6) $\int \csc x dx = \ln|\csc x - \cot x| + c$ 。

(7) $\int \sec^2 x dx = \tan x + c$ 。

(8) $\int \csc^2 x dx = -\cot x + c$ 。

證明 （我們只證 $\int \sec x dx = \ln|\sec x + \tan x| + c$ ，其餘讀者可自行仿證）

方法一	$\int \sec x dx = \int \sec x \cdot (\frac{\sec x + \tan x}{\sec x + \tan x}) dx = \int \frac{\sec^2 x + \sec x \tan x}{\sec x + \tan x} dx$ ， 取 $u = \sec x + \tan x$ ，則 $du = (\sec x \tan x + \sec^2 x) dx$ ， $\therefore \int \sec x dx = \int \frac{du}{u} = \ln|u| + c = \ln|\sec x + \tan x| + c$ 。
方法二	$\frac{d}{dx}(\ln|\sec x + \tan x| + c) = \frac{\frac{d}{dx}(\sec x + \tan x)}{\sec x + \tan x} = \frac{\sec x \tan x + \sec^2 x}{\sec x + \tan x}$ $= \frac{\sec x(\tan x + \sec x)}{\sec x + \tan x} = \sec x$ ， $\therefore \int \sec x dx = \ln|\sec x + \tan x| + c$ 。

◆

若 $u(x)$是 x 之可微分函數，則有

$$\frac{d}{dx}\sin u(x)=\cos u(x)\cdot\frac{du(x)}{dx}$$

$$\therefore \int \sin u\ du=\cos udu+c，$$

同理我們可得下列推論：

推論 G1　u 爲 x 之可微分函數，則

(1) $\int \sin u\ du=-\cos u+c$。

(2) $\int \cos u\ du=\sin u+c$。

(3) $\int \tan u\ du=-\ln|\cos u|+c$。

(4) $\int \cot u\ du=\ln|\sin u|+c$。

(5) $\int \sec u\ du=\ln|\sec u+\tan u|+c$。

(6) $\int \csc u\ du=\ln|\csc u-\cot u|+c$。

(7) $\int \sec^2 udu=\tan u+c$。

(8) $\int \csc^2 udu=-\cot u+c$。

由等式右邊微分，即可得到左邊積分式之結果。三角函數之積分方法在初等微積分中甚爲重要，但因它也較爲繁瑣，在本節僅先就一些基本題型之解法做一簡介。

例題 11

求 $\int \sin x\cos xdx$。

方法一	$\int \sin x\cos xdx$（取$u=\sin x$）$=\int udu=\frac{u^2}{2}+c=\frac{\sin^2 x}{2}+c$。
方法二	$\int \sin x\cos xdx=\int\frac{1}{2}\sin 2xdx=\frac{-1}{4}\cos 2x+c$。

■

例題 12

求 $\int \sec^2 x \csc^2 x dx$。

解 $\int \sec^2 x \csc^2 x dx = \int \frac{1}{\cos^2 x} \cdot \frac{1}{\sin^2 x} dx$

$= \int \frac{\cos^2 x + \sin^2 x}{\cos^2 x \sin^2 x} dx$

$= \int \csc^2 x dx + \int \sec^2 x dx = -\cot x + \tan x + c$。

> $\int \csc^2 x dx = -\cot x + c$
> $\int \sec^2 x dx = \tan x + c$

例題 13

求 $\int \sec^6 x dx$。

解 $\int \sec^6 x dx = \int \sec^4 x \cdot \sec^2 x dx$

$= \int (1+\tan^2 x)^2 d \tan x$

$= \int (1+2\tan^2 x + \tan^4 x) d \tan x$

$= \tan x + \frac{2}{3} \tan^3 x + \frac{1}{5} \tan^5 x + c$。

> 1. $\int \sec^2 x dx = \tan x + c$
> 2. $1 + \tan^2 x = \sec^2 x$

例題 14

求 $\int \sin 5x \cos 3x dx$。

解 $\int \sin 5x \cos 3x dx$

$= \frac{1}{2} \int (\sin 8x + \sin 2x) dx$

$= \frac{1}{2} (\int \sin 8x dx + \int \sin 2x dx)$

$= \frac{1}{2} [\int \sin 8x d(\frac{1}{8} \cdot 8x) + \int \sin 2x d(\frac{1}{2} \cdot 2x)]$

$= -\frac{1}{16} \cos 8x - \frac{1}{4} \cos 2x + c$。

> $\sin x \cos y = \frac{1}{2}[\sin(x+y) + \sin(x-y)]$

$\int \sin^m x \cos^n x dx$

例題15

求 $\int \sin^3 x \cos^2 x dx$ 。

解

$$\begin{aligned}\int \sin^3 x \cos^2 x dx &= \int \sin^2 x \cos^2 x \cdot \sin x dx \\ &= \int (1-\cos^2 x)\cos^2 x d(-\cos x) \\ &= \int (\cos^4 x - \cos^2 x) d\cos x \\ &= \frac{1}{5}\cos^5 x - \frac{1}{3}\cos^3 x + c\end{aligned}$$ 。 ■

> $\int \sin^m x \cos^n x dx$
> **m、n 恰有一個為奇數時，令冪次為偶數者為 u。**

例題16

求 $\int \frac{\cos^3 x}{\sin^4 x} dx$ 。

解

$$\begin{aligned}\int \frac{\cos^3 x}{\sin^4 x} dx &= \int \frac{\cos^2 x \cdot \cos x}{\sin^4 x} dx = \int \frac{(1-\sin^2 x) d\sin x}{\sin^4 x} \\ &= \int (\sin^{-4} x - \sin^{-2} x) d\sin x = -\frac{1}{3}\csc^3 x + \csc x + c\end{aligned}$$ 。 ■

例題17

求 $\int \cos^3 x dx$ 。

解

$$\begin{aligned}\int \cos^3 x dx &= \int \cos^2 x \cdot \cos x dx = \int (1-\sin^2 x) d\sin x \\ &= \int d\sin x - \int \sin^2 x d\sin x \\ &= \sin x - \frac{\sin^3 x}{3} + c\end{aligned}$$ 。 ■

$\int \sin^m x \cos^n x dx$，$m$、$n \geq 0$，且 m、n 均為偶數時（其中之一可為 0），可令 $\sin^2 x = \frac{1}{2}(1-\cos 2x)$ 、 $\cos^2 x = \frac{1}{2}(1+\cos 2x)$ 以降低積分式之冪次。

例題18

求 $\int \cos^2 x dx$ 。

解

$$\int \cos^2 x dx = \int \frac{1}{2}(1+\cos 2x)dx$$
$$= \int \frac{1}{2} dx + \frac{1}{2}\int \cos 2x dx$$
$$= \frac{x}{2} + \frac{1}{4}\sin 2x$$ 。

$$\cos 2x = 2\cos^2 x - 1$$
$$= 1 - 2\sin^2 x$$

■

$\int \frac{du}{\sqrt{a^2-u^2}}$ 與 $\int \frac{du}{a^2+u^2}$ 之積分法

定理H

u 為 x 之可微分函數，則

(1) $\int \frac{du}{\sqrt{a^2-u^2}} = \sin^{-1}\frac{u}{a} + c$ 。

(2) $\int \frac{du}{a^2+u^2} = \frac{1}{a}\tan^{-1}\frac{u}{a} + c$ 。

證明 請見 5-3 節。

例題 19

求 $\int \frac{dx}{2+x^2}$ 。

解 $\int \frac{dx}{2+x^2} = \int \frac{dx}{(\sqrt{2})^2+x^2} = \frac{1}{\sqrt{2}} \tan^{-1} \frac{x}{\sqrt{2}} + c$ 。 ■

例題 20

求 $\int \frac{dx}{1+2x^2}$ 。

解 $\int \frac{dx}{1+2x^2} = \frac{1}{2} \int \frac{dx}{\frac{1}{2}+x^2} = \frac{1}{2} \cdot \frac{1}{\sqrt{\frac{1}{2}}} \tan^{-1} \frac{x}{\sqrt{\frac{1}{2}}} + c$

$= \frac{1}{\sqrt{2}} \tan^{-1} \sqrt{2}x + c$ 。 ■

練習題

1. $\int (x+\frac{1}{x})^2 dx$ 。

2. $\int \frac{dx}{1+e^x}$ 。

3. $\int \frac{x+1}{x^2+2x+3} dx$ 。

4. $\int \frac{(1+x)^3}{x} dx$ 。

5. $\int \sqrt[3]{x}(1+\sqrt{x})^2 dx$ 。

6. $\int (2+3x+x^2)dx$ 。

7. $\int \frac{\cos x}{\sec x+\tan x} dx$ 。

8. $\int \frac{x^4}{1+x^2} dx$ 。

9. $\int \cos^2 x dx$ 。

10. $\int \tan^2 x dx$ 。

11. $\int \frac{\cos 2x}{\cos x-\sin x} dx$ 。

12. $\int \cos 3x \cos 2x dx$ 。

13. $\int \sin 2x \cos 3x dx$ 。

14. $\int \sin^2 x \cos^3 x dx$ 。

15. $\int \frac{dx}{x^2+2x+3}$

解答

1. $\frac{1}{3}x^3+2x-\frac{1}{x}+c$
2. $x-\ln(1+e^x)+c$
3. $\frac{1}{2}\ln\left|x^2+2x+3\right|+c$
4. $\ln|x|+3x+\frac{3}{2}x^2+\frac{1}{3}x^3+c$
5. $\frac{3}{4}x^{\frac{4}{3}}+\frac{12}{11}x^{\frac{11}{6}}+\frac{3}{7}x^{\frac{7}{3}}+c$
6. $2x+\frac{3}{2}x^2+\frac{1}{3}x^3+c$
7. $x+\cos x+c$
8. $\frac{x^3}{3}-x+\tan^{-1}x+c$
9. $\frac{x}{2}+\frac{1}{4}\sin 2x+c$

10 $\tan x-x+c$

11. $\sin x-\cos x+c$

   （提示 $\cos 2x=\cos^2 x-\sin^2 x$ ）
12. $\frac{1}{10}\sin 5x+\frac{1}{2}\sin x+c$
13. $-\frac{1}{10}\cos 5x+\frac{1}{2}\cos x+c$
14. $\frac{1}{3}\sin^3 x-\frac{1}{5}\sin^5 x+c$
15. $\frac{1}{\sqrt{2}}\tan^{-1}\frac{1+x}{\sqrt{2}}+c$

4-2 定積分

本節學習目標

1. 定積分定義及其幾何意義。
2. 微積分基本定理。

定積分定義及其幾何意義

$\int_a^b f(x)dx$ 之定義：將區間$[a, b]$用 $a = x_0 < x_1 < x_2 < \cdots\cdots < x_n = b$ 諸點劃分成 n 個**子區間**（sub–interval）並令

$\delta = \max(x_1 - x_0, x_2 - x_1, \cdots\cdots, x_n - x_{n-1})$

選出 n 個點 ε_k ，ε_k 滿足 $x_{k-1} \le \varepsilon_k \le x_k$ ，$k = 1, 2, \cdots\cdots, n$ ，若

$\lim\limits_{\delta \to 0} \sum\limits_{k=1}^{n} f(\varepsilon_k)(x_k - x_{k-1})$ 存在，則定義

$$\int_a^b f(x)dx = \lim_{\delta \to 0} \sum_{k=1}^{n} f(\varepsilon_k)(x_k - x_{k-1}) = \lim_{\delta \to 0} \sum_{k=1}^{n} f(\varepsilon_k)\Delta x_k \text{ ， } \Delta x_k = x_k - x_{k-1}$$

若將$[a, b]$ n 等分，即取 $\Delta x_i = \dfrac{b-a}{n}$ ，則 $\int_a^b f(x)dx = \lim\limits_{n \to \infty} \sum\limits_{k=1}^{n} f(x_k)\Delta x$ 。一般初等微積分多以此定義黎曼和（Riemann sum），本書亦以此式求黎曼和。$\int_a^b f(x)dx$ 之 a 爲**積分下限**（Lower limit of integral），b 爲**積分上限**（Upper Limit of integral），$\sum\limits_{k=1}^{n} f(x_i)\Delta x$ 稱爲**黎曼和**。

因此，**$\int_a^b f(x)dx$ 之幾何意義是 $y = f(x)$在 $x = a$，$x = b$ 與 x 軸所圍區域之面積。**

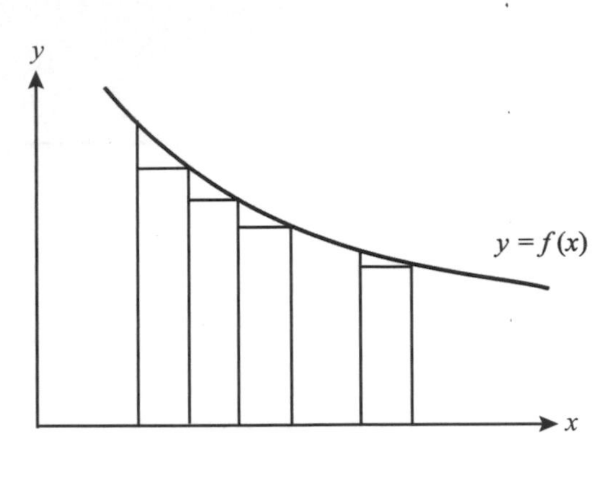

▲ 圖 4-1

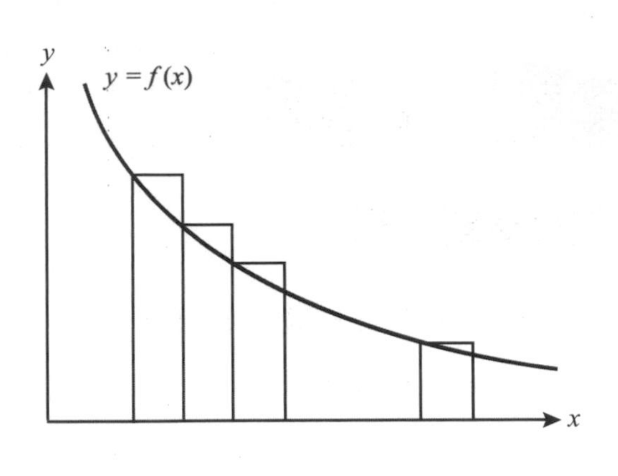

▲ 圖 4-2

例題 1

用面積之角度求(1) $\int_0^1 xdx$ (2) $\int_1^2 xdx$ 。

(1) $\int_0^1 xdx$ 是 $y=x$，$x=0$，$x=1$ 與 x 軸所圍之三角形面積，

$\therefore \int_0^1 xdx =$ 陰影部分之面積

$= \frac{1}{2}\times 1\times 1 = \frac{1}{2}$ 。

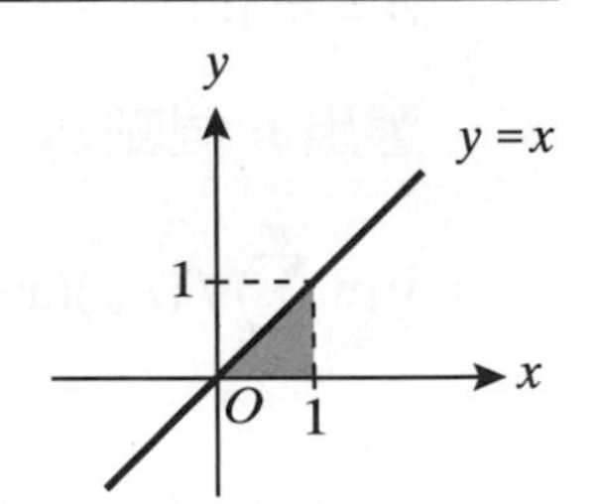

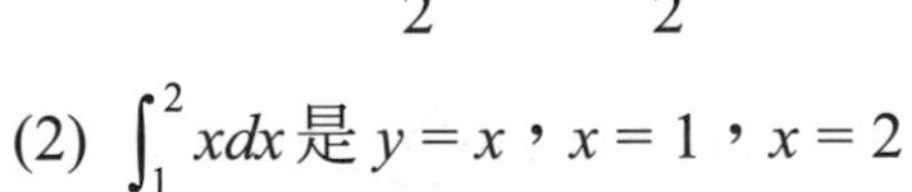

(2) $\int_1^2 xdx$ 是 $y=x$，$x=1$，$x=2$ 與 x 軸所圍之梯形面積，

$\therefore \int_1^2 xdx =$ 陰影部分之面積

$= \frac{1}{2}(1+2)\cdot 1 = \frac{3}{2}$ 。

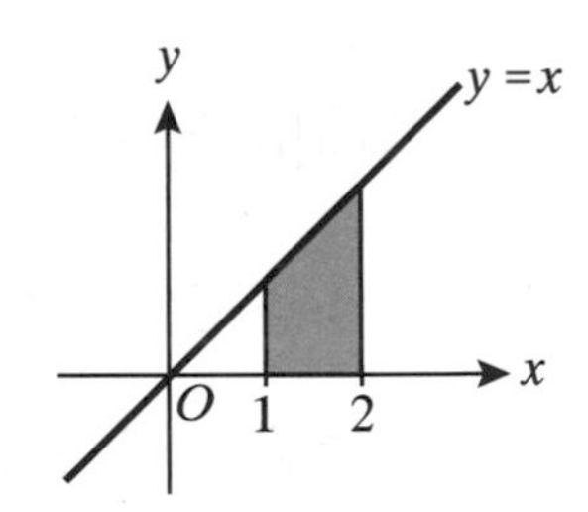

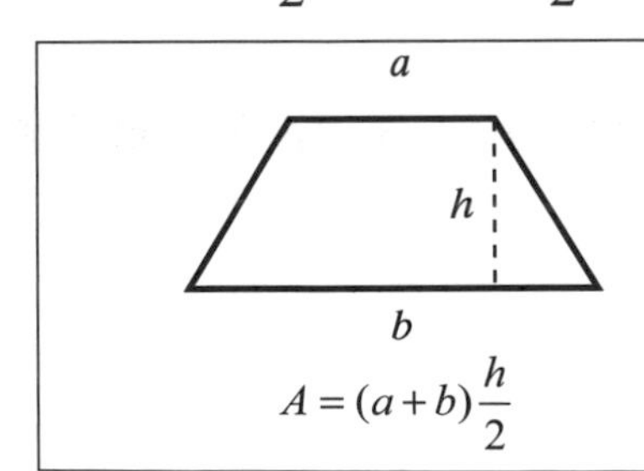

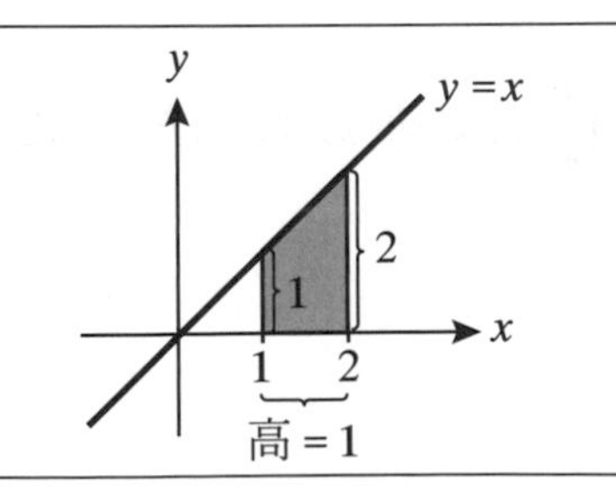

例題 2

用面積之角度求 $\int_0^1 \sqrt{1-x^2}\,dx$ 。

$y=\sqrt{1-x^2} \Rightarrow y^2=1-x^2$ ，

$\therefore x^2+y^2=1$ ，

$\int_0^1 \sqrt{1-x^2}\,dx$ 是以 O 為圓心，

半徑為 1 之圓在第一象限之面積，

$\therefore \int_0^1 \sqrt{1-x^2}\,dx=\dfrac{\pi\cdot 1^2}{4}=\dfrac{\pi}{4}$ 。

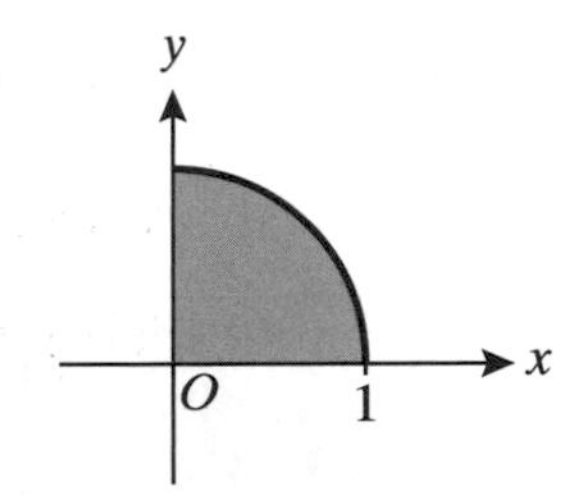

定理 A

若 f、g 在 $[a, b]$ 為可積分，k 為常數，則

(1) $\int_a^b kf(x)dx=k\int_a^b f(x)dx$ 。

(2) $\int_a^b (f(x)+g(x))dx=\int_a^b f(x)dx+\int_a^b g(x)dx$ 。

(3) $\left|\int_a^b f(x)dx\right| \le \int_a^b |f(x)|\,dx$ 。

(4) 在 $[a, b]$， $f(x)\ge 0$，則 $\int_a^b f(x)dx \ge 0$ 。

(5) 在 $[a, b]$，若 $f(x)\ge g(x)$ ，則 $\int_a^b f(x)dx \ge \int_a^b g(x)dx$ 。

證明　(1) $\int_a^b kf(x)dx=\lim_{n\to\infty}\sum_{k=1}^{n} kf(x_i)\Delta x=k\lim_{n\to\infty}\sum_{k=1}^{n} f(x_i)\Delta x=k\int_a^b f(x)dx$ ； $\Delta x=\dfrac{b-a}{n}$ 。

(2) $\int_a^b (f(x)+g(x))dx=\lim_{n\to\infty}(\sum_{k=1}^{n} f(x_k)+g(x_k))\Delta x=\lim_{n\to\infty}\sum_{k=1}^{n} f(x_k)\Delta x+\lim_{n\to\infty}\sum_{k=1}^{n} g(x_k)\Delta x$

$=\int_a^b f(x)dx+\int_a^b g(x)dx$ 。

(3) $\left|\int_a^b f(x)dx\right| = \left|\lim_{n\to\infty}\sum_{k=1}^{n} f(x_k)\Delta x\right|$

$|x_1 + x_2| \le |x_1| + |x_2|$

$\le \lim_{n\to\infty}\sum_{k=1}^{n}|f(x_k)\cdot\Delta x| = \int_a^b |f(x)|\,dx$

(4) 在$[a, b]$，$f(x_i)\ge 0$，又$\Delta x = \dfrac{b-a}{n}\ge 0$，

$\therefore f(x_i)\Delta x \ge 0 \Rightarrow \lim_{n\to\infty}\sum_{k=1}^{n} f(x_k)\Delta x \ge 0 \Rightarrow \int_a^b f(x)dx \ge 0$。

(5) $f(x)\ge g(x)$，$\therefore f(x)-g(x)\ge 0$，

由(4) $\int_a^b (f(x)-g(x))dx \ge 0 \Rightarrow \int_a^b f(x)dx \ge \int_a^b g(x)dx$。 ◆

微積分基本定理

微積分基本定理（Fundamental theorem of calculus）把微分、積分這二個核心運算結合在一個定理中。因此，它是微積分最重要而精采的部分。微積分基本定理可分成二部分。

定理 B 微積分基本定理

微積分基本定理第一部分：

若$f(x)$在$[a, b]$中為連續函數，$x\in(a, b)$，則$\dfrac{d}{dx}[\int_a^x f(t)\,dt] = f(x)$。

微積分基本定理第二部分：

若$f(x)$在$[a, b]$中為連續函數，$F(x)$為$f(x)$之反導函數，則

$\int_a^b f(x)dx = F(b)-F(a)$。

（此一部分又稱牛頓－萊布尼茲公式 Newton-Leibniz formula）

例題 3

求 $\int_1^8 \sqrt[3]{x}dx$。

解 $\int_1^8 \sqrt[3]{x}dx = \int_1^8 x^{\frac{1}{3}}dx = \left.\frac{1}{\frac{1}{3}+1}x^{\frac{1}{3}+1}\right|_1^8 = \left.\frac{3}{4}x^{\frac{4}{3}}\right|_1^8 = \frac{3}{4}(16-1) = \frac{45}{4}$。 ■

例題 4

求 $\int_{-e-1}^{2} \frac{dx}{1+x}$。

解 $\int_{-e-1}^{2} \frac{dx}{1+x} = \ln|1+x|\Big|_{-e-1}^{2} = \ln 3 - \ln|1-e-1| = \ln 3 - \ln e = (\ln 3) - 1$。 ■

例題 5

求 $\int_0^{\frac{\pi}{2}} \sin xdx$。

解 $\int_0^{\frac{\pi}{2}} \sin xdx = -\cos x\Big|_0^{\frac{\pi}{2}} = -\cos\frac{\pi}{2} + \cos 0 = 1$。 ■

推論 B1　若 f、s 及 p 在 $[a, b]$ 爲**連續函數**，$x \in (a, b)$，則

(1) $\frac{d}{dx}[\int_a^{s(x)} f(t)\,dt] = f(s(x))\cdot s'(x)$

(2) $\frac{d}{dx}[\int_{p(x)}^{s(x)} f(t)\,dt] = f(s(x))\cdot s'(x) - f(p(x))p'(x))$

例題 6

求$\dfrac{d}{dx}\int_0^{x^2}\dfrac{\sin t}{t}dt$。

解 令$\int_0^{x^2}\dfrac{\sin t}{t}dt=F(x^2)-F(0)$，

則$\dfrac{d}{dx}\int_0^{x^2}\sin t dt=\dfrac{d}{dx}[F(x^2)-F(0)]=\dfrac{d}{dx}F(x^2)-\dfrac{d}{dx}F(0)=2xf(x^2)$

$=2x\cdot\dfrac{\sin x^2}{x^2}=\dfrac{2}{x}\sin x^2$。■

例題 7

求$\lim\limits_{h\to 0}\dfrac{\int_x^{x+h}\sqrt[3]{1+t+t^5}dt}{h}$。

解 令$\int_x^{x+h}\sqrt[3]{1+t+t^5}dt=F(x+h)-F(x)$，

則$\lim\limits_{h\to 0}\dfrac{\int_x^{x+h}\sqrt[3]{1+t+t^5}dt}{h}=\lim\limits_{h\to 0}\dfrac{F(x+h)-F(x)}{h}=f(x)=\sqrt[3]{1+x+x^5}$。■

定積分之性質

定理 C

若$f(x)$在$[\alpha,\beta]$中爲可積分，a、b、c爲$[\alpha,\beta]$中之三點，則

(1) $b\in[a,c]$時，$\int_a^c f(x)dx=\int_a^b f(x)dx+\int_b^c f(x)dx$。

(2) $\int_a^b f(x)dx=-\int_b^a f(x)dx$。

(3) $\int_a^a f(x)dx=0$。

證明　(1) 幾何意義爲：$y=f(x)$ 在$[a, c]$間與 x 軸所夾區域之面積爲 $y=f(x)$ 在$[a, b]$間與 x 軸所夾區域之面積 $\int_a^c f(x)dx$ 與$[b, c]$間與 x 軸所夾區域之面積 $\int_b^c f(x)dx$ 的總和，如圖 4-3 所示。

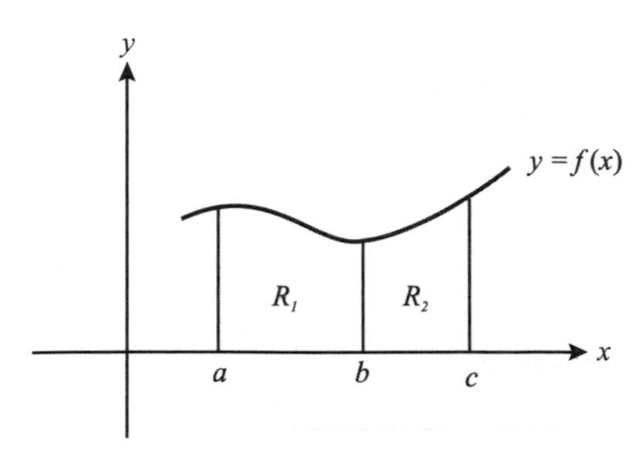

▲ 圖 4-3

(2)、(3)由微積分基本定理即得：

(2) $\int_a^b f(x)dx=F(b)-F(a)$，$\int_b^a f(x)dx=F(a)-F(b)$，$\therefore \int_a^b f(x)dx=-\int_b^a f(x)dx$。

(3) $\int_a^a f(x)dx=F(a)-F(a)=0$。◆

$f(x)$之平均值

若 P 爲$[a, b]$之一個分割：$a=x_0<x_1<x_2<\cdots\cdots<x_n=b$，取$\Delta x=\dfrac{b-a}{n}$，則 n 個函數值 $f(x_1)$、$f(x_2)$、……、$f(x_n)$ 之**平均值**（Value 或 Average value）爲

$$\frac{f(x_1)+f(x_2)+\cdots\cdots+f(x_n)}{n}=\sum_{i=1}^n f(x_i)\cdot\frac{1}{n}=\frac{1}{b-a}\sum_{i=1}^n f(x_i)\frac{b-a}{n}$$
$$=\frac{1}{b-a}\sum_{i=1}^n f(x_i)\Delta x_i$$

取 $n\to\infty$ 時，則 $\dfrac{1}{b-a}\sum_{i=1}^n f(x_i)\Delta x_i \Rightarrow \dfrac{1}{b-a}\int_a^b f(t)dt$，這是 $\dfrac{\int_a^b f(t)dt}{b-a}$ 爲什麼稱爲 $f(x)$ 在$[a, b]$平均值之由來。因此，我們有以下定義，

定義　函數之平均值

f在$[a, b]$中之**平均值**為$\dfrac{\int_a^b f(t)dt}{b-a}$。

例題 8

求$f(x)=x^2$在$[2, 4]$間之平均值。

解　$\dfrac{\int_2^4 x^2 dx}{4-2}=\dfrac{1}{2}\left(\dfrac{x^3}{3}\right)\Big|_2^4=\dfrac{1}{2}\left(\dfrac{64}{3}-\dfrac{8}{3}\right)=\dfrac{28}{3}$。 ■

練習題

1. $\lim_{h\to 0}\int_x^{x+h}\frac{\frac{\sin t}{t}}{h}dt$ 。

2. $\int_0^1 10^x dx$ 。

3. $\frac{d}{dx}\int_x^{x^2}\frac{\sin t}{t}dt$ 。

4. $\frac{d}{dx}\int_0^{x^2}\sin\sqrt{y}dy$ 。

5. $F(x)=\int_{x^2}^0\frac{dt}{1+t^5}$，求 $F'(1)$ 。

6. $F(x)=\int_0^{\ln x}e^{t^3}dt$，求 $F'(1)$ 。

7. 求 $\frac{d}{dx}(\int_0^x\frac{dt}{1+\sin^2 t})\Big|_{x=0}$ 。

8. $g(x)$ 爲一連續函數，
$f(x)=\frac{1}{2}\int_0^x(x-y)^2 g(y)dy$，
求 $f'(x)$ 與 $f''(x)$ 。

9. 求 $\frac{d}{dx}\int_{x^2}^{\cos x}\sqrt{1+t^2}dt$ 。

解答

1. $\frac{\sin x}{x}$
2. $\frac{9}{\ln 10}$
3. $\frac{2\sin x^2}{x}-\frac{\sin x}{x}$
4. $2x\sin|x|$
5. -1
6. 1
7. 1
8. $\int_0^x(x-y)g(y)dy$、$\int_0^x g(y)dy$
9. $-\sin x\sqrt{1+\cos^2 x}-2x\sqrt{1+x^4}$

4-3 變數變換

本節學習目標

1. 積分變數變換之基本技巧。
2. $f(x)$之奇偶性在 $\int_{-a}^{a} f(x)dx$ 之應用。

本章一開始就簡單地介紹積分變數變換之技巧，本節就以此為基礎再做深入之探討。

不定積分之變數變換

定理 A 不定積分之變數變換

若 g 為一可微分函數，F 為 f 之反導函數，則
$\int f(g(x))g'(x)dx = F(g(x)) + c$。

證明 $\because \frac{d}{dx}[F(g(x))+c] = F'(g(x))g'(x) = f(g(x))g'(x)$，

$\therefore \int f(g(x))g'(x)dx = F(g(x)) + c$。 ◆

定理 A 之另一種方便而常用之表達方式為

$$\int f(g(x))g'(x)dx = \int f(g(x))dg(x) = F(g(x)) + c \text{。}$$

不定積分變數變化法之幾個常見之形態
$\int f(ax+b)dx = \int f(ax+b)d(ax+b)\cdot\frac{1}{a} = \frac{1}{a}\int f(ax+b)d(ax+b)$。
$\int f(x^n)x^{n-1}dx = \int f(x^n)dx^n\cdot\frac{1}{n} = \frac{1}{n}\int f(x^n)dx^n$ 。
$\int f(\sin x)\cos x dx = \int f(\sin x)d\sin x$ 。
$\int f(x^n)\frac{1}{x}dx = \frac{1}{n}\int f(x^n)\frac{1}{x^n}dx^n$ 。

例題 1

求$\int\sqrt{2x+3}dx$。

方法一	令$u=2x+3$，則$du=2dx$， $\therefore \int\sqrt{2x+3}dx=\int\sqrt{u}\,\frac{1}{2}du=\frac{1}{2}\int u^{\frac{1}{2}}du=\frac{1}{2}\cdot\frac{2}{3}u^{\frac{3}{2}}+c$ $=\frac{1}{3}u^{\frac{3}{2}}+c=\frac{1}{3}(2x+3)^{\frac{3}{2}}+c$。
方法二	令$u=\sqrt{2x+3}$，則$u^2=2x+3$，$\therefore 2udu=2dx$， 得$\int\sqrt{2x+3}dx=\int u\cdot udu=\frac{1}{3}u^3+c=\frac{1}{3}(2x+3)^{\frac{3}{2}}+c$。
方法三	$\int\sqrt{2x+3}dx=\frac{1}{2}\int\sqrt{2x+3}d(2x+3)=\frac{1}{2}\cdot\frac{2}{3}(2x+3)^{\frac{3}{2}}+c$ $=\frac{1}{3}(2x+3)^{\frac{3}{2}}+c$。

■

例題 2

求$\int\frac{\cos x}{1+\sin^2 x}dx$。

$$\int\frac{\cos x}{1+\sin^2 x}dx \overset{u=\sin x}{=\!=} \int\frac{du}{1+u^2}$$

$$=\tan^{-1}u+c=\tan^{-1}\sin x+c$$ 。

$\int\frac{du}{1+u^2}=\tan^{-1}u+c$

■

例題 3

求 $\int \frac{dx}{x(1+x^5)}$ 。

解 $\int \frac{dx}{x(1+x^5)} = \int \frac{x^4 dx}{x^5(1+x^5)} \overset{u=x^5}{=\!=} \int \frac{\frac{1}{5}du}{u(1+u)} = \frac{1}{5}\int (\frac{1}{u} - \frac{1}{u+1})du$

$= \frac{1}{5}(\ln|u| - \ln|u+1|) + c = \frac{1}{5}\ln|\frac{u}{u+1}| + c = \frac{1}{5}\ln|\frac{x^5}{1+x^5}| + c$ 。 ■

例題 4

求 $\int x\sqrt{2x+3}dx$ 。

方法一	取 $u=\sqrt{2x+3}$ ，則 $u^2 = 2x+3 \Rightarrow \begin{cases} 2udu = 2dx \Rightarrow udu = dx \\ x = \frac{1}{2}(u^2-3) \end{cases}$ $\therefore \int x\sqrt{2x+3}dx = \int \frac{1}{2}(u^2-3)\cdot u \cdot udu = \frac{1}{2}\int (u^4 - 3u^2)du$ $= \frac{1}{2}(\frac{1}{5}u^5 - u^3) + c = \frac{1}{10}u^5 - \frac{1}{2}u^3 + c$ $= \frac{1}{10}(2x+3)^{\frac{5}{2}} - \frac{1}{2}(2x+3)^{\frac{3}{2}} + c$ 。
方法二	取 $u = 2x+3$ ，則 $\begin{cases} du = 2dx \quad \therefore dx = \frac{1}{2}du \\ x = \frac{1}{2}(u-3) \end{cases}$ $\int x\sqrt{2x+3}\,dx = \int \frac{1}{2}(u-3)\cdot u^{\frac{1}{2}} \cdot \frac{1}{2}du = \frac{1}{4}\int (u^{\frac{3}{2}} - 3u^{\frac{1}{2}})du$ $= \frac{1}{4}(\frac{2}{5}u^{\frac{5}{2}} - 2u^{\frac{3}{2}}) + c = \frac{1}{10}(2x+3)^{\frac{5}{2}} - \frac{1}{2}(2x+3)^{\frac{3}{2}} + c$ 。

■

例題 5

求 $\int \frac{\sin\sqrt{x+1}}{\sqrt{x+1}}dx$ 。

解　取 $u=\sqrt{x+1}$ ，$\therefore u^2=x+1$ ，即 $2udu=dx$ ，

$$\int \frac{\sin\sqrt{x+1}}{\sqrt{x+1}}dx=\int \frac{\sin u}{u}\cdot 2udu$$
$$=2\int \sin udu$$
$$=-2\cos u+c$$
$$=-2\cos\sqrt{x+1}+c$$ 。

■

例題 6

求 $\int \frac{x\sin\sqrt{x^2+1}}{\sqrt{x^2+1}}dx$ 。

方法一	取 $u=\sqrt{x^2+1}$ ，$du=\frac{x}{\sqrt{x^2+1}}dx$ 代入原式： $\int \frac{x\sin\sqrt{x^2+1}}{\sqrt{x^2+1}}dx=\int \sin u\,du=-\cos u+c=-\cos\sqrt{x^2+1}+c$ 。
方法二	$\int \frac{x\sin\sqrt{x^2+1}}{\sqrt{x^2+1}}dx=\int \sin\sqrt{x^2+1}\ d\sqrt{x^2+1}=-\cos\sqrt{x^2+1}+c$ 。

■

定積分之變數變換

定理 B

若函數 g' 在$[a, b]$中為連續，且 f 在 g 之值域中為連續，取 $u = g(x)$，則 $\int_a^b f(g(x))g'(x)\,dx = \int_{g(a)}^{g(b)} f(u)\,du$。

證明 由微積分基本定理：$\int_{g(a)}^{g(b)} f(u)du = F(g(b)) - F(g(a))$，

又 $\int_a^b f(g(x))g'(x)dx = F(g(x))\Big|_a^b = F(g(b)) - F(g(a))$，

比較上面二式得：$\int_a^b f(g(x))g'(x)dx = \int_{g(a)}^{g(b)} f(u)du$。 ◆

定理 B 可圖析如下，以方便讀者記憶：

$$\int_a^b f(g(x))g'(x)dx = $$

$$\downarrow$$

$$u = g(x)$$

$$\int_a^b f(g(x))g'(x)dx = \int_{g(a)}^{g(b)} f(u)du$$

定積分變數變換有二個方式：

1. 換元法：
   定積分在計算過程中，**積分變數改變，連帶地積分上、下限也會改變。**
2. 湊元法：
   定積分在計算過程中，**積分變數不改變，此時積分上、下限不會改變。**

例題 7

求 $\int_1^2 \frac{x}{1+x^4}dx$。

方法一（換元法） 取$u=x^2$，則定積分之上下限由$\int_1^2$ 變為$\int_1^4$， $du=2xdx$，$\frac{1}{2}du=xdx$	$\int_1^2 \frac{x}{1+x^4}dx \overset{u=x^2}{=\!=} \frac{1}{2}\int_1^4 \frac{du}{1+u^2}=\frac{1}{2}\tan^{-1}u\Big\|_1^4$ $=\frac{1}{2}(\tan^{-1}4-\tan^{-1}1)=\frac{1}{2}(\tan^{-1}4-\frac{\pi}{4})$ 。
方法二（湊元法）	$\int_1^2 \frac{x}{1+x^4}dx=\int_1^2 \frac{d\frac{1}{2}x^2}{1+(x^2)^2}=\frac{1}{2}\int_1^2 \frac{dx^2}{1+(x^2)^2}$ $=\frac{1}{2}\tan^{-1}x^2\Big\|_1^2=\frac{1}{2}(\tan^{-1}4-\tan^{-1}1)$ $=\frac{1}{2}(\tan^{-1}4-\frac{\pi}{4})$ ■

例題 8

求 $\int_0^1 (x+1)\sqrt{x^2+2x+3}\,dx$ 。

方法一（換元法） $u=x^2+2x+3$ $du=2(x+1)dx$ $(x+1)dx=\frac{du}{2}$ $\int_0^1 \to \int_3^6$	$\int_0^1 (x+1)\sqrt{x^2+2x+3}\,dx=\int_0^1 \sqrt{x^2+2x+3}\,(x+1)dx$ $\overset{u=x^2+2x+3}{=\!=\!=} \int_3^6 \frac{1}{2}\sqrt{u}\,du=\frac{1}{2}\cdot\frac{2}{3}u^{\frac{3}{2}}\Big\|_3^6=\frac{1}{3}(6^{\frac{3}{2}}-3^{\frac{3}{2}})$
方法二（湊元法）	$\int_0^1 (x+1)\sqrt{x^2+2x+3}\,dx=\int_0^1 \sqrt{x^2+2x+3}\,(x+1)dx$ $=\int_0^1 \sqrt{x^2+2x+3}\,d\frac{1}{2}(x^2+2x+3)$ $=\frac{1}{2}\cdot\frac{2}{3}(x^2+2x+3)^{\frac{3}{2}}\Big\|_0^1=\frac{1}{3}(6^{\frac{3}{2}}-3^{\frac{3}{2}})$ ■

例題 9

求 $\int_2^3 \frac{\sin(\frac{1}{x})}{x^2}\,dx$ 。

方法一（換元法） $u=\frac{1}{x}$，$\frac{1}{x^2}dx=-du$ $\int_2^3 \to \int_{\frac{1}{2}}^{\frac{1}{3}}$	$\int_2^3 \frac{\sin(\frac{1}{x})}{x^2}dx=\int_2^3 \sin(\frac{1}{x})\frac{1}{x^2}dx \overset{u=\frac{1}{x}}{=\!=\!=} \int_{\frac{1}{2}}^{\frac{1}{3}}\sin(u)(-du)$ $=\int_{\frac{1}{3}}^{\frac{1}{2}}\sin u\,du=-\cos u\Big\|_{\frac{1}{3}}^{\frac{1}{2}}=-\cos\frac{1}{2}+\cos\frac{1}{3}$
方法二（湊元法）	$\int_2^3 \frac{\sin(\frac{1}{x})}{x^2}dx=\int_2^3 \sin(\frac{1}{x})d(-\frac{1}{x})$ $=\cos(\frac{1}{x})\Big\|_2^3=\cos\frac{1}{3}-\cos\frac{1}{2}$

■

函數之奇偶性在定積分上應用

在**計算** $\int_{-a}^{a} f(x)dx$ **時，不妨先花個時間判斷** $f(x)$**在**$[-a,a]$**為奇函數還是偶函數**。讀者可先複習 3-4 節。

定理 C

設 f 爲一奇函數（即 f 滿足 $f(-x)=-f(x)$ ），則 $\int_{-a}^{a} f(x)dx=0$ 。

證明　$\int_{-a}^{a} f(x)dx = \int_{-a}^{0} f(x)dx + \int_{0}^{a} f(x)dx$ ……………………①

現在我們要證明：$\int_{-a}^{0} f(x)dx = -\int_{0}^{a} f(x)dx$，

則 $\int_{-a}^{0} f(x)\,dx \overset{y=-x}{=\!=\!=} \int_{a}^{0} f(-y)(-dy)$

$= -\int_{a}^{0} f(-y)\,dy = \int_{0}^{a} f(-y)\,dy = -\int_{0}^{a} f(y)\,dy = -\int_{0}^{a} f(x)\,dx$ ……………………②

代②入①得 f 為奇函數時，$\int_{-a}^{a} f(x)dx = 0$。　◆

例題 10

求 $\int_{-\frac{\pi}{2}}^{\frac{\pi}{2}} x^3 \cos x\,dx$。

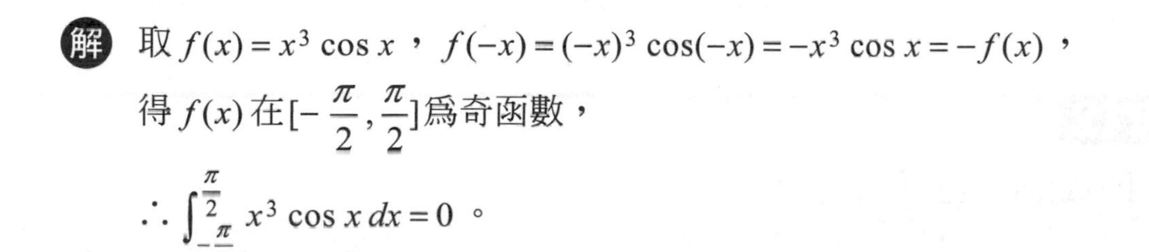

解　取 $f(x) = x^3 \cos x$，$f(-x) = (-x)^3 \cos(-x) = -x^3 \cos x = -f(x)$，

得 $f(x)$ 在 $[-\frac{\pi}{2}, \frac{\pi}{2}]$ 為奇函數，

$\therefore \int_{-\frac{\pi}{2}}^{\frac{\pi}{2}} x^3 \cos x\,dx = 0$。　■

例題 11

求 $\int_{-\frac{\pi}{2}}^{\frac{\pi}{2}} x^3 \sin(x^2)dx$。

解　取 $f(x) = x^3 \sin(x^2)$，$f(-x) = (-x)^3 \sin(-x)^2 = -x^3 \sin x^2 = -f(x)$，

$\therefore f(x) = x^3 \sin(x^2)$ 在 $[-\frac{\pi}{2}, \frac{\pi}{2}]$ 為一奇函數，

由定理 C 知：$\int_{-\frac{\pi}{2}}^{\frac{\pi}{2}} x^3 \sin(x^2)\,dx = 0$。　■

定理 D

設 f 爲一偶函數（即 f 滿足 $f(-x)=f(x)$），則 $\int_{-a}^{a} f(x)dx = 2\int_{0}^{a} f(x)dx$。

證明 $\int_{-a}^{a} f(x)dx = \int_{-a}^{0} f(x)dx + \int_{0}^{a} f(x)dx$ ……①

現在我們要證明：$\int_{-a}^{0} f(x)dx = \int_{0}^{a} f(x)dx$，

則 $\int_{-a}^{0} f(x)dx \overset{y=-x}{=\!=\!=} \int_{a}^{0} f(-y)d(-y)$

$= -\int_{a}^{0} f(y)dy = \int_{0}^{a} f(y)dy = \int_{0}^{a} f(x)dx$ ……②

代②入①得 f 爲偶函數時，$\int_{-a}^{0} f(x)dx = 2\int_{0}^{a} f(x)dx$。 ◆

例題 12

求(1) $\int_{-2}^{2} |x|\, dx$ (2) $\int_{-2}^{3} x|x|\, dx$。

$\because f(x)=|x|$，$f(-x)=|-x|=|x|=f(x)$，

$\therefore f(x)$ 爲偶函數，

(1) $\int_{-2}^{2} |x|\, dx = 2\int_{0}^{2} x\, dx = 2\cdot \left.\frac{x^2}{2}\right|_{0}^{2} = 4$。

(2) $\int_{-2}^{3} x|x|\, dx = \int_{-2}^{2} x|x|\, dx + \int_{2}^{3} x|x|\, dx$

$= 0 + \int_{2}^{3} x\cdot x dx = \left.\frac{1}{3}x^3\right|_{2}^{3} = \frac{19}{3}$。 ■

練習題

1. $\int \frac{\cos x}{1+\sin x} dx$。

2. $\int_{-1}^{1} x^5 e^{-x^2} dx$。

3. $\int_0^1 x\sqrt{1+x}dx$。

4. $\int (x+1)\sqrt{x^2+2x+3}\, dx$。

5. $\int \frac{\sin\sqrt{x}}{\sqrt{x}} dx$。

6. $\int \frac{\cos(\ln x)}{x} dx$。

7. $\int_{-2}^{2} x\sqrt{x+2}\, dx$。

8. $\int (x+1)\sin(x^2+2x+4)dx$。

9. $\int_0^1 \sqrt[3]{1+3x}dx$。

10. $\int \frac{x^2+2x+1}{x^3+3x^2+3x+7} dx$。

11. $\int_0^1 \frac{\tan^{-1} x}{1+x^2} dx$。

12. 試證 $\int_0^{\frac{\pi}{2}} \frac{\sin^n x}{\sin^n x+\cos^n x} dx = \frac{\pi}{4}$。

13. $\int \cos^5 x \sin x dx$

14. $\int \frac{e^x}{1+e^x} dx$。
（提示：$u=1+e^x$）

15. $\int \frac{1}{1+e^x} dx$。
（提示：取 $\frac{1}{1+e^x} = \frac{1+e^x-e^x}{1+e^x}$）

16. $\int_{-1}^{1} \frac{e^x-e^{-x}}{e^x+e^{-x}} dx$。

17. $\int_0^1 \frac{e^x}{\sqrt{1+e^x}} dx$。

18. $\int \frac{dx}{x^2(1+\frac{1}{x})^5}$。

19. $\int_1^e \frac{dx}{x[1+(\ln x)^2]}$。

20. $\int_{-\frac{\pi}{2}}^{\frac{\pi}{2}} \sin^3 x \cos^2 x\, dx$。

解答

1. $\ln(1+\sin x)+c$
2. 0
3. $\frac{4}{15}(\sqrt{2}+1)$
4. $\frac{1}{3}(x^2+2x+3)^{\frac{3}{2}}+c$
5. $-2\cos\sqrt{x}+c$
6. $\sin(\ln x)+c$
7. $\frac{32}{15}$
8. $-\frac{1}{2}\cos(x^2+2x+4)+c$
9. $\frac{1}{4}(4^{\frac{4}{3}}-1)$
10. $\frac{1}{3}\ln\left|x^3+3x^2+3x+7\right|+c$
11. $\frac{\pi^2}{32}$
13. $-\frac{1}{6}\cos^6 x+c$
14. $\ln(1+e^x)+c$
15. $x-\ln(1+e^x)+c$
16. 0
17. $2(\sqrt{1+e}-\sqrt{2})$
18. $\frac{1}{4}(1+\frac{1}{x})^{-4}+c$
19. $\frac{\pi}{4}$
20. 0

4-4 定積分在求平面面積上之應用

本節學習目標

熟稔定積分在平面面積之應用，在求 $f(x)-g(x)$在$[a, b]$之面積時，動線法在計算判斷上有幫助。

平面面積

圖 4-4 中，$y=f(x)$ 在$[a, b]$中為**一連續的非負函數**，則 $y=f(x)$ 在$[a, b]$中與 x 軸所夾區域的面積為

$$A(R)=\int_a^b f(x)dx$$

在圖 4-5 中，因 $y=g(x)$ 在$[a, b]$為連續之非正值函數，因為一平面區域的面積恆為正，因此 $y=g(x)$ 在$[a, b]$中與 x 軸所夾區域的面積為

$$A(R)=-\int_a^b g(x)dx$$

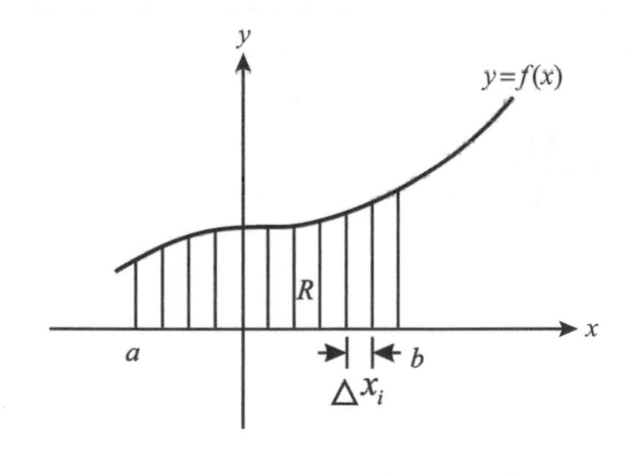

▲ 圖 4-4

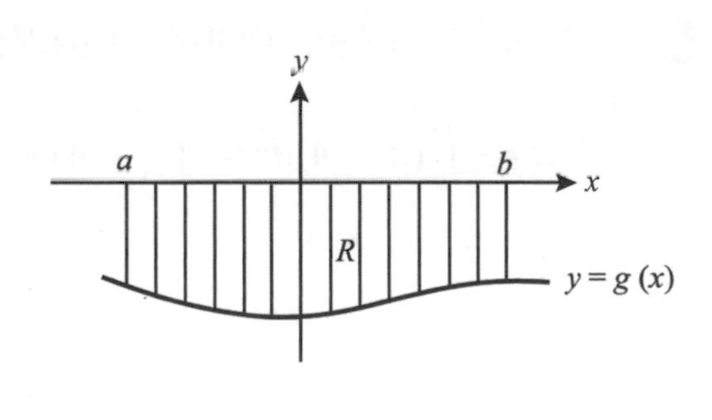

▲ 圖 4-5

例題 1

求 $y=3$ 在$[-1, 2]$與 x 軸所夾區域之面積。

解 $A=\int_{-1}^{2} 3dx = 3x\Big|_{-1}^{2} = 9$。

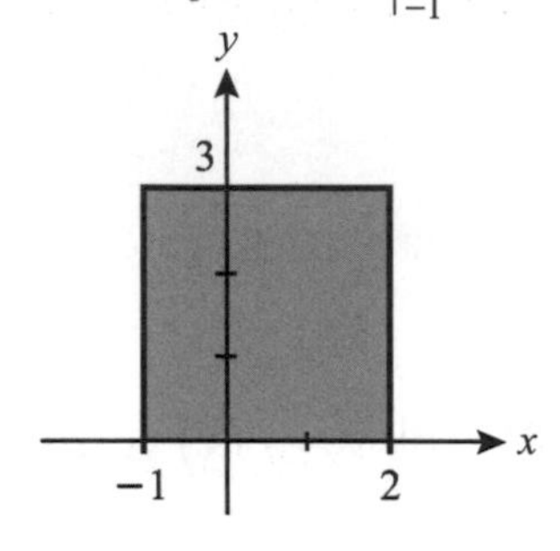

■

讀者應可注意到例題 1 相當於求邊長為 3 之正方形面積，由小學算術即知其面積為 $3 \times 3 = 9$。

例題 2

求 $y=x^2-4$ 在$[0, 1]$間與 x 軸所夾區域之面積。

解 因 $y=x^2-4$ 在$[0, 1]$間為負值函數，

$$\therefore A=-\int_{0}^{1}(x^2-4)dx=-\left(\frac{x^3}{3}-4x\right)\Big|_{0}^{1}=-\left(-\frac{11}{3}\right)=\frac{11}{3}$$ 。

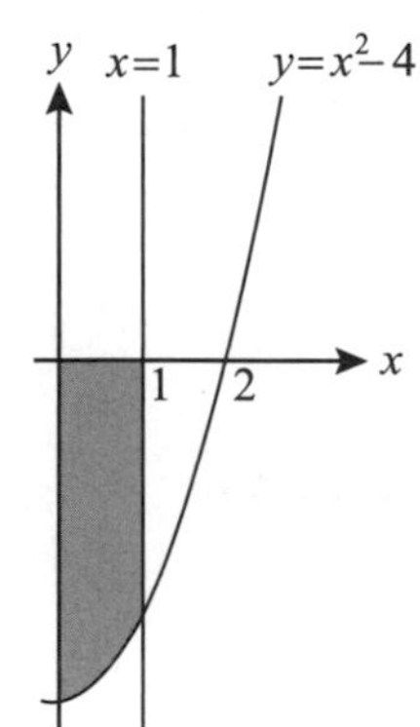

■

若在例題 2 中，我們要求 $y=x^2-4$ 在[0, 3]間與 x 軸所夾區域之面積，由圖 4-6 所示：$f(x)=x^2-4$ 在[0, 2]間為負值函數，在[2, 3]為非負函數，因此，我們需將[0, 3]分割成二個區域[0, 2]與[2, 3]，分別求算其面積然後予以加總：

$$A=-\int_0^2 (x^2-4)\,dx+\int_2^3 (x^2-4)\,dx=\frac{23}{3}$$

（讀者自行驗證之）

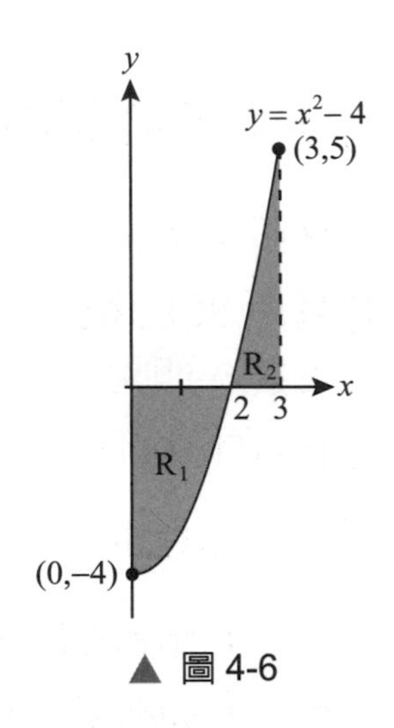

▲ 圖 4-6

例題 3

求頂點為(0, 1)、(−1, 0)、(2, 0)之三角形區域面積。

解 例題 3 相當是求底為 3，高為 1 之三角形面積，由算術易知面積為 $\frac{1}{2}$底×高＝$\frac{1}{2}\times 3\times 1=\frac{3}{2}$，現在我們要用積分方法求算：

首先要決定 $\overleftrightarrow{BC}$ 之方程式：

$\frac{y-1}{x-0}=\frac{0-1}{2-0}=-\frac{1}{2}$，$\therefore y=-\frac{x}{2}+1$，

$\therefore \Delta OBC$ 之面積為

$$A(R_1)=\int_0^2 (-\frac{x}{2}+1)dx=(-\frac{x^2}{4}+x)\Big|_0^2=1，$$

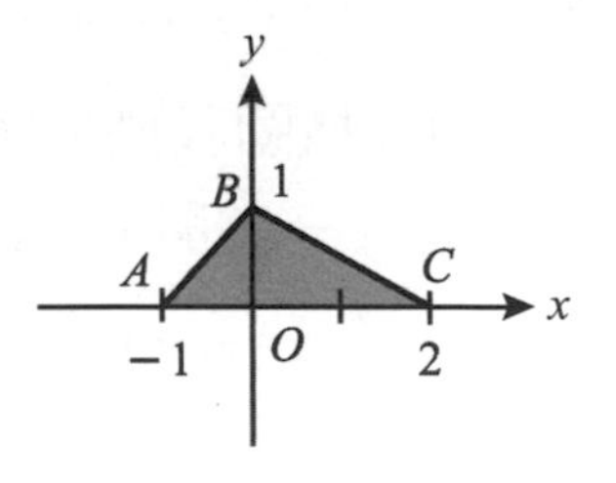

其次決定 $\overleftrightarrow{AB}$ 之方程式：

$\frac{y-1}{x-0}=\frac{0-1}{-1-0}=1$，$\therefore y=x+1$，

$\therefore \Delta OAB$ 之面積為 $A(R_2)=\int_{-1}^0 (x+1)dx=(\frac{x^2}{2}+x)\Big|_{-1}^0=\frac{1}{2}$，

$\therefore \Delta ABC$ 之面積為 $A(R_1)+A(R_2)=1+\frac{1}{2}=\frac{3}{2}$。 ■

你（妳）能從例題 3 之附圖看出三角形區域面積為 $\frac{3}{2}$？只須小學算術。

二曲線所夾之面積

若我們要求 $y=f(x)$ 與 $y=g(x)$ 在 $[a,\ b]$ 間所夾面積，假設在 $[a,\ b]$ 間 $f(x)\geq g(x)$，則由圖 4-7 易知 $y=f(x)$ 與 $y=g(x)$ 在 $[a, b]$ 間所夾之面積 $R=\int_a^b[f(x)-g(x)]dx$。

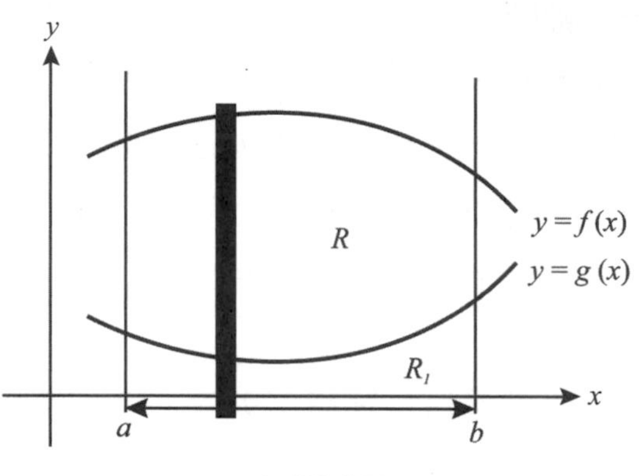

▲ 圖 4-7

我們可藉所謂的動線法。

我們可想像圖 4-7 中之**粗線是一條會移動的線，由粗線的移動可協助我們：**

(1) **判斷積分式 $f(x)-g(x)$ 還是 $g(x)-f(x)$**。

(2) **由粗線游走範圍可決定所夾區域積分界限**。

例題 4

求 $y=x^2$ 與 $y=x+6$ 圍成區域的面積。

解 先繪出 $y=x^2$ 與 $y=x+6$ 之概圖，

由此概圖我們要求出以下有用的訊息：

(1) $y=x^2$ 與 $y=x+6$ 交點之 x 坐標：

令 $x^2=x+6$，$x^2-x-6=0$，

$\therefore (x-3)(x+2)=0$，$x=3,-2$，

是爲交點之 x 坐標。

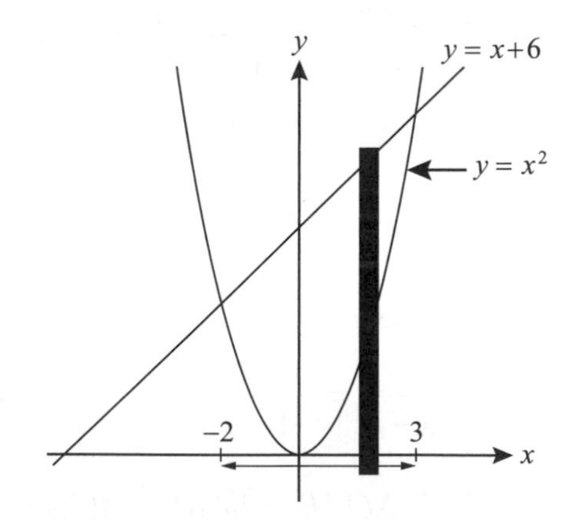

(2) $y=f(x)=x+6$，$y=g(x)=x^2$，

在 $[-2, 3]$ 裡 $f>g$，

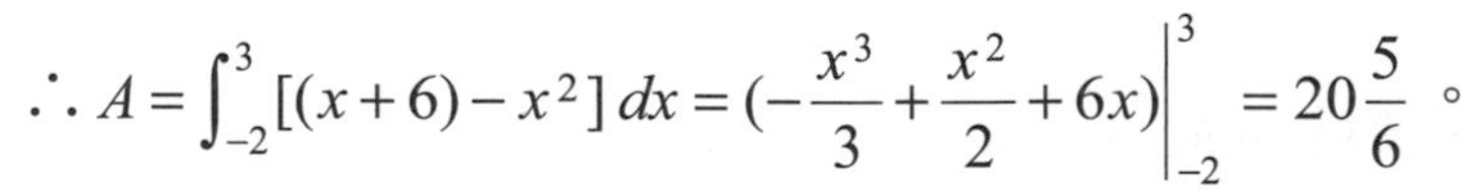

$$\therefore A=\int_{-2}^{3}[(x+6)-x^2]\,dx=\left(-\frac{x^3}{3}+\frac{x^2}{2}+6x\right)\Bigg|_{-2}^{3}=20\frac{5}{6}$$ 。■

例題 4 在求解上是對 x 軸上作分割，如圖 4-8 所示，我們也可對 y 軸上作分割：$y=4$ 將所圍區域分成 R_1、R_2 二個區域：

$$A(R_1)=\int_4^9[\sqrt{y}-(y-6)]\,dy=\left(\frac{2}{3}y^{\frac{3}{2}}-\frac{y^2}{2}+6y\right)\Bigg|_4^9=\frac{61}{6}\text{，}$$

$$A(R_2)=\int_0^4[\sqrt{y}-(-\sqrt{y})]\,dy=\left(2\cdot\frac{2}{3}y^{\frac{3}{2}}\right)\Bigg|_0^4=\frac{32}{3}\text{，}$$

$$\therefore A(R)=A(R_1)+A(R_2)=20\frac{5}{6}\text{。}$$

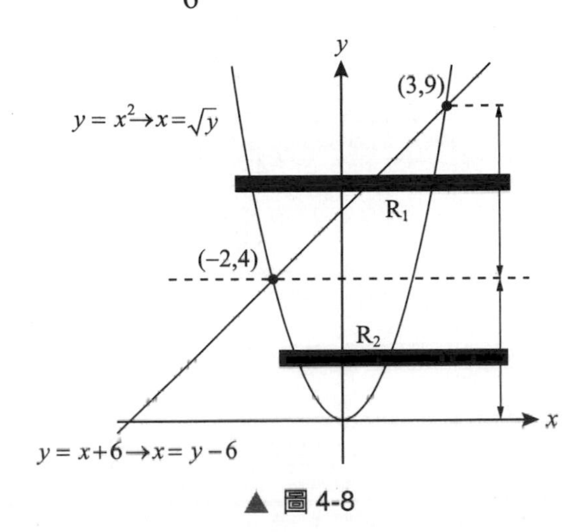

▲ 圖 4-8

練習題

1. 求 $y^2=4x+4$ 與 y 軸所圍成區域之面積。

2. 求 $y=x^2$ 與 $y=2x$ 所圍成區域之面積。

3. 求 $y=x$ 與 $y=x^3$ 所圍成區域之面積。

4. 求 $y=x^2$ 與 $x=y^2$ 所圍成區域之面積。

5. 求 $y=x-x^2$ 與 x 軸所圍成區域之面積。

解答

1. $\frac{8}{3}$
2. $\frac{4}{3}$
3. $\frac{1}{2}$
4. $\frac{1}{3}$
5. $\frac{1}{6}$

4-5 旋轉固體體積

本節學習目標

應用圓盤法與剝殼法求旋轉固體體積。

本節所討論之求旋轉體體積有(1)**圓盤法**（Disk method）及(2)**剝殼法**（Shell method）二種方法。

圓盤法

若 $y=f(x)$，以 x 軸為軸旋轉一週，我們可用定積分方法求出其旋轉軌跡所造成之體積。如圖 4-9 為例，我們是用 $y=f(x)$ 在$[a, b]$間將固體予以**「切片」**（Slicing），每一片近似於一個**圓盤**（Disk）也就是圓柱體，其體積為 $V_i=A(x_i)\Delta x$，$A(x_i)$ 為切面之面積。

$\therefore$整個固體之體積 $V=\sum_{i=1}^{n} A(x_i)\Delta x_i$，取 $n\to\infty$ 可得

$$V=\int_a^b A(x)dx=\int_a^b \pi f^2(x)dx$$ 。

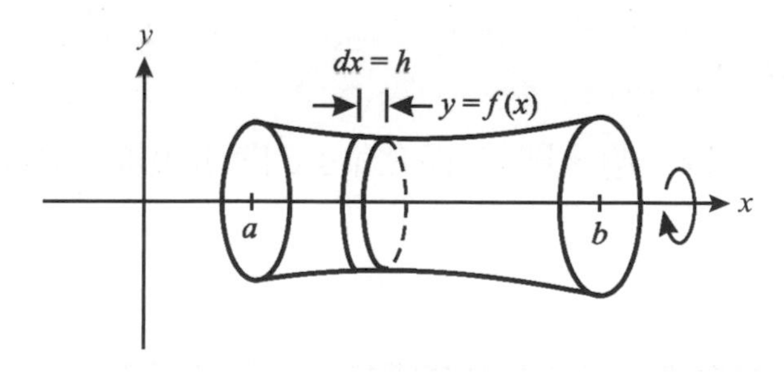

▲ 圖 4-9

例題 1

求 $y=\sin x$，$0<x<\pi$ 繞 x 軸旋轉所成之體積？

$A(x_i)=\pi(\sin x_i)^2=\pi\sin^2 x_i$，

$$\therefore V=\int_0^{\pi}A(x)\,dx=\int_0^{\pi}\pi\sin^2 x\,dx=\pi\int_0^{\pi}\frac{1+\cos 2x}{2}dx$$

$$=\pi\left(\frac{x}{2}+\frac{1}{4}\sin 2x\right)\Big|_0^{\pi}=\frac{\pi^2}{2}\text{ 。}$$

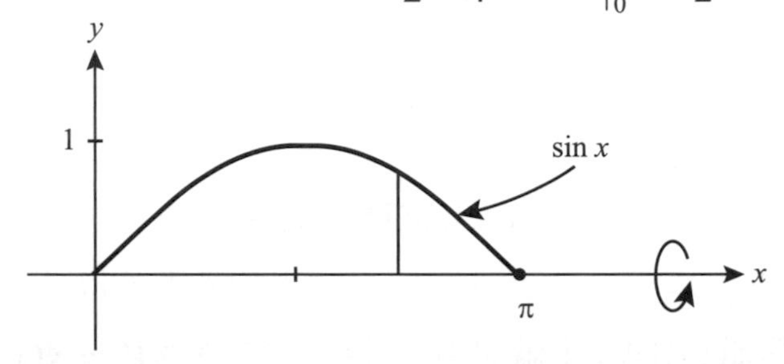

在例題 1 中，我們在求 $A(x_i)$時，可想像成以$\sin x_i$爲半徑以 x 軸爲軸心繞一週所成之圓，因此 $A(x_i)=\pi(\sin x_i)^2$，這便是旋轉體體積第一種求法－圓盤法：

具體言之：

$y=f(x)$繞 x 軸旋轉一週，則其在$a\le x\le b$間所夾區域固體之體積

$V=\pi\int_a^b f^2(x)\,dx$，

$x=g(y)$繞 y 軸旋轉一週，則其在$c\le y\le d$間所夾區域固體之體積

$V=\pi\int_c^d g^2(y)\,dy$ 。

例題 2

求 $y=\sqrt{x}$ 繞 x 軸旋轉一週在[0, 1]間所夾固體之體積，又若 $y=\sqrt{x}$ 與 $y=x$ 圍成區域繞 x 軸旋轉所形成固體之體積又為何？

解 (1) $V=\pi\int_0^1(\sqrt{x})^2\,dx=\pi\int_0^1 x\,dx=\pi\cdot\frac{x^2}{2}\Big|_0^1=\frac{\pi}{2}$ 。

(2) $V=\pi\int_0^1(\sqrt{x})^2dx-\pi\int_0^1 x^2dx=\pi\int_0^1(x-x^2)\,dx=\pi\cdot(\frac{x}{2}-\frac{x^3}{3})\Big|_0^1=\frac{\pi}{6}$ 。

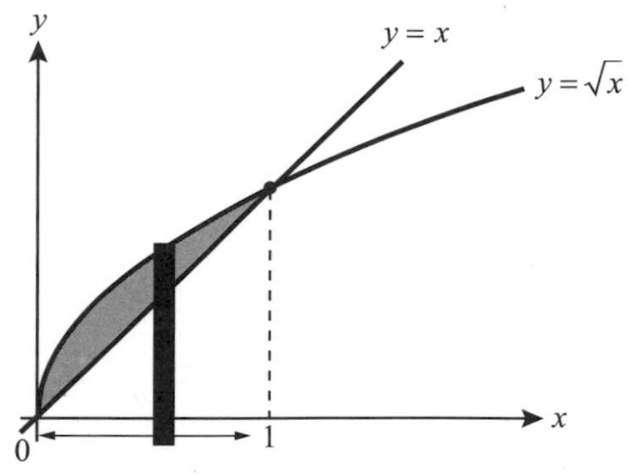

例題 3

分別求 $\frac{x^2}{a^2}+\frac{y^2}{b^2}=1$（$a$、$b>0$）之橢圓繞 x 軸旋轉之體積與繞 y 軸旋轉之體積。

解 (1) 若 $\frac{x^2}{a^2}+\frac{y^2}{b^2}=1$ 繞 x 軸旋轉之體積 V_1 為

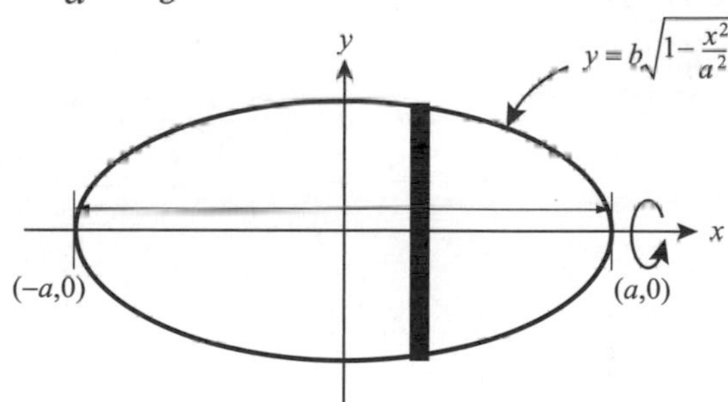

$$V_1=\pi\int_{-a}^{a}(b\sqrt{1-\frac{x^2}{a^2}})^2dx=2\pi\int_0^a(b\sqrt{1-\frac{x^2}{a^2}})^2dx$$

$$=2\pi\int_0^a b^2(1-\frac{x^2}{a^2})dx=2\pi\int_0^a(b^2-\frac{b^2}{a^2}x^2)dx$$

$$=2\pi(b^2x\Big|_0^a-\frac{b^2}{3a^2}x^3\Big|_0^a)=2\pi(ab^2-\frac{ab^2}{3})$$

$$=\frac{4}{3}ab^2\pi$$ 。

(2) 若 $\dfrac{x^2}{a^2}+\dfrac{y^2}{b^2}=1$ 繞 y 軸旋轉之體積 V_2 爲

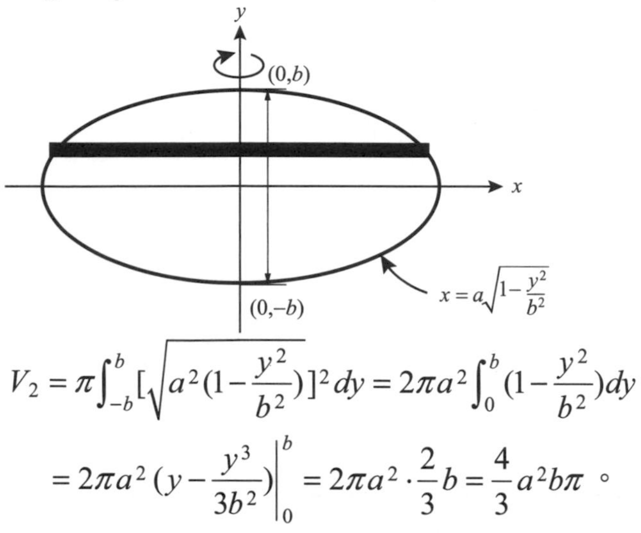

$$V_2=\pi\int_{-b}^{b}[\sqrt{a^2(1-\frac{y^2}{b^2})}]^2dy=2\pi a^2\int_0^b(1-\frac{y^2}{b^2})dy$$

$$=2\pi a^2(y-\frac{y^3}{3b^2})\Big|_0^b=2\pi a^2\cdot\frac{2}{3}b=\frac{4}{3}a^2b\pi \text{ 。}$$

剝殼法

現在我們要討論第二種方法－剝殼法：考慮二個同心圓柱體，其內徑爲 r_1，外徑爲 r_2，高爲 h，如圖 4-10 所示，則

$$V=\text{底面積}\times\text{高}=(\pi r_2^2-\pi r_1^2)\times h$$
$$=\pi(r_2+r_1)(r_2-r_1)h$$
$$=2\pi(\frac{r_2+r_1}{2})(r_2-r_1)h，$$

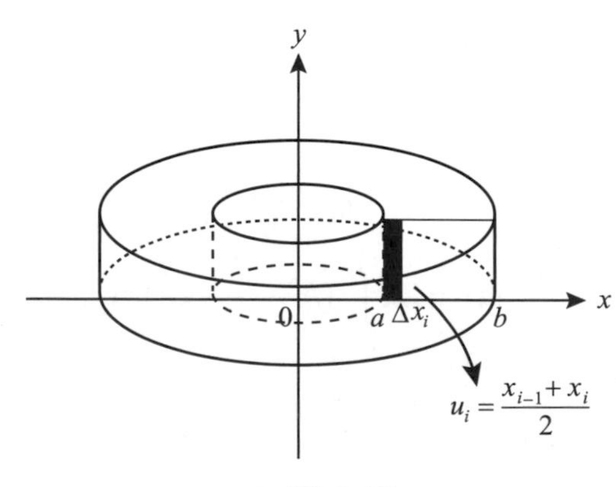

▲ 圖 4-10

若將$[a,b]$分成$[a,x_1],[x_1,x_2],\cdots\cdots,[x_{n-1},b]$之 n 個等距區間，則$[x_{i-1},x_i]$之體積$V_i=2\pi u_i h(u_i)\Delta x_i$，$u_i=\dfrac{x_{i-1}+x_i}{2}$，

$\therefore V=\lim\limits_{n\to\infty}\sum\limits_{i=1}^{n}2\pi u_i h(u_i)\Delta x_i \doteqdot 2\pi\int_a^b xh(x)dx$，$h(x)=f(x)-g(x)$。

上述公式是在$a\le x\le b$間繞 y 軸旋轉之體積，若是繞 x 軸在$c\le y\le d$間旋轉之體積便爲$\int_c^d 2\pi yh(y)dy$，$x=h(y)$，

對初學者而言，圓盤法或剝殼法可參考下列解題線索：

(1) 針對相同之旋轉體問題不論圓盤法或剝殼法二者所得之旋轉體積應是相同的，所差的只是計算之難易而已。

(2) 用剝殼法時應注意到：

　(a) 對 x 軸旋轉時對 y 積分，對 y 軸旋轉時對 x 積分。

　(b) 用剝殼法時 $h(x)$常是兩個函數之差，其中一個可解是$f(x)$，而另一個是 $g(x)$，或者一個是$f(x)$，而另一個是積分區域之上、下界。

例題 4

求$y=\sin x$，$0<x<\pi$ 繞 y 軸旋轉所成固體之體積。

（用剝殼法）

$y=\sin x$，$0<x<\pi$，繞 y 軸旋轉，其所成之體積爲

$$V=2\pi\int_0^{\pi}x(\sin x-0)dx=2\pi\int_0^{\pi}x\sin xdx$$

$$=2\pi(\sin x-x\cos x)\Big|_0^{\pi}=2\pi\cdot\pi=2\pi^2，$$

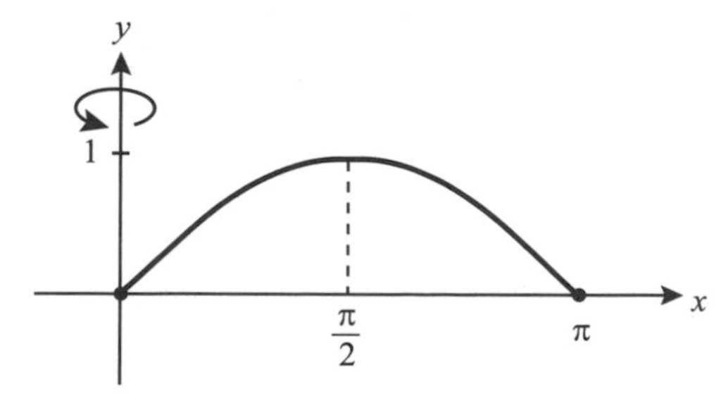

我們亦可用圓盤法求 $y=\sin x$，$0\le x\le\pi$，繞 y 軸旋轉所成固體之體積，但在計算上要小心，$\overset{\frown}{OA}$ 之方程式為 $x=\sin^{-1}y$，$0\le y\le 1$，$\overset{\frown}{AB}$ 之方程式為 $x=\pi-\sin^{-1}y$，$0\le y\le 1$。

$\therefore V_y=\int_0^1\pi(\pi-\sin^{-1}y)^2dy-\int_0^1\pi(\sin^{-1}y)^2dy=2\pi^2$，讀者自行驗證之。

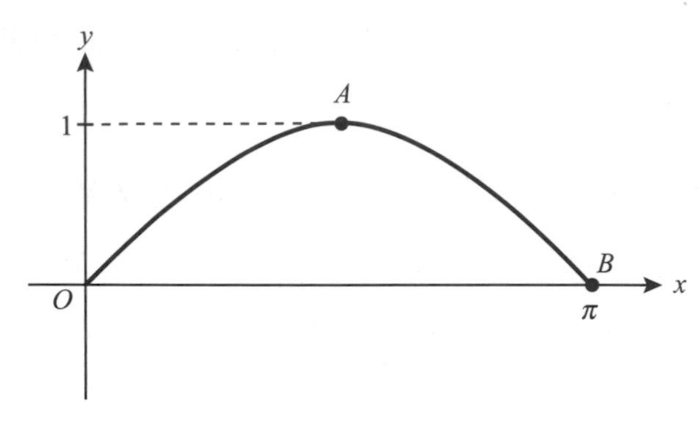

■

例題 5

求 $y=x^3$、y 軸、$y=8$ 所圍成區域繞 y 軸旋轉所成之固體體積為何？

方法一（圓盤法）	$V=\pi\int_0^8(y^{\frac{1}{3}})^2dy=\pi\int_0^8 y^{\frac{2}{3}}dy$ $=\pi\cdot\frac{3}{5}y^{\frac{5}{3}}\Big\|_0^8=\frac{96}{5}\pi$。
方法二（剝殼法）	旋轉體體積 $=$ 半徑為 2，高為 8 之圓柱體體積 $-V_1$ $=\pi(2^2)\cdot 8-\int_0^2 2\pi x(x^3-0)dx$ $=32\pi-2\pi\cdot\frac{32}{5}=\frac{96}{5}\pi$。

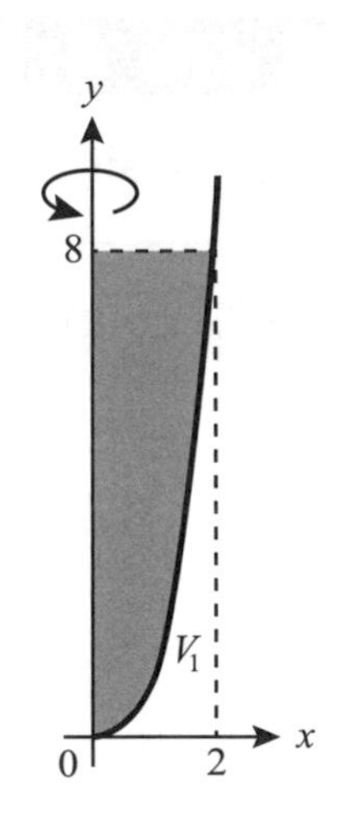

■

例題 6

由$1 \le x \le 2$，$0 \le y \le \sqrt{x}$所圍成區域繞 x 軸旋轉，所生成固體之體積為何？

方法一 （圓盤法）	$V = \pi \int_1^2 (\sqrt{x})^2 dx = \pi \int_1^2 x dx$ $= \frac{\pi}{2} x^2 \Big\|_1^2 = \frac{3}{2}\pi$ 。
方法二 （剝殼法）	$V = \int_1^{\sqrt{2}} 2\pi y(y^2) dy = \frac{3}{2}\pi$ 。

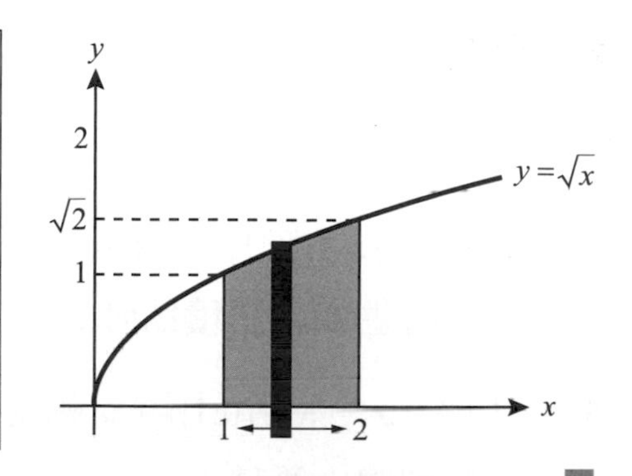

■

例題 7

$y = \sqrt{x}$，$0 \le x \le 1$所圍成區域繞 x 軸旋轉，所生成固體之體積為何？

方法一 （圓盤法）	$V = \int_0^1 \pi(\sqrt{x})^2 dx$ $= \int_0^1 \pi x dx = \frac{\pi}{2}$ 。
方法二 （剝殼法）	$V = \int_0^1 2\pi y(1 - y^2) dy$ $= 2\pi (\frac{y^2}{2} - \frac{y^4}{4}) \Big\|_0^1 = \frac{\pi}{2}$ 。

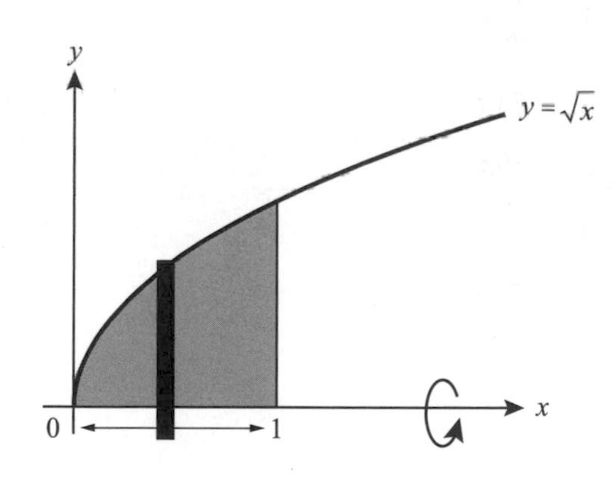

■

練習題

1. $y=x^2+2x$、$y=0$、$x=0$、$x=1$所圍成區域繞 y 軸旋轉之體積。

2. 橢圓 $\frac{x^2}{4}+\frac{y^2}{9}=1$ 繞 x 軸旋轉所生成之體積為何？

3. $x=10$ 與 $x=y^2$ 所圍成區域繞 x 軸旋轉所生成之體積為何？

4. 以 $y^2=x$，$x\in[0,1]$ 繞 y 軸旋轉，求旋轉體之體積。

5. 求 $y=x^2$，$0\le x\le 2$，繞 x 軸旋轉所生成之體積。

6. 求 $y=x$ 及 $x=y^2$，$x\in[1,3]$ 所圍成區域繞 x 軸旋轉所生成之體積。

7. 求 $y=\sqrt{x}$、x 軸與 $x=4$ 所圍成區域繞 x 軸旋轉所生成之體積。

8. 利用求旋轉體體積的方法證明半徑為 r 之球，其體積為 $\frac{4}{3}\pi r^3$。

9. 求 $x=4$、$x=y^2$ 所圍成區域繞 x 軸旋轉之體積。

10. 求 $y=x^2$、$y=x$ 圍成區域繞 y 軸旋轉之體積。

解答

1. $\frac{11}{6}\pi$
2. 24π
3. 50π
4. $\frac{\pi}{5}$
5. $\frac{32\pi}{5}$
6. $\frac{14}{3}\pi$
7. 8π
8. 略
9. 8π
10. $\frac{\pi}{6}$

05

積分之進一步方法

5-1 分部積分法

5-2 有理分式積分

5-3 三角代換法

5-1 分部積分法

本節學習目標

1. 分部積分法正規求法與速解法。
2. 分部積分法之遞迴關係（即漸化式）。
3. Wallis 公式。

在討論分部積分法前，要提醒讀者的是**應用分部積分法前應判斷是否可用變數變換法解之，若是則優先應用變數變換法。**

我們將本節分爲(1)正規方法與(2)速解法二大部分，讀者必須熟稔正規方法，至於速解法只能作輔助。

分部積分法之正規解法

由微分之乘法法則得知：若 u、v 爲 x 之可微分函數，則有

$$\frac{d}{dx}uv=u\frac{d}{dx}v+v\frac{d}{dx}u,\quad \therefore u\frac{d}{dx}v=\frac{d}{dx}uv-v\frac{d}{dx}u,$$

兩邊同時對 x 積分可得

$$\int udv=uv-\int vdu$$

分部積分之架構雖然簡單，但在實作上，何者當 u，何者當 v，往往需經驗，我們將歸納一些規則以供參考。

分部積分之速解法

一些特殊之積分式，（如 $\int x^n e^{bx}dx$ 、 $\int x^n \sin bxdx$ 、 $\int x^n \cos bxdx\cdots\cdots$ ）我們可用以下的速解法：

給定一個積分題 $\int fgdx$，（暫時忘了 $\int udv$ 那個公式），其積分表如圖 5-1 所示，左欄是由 f 開始向下微分、f'、f''……直到 $f^{(k)}=0$（$f^{(k-1)}\neq 0$）或 g 重現爲止，右欄是由 Ig 開始不斷地積分到左邊有 0 出現爲止，Ig 表示 $\int gdx$，但積分常數不計，$I^2g=I(Ig)$、……、$I^{k-1}g$、I^kg。如此，我們可由積分表讀出各項式，（在圖 5-1 之斜線部分表示相乘，下表之 +、− 號表示乘積之正負號，由下表看出 +、− 號之規則是由＋號開始正負相間），由微分經驗可知，像 $\int x^ne^{bx}(\cos bx,\sin bx)dx$，$n\in\mathbb{N}$ 或 $\int x^ne^{bx}dx$ 這類問題 f 一定是擺 x^n，g 擺 e^{bx}、$\cos bx$、$\sin bx$：

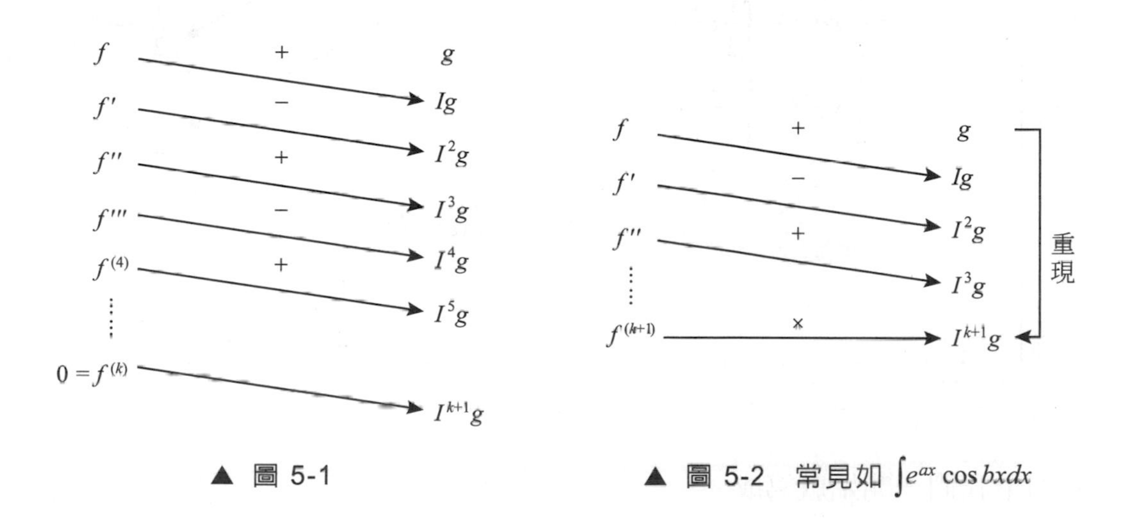

▲ 圖 5-1　　　▲ 圖 5-2　常見如 $\int e^{ax}\cos bxdx$

【題型】：$\int x^me^{ax}dx$

正規解法	速解法
$\int x^me^{ax}dx=\int x^md(\frac{1}{a}e^{ax})$ ……	x^m ＋→ $\frac{1}{a}e^{ax}$（右欄起首 e^{ax}） mx^{m-1} −→ $\frac{1}{a^2}e^{ax}$ $m(m-1)x^{m-2}$ ⋮　　⋮ 0

例題 1

求 $\int xe^{2x}dx$ 。

正規解法	速解法
$\int xe^{2x}dx = \int xd(\frac{1}{2}e^{2x})$ $= \frac{1}{2}xe^{2x} - \int \frac{1}{2}e^{2x}dx$ $= \frac{1}{2}xe^{2x} - \frac{1}{4}e^{2x} + c$	x ＋ e^{2x} 1 － $\frac{1}{2}e^{2x}$ 0 $\frac{1}{4}e^{2x}$ $\int xe^{2x}dx = x\cdot\frac{1}{2}e^{2x} - 1\cdot\frac{1}{4}e^{2x} + c$ $= \frac{1}{2}xe^{2x} - \frac{1}{4}e^{2x} + c$

■

如果我們一開始就寫成

$$\int xe^{2x}dx = \int e^{2x}d\frac{x^2}{2} = \frac{x^2}{2}e^{2x} - \int \frac{x^2}{2}de^{2x} = \frac{x^2}{2}e^{2x} - \int x^2e^{2x}dx$$

則 x 之冪次將會變得愈來愈大而無法解出。

例題 2

求 $\int e^{\sqrt[3]{x}}dx$ 。

正規解法	速解法
$\int e^{\sqrt[3]{x}}dx \overset{y=\sqrt[3]{x}}{=\!=\!=} \int 3y^2e^ydy = 3\int y^2de^y$ $= 3y^2e^y - 3\int e^ydy^2 = 3y^2e^y - 6\int ye^ydy$ $= 3y^2e^y - 6\int yde^y = 3y^2e^y - 6ye^y + 6\int e^ydy$ $= 3y^2e^y - 6ye^y + 6e^y + c$ $= 3\sqrt[3]{x^2}e^{\sqrt[3]{x}} - 6\sqrt[3]{x}e^{\sqrt[3]{x}} + 6e^{\sqrt[3]{x}} + c$	$\int e^{\sqrt[3]{x}}dx \overset{y=\sqrt[3]{x}}{=\!=\!=} 3\int y^2e^ydy$ $= 3(y^2 - 2y + 2)e^y + c$ $= 3(\sqrt[3]{x^2} - 2\sqrt[3]{x} + 2)e^{\sqrt[3]{x}} + c$ y^2 → (+) e^y $2y$ → (−) e^y 2 → (+) e^y 0　e^y

■

【題型】： $\int x^n(\sin px, \cos px)dx$

正規解法	速解法
$\int x^n \sin pxdx = \frac{1}{p}\int x^n d(-\cos px)\cdots$ $\int x^n \cos pxdx = \frac{1}{p}\int x^n d(\sin px)\cdots$	（以 $\int x^n \sin pxdx$ 為例） x^n → (+) $\sin px$ nx^{n-1} → (−) $-\frac{1}{p}\cos px$ $n(n-1)x^{n-2}$ → (+) $-\frac{1}{p^2}\sin px$ $n(n-1)(n-2)x^{n-3}$　$\frac{1}{p^3}\cos px$ $\vdots$

例題 3

求 $\int_0^1 x^2 \sin x dx$ 。

正規解法	速解法
$\int_0^1 x^2 \sin x dx = \int_0^1 x^2 d(-\cos x)$ $= -x^2 \cos x \Big\vert_0^1 - \int_0^1 (-\cos x)\, dx^2$ $= -\cos 1 + 2\int_0^1 x \cos x dx$ $= -\cos 1 + 2\int_0^1 x d \sin x$ $= -\cos 1 + 2x \sin x \Big\vert_0^1 - 2\int_0^1 \sin x dx$ $= -\cos 1 + 2\sin 1 + 2\cos x \Big\vert_0^1$ $= -\cos 1 + 2\sin 1 + 2\cos 1 - 2$ $= \cos 1 + 2\sin 1 - 2$	x^2 + $\sin x$ $2x$ − $-\cos x$ 2 + $-\sin x$ 0 $\cos x$ $\int x^2 \sin x dx$ $= -x^2 \cos x - 2x(-\sin x) + 2\cos x + c$ $= -x^2 \cos x + 2x \sin x + 2\cos x + c$ 從而 $\int_0^1 x^2 \sin x dx$ $= -x^2 \cos x + 2x \sin x + 2\cos x \Big\vert_0^1$ $= -\cos 1 + 2\sin 1 + 2\cos 1 - 2$ $= 2\sin 1 + \cos 1 - 2$

■

【題型】： $\int e^{ax}(\cos bx, \sin bx)dx$

正規解法	速解法
$\int e^{ax} \cos bx dx = \int \cos bx d \frac{1}{a} e^{ax} \cdots$ 或 $\int e^{ax} \cos bx dx = \int e^{ax} d \frac{1}{b} \sin bx \cdots\cdots$ $\int e^{ax} \sin bx dx$ 同法可解	e^{ax} + $\cos bx$ ae^{ax} − $\frac{1}{b} \sin bx$ $a^2 e^{ax}$ × $-\frac{1}{b^2} \cos bx$ 重現

例題 4

求 $\int e^x \sin 2x dx$。

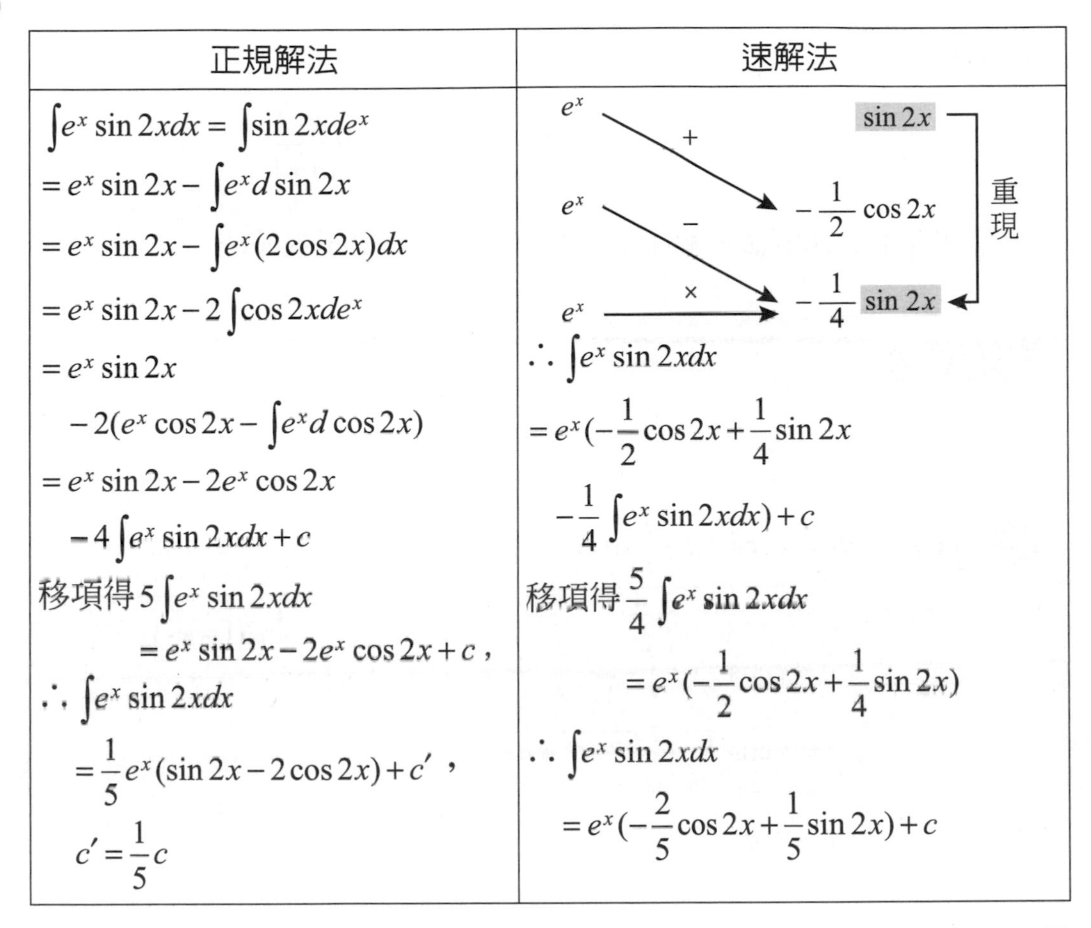

正規解法	速解法
$\int e^x \sin 2x dx = \int \sin 2x de^x$ $= e^x \sin 2x - \int e^x d \sin 2x$ $= e^x \sin 2x - \int e^x (2\cos 2x) dx$ $= e^x \sin 2x - 2\int \cos 2x de^x$ $= e^x \sin 2x$ $\quad -2(e^x \cos 2x - \int e^x d\cos 2x)$ $= e^x \sin 2x - 2e^x \cos 2x$ $\quad -4\int e^x \sin 2x dx + c$ 移項得 $5\int e^x \sin 2x dx$ $\quad = e^x \sin 2x - 2e^x \cos 2x + c$， $\therefore \int e^x \sin 2x dx$ $\quad = \frac{1}{5} e^x (\sin 2x - 2\cos 2x) + c'$， $\quad c' = \frac{1}{5} c$	e^x ＋ $\sin 2x$ e^x － $-\frac{1}{2}\cos 2x$ e^x × $-\frac{1}{4}\sin 2x$ 重現 $\therefore \int e^x \sin 2x dx$ $= e^x(-\frac{1}{2}\cos 2x + \frac{1}{4}\sin 2x$ $\quad -\frac{1}{4}\int e^x \sin 2x dx) + c$ 移項得 $\frac{5}{4}\int e^x \sin 2x dx$ $\quad = e^x(-\frac{1}{2}\cos 2x + \frac{1}{4}\sin 2x)$ $\therefore \int e^x \sin 2x dx$ $\quad = e^x(-\frac{2}{5}\cos 2x + \frac{1}{5}\sin 2x) + c$

■

在例題 4，你（妳）也可由

$$\int e^x \sin 2x dx = \int e^x d(-\frac{1}{2}\cos 2x) = -\frac{1}{2}e^x \cos 2x + \frac{1}{2}\int \cos 2x de^x \cdots$$

而得到相同解答。

下面這二個公式很重要，尤其對理工科系讀者：

$$\int e^{ax}\sin bx dx=\frac{e^{ax}}{a^2+b^2}(a\sin bx-b\cos bx)+c\text{，}$$

$$\int e^{ax}\cos bx dx=\frac{e^{ax}}{a^2+b^2}(a\cos bx+b\sin bx)+c\text{。}$$

【題型】：$\int x^n(\sin^{-1}x,\cos^{-1}x\cdots\cdots)\,dx$

$$\int x^n(\sin^{-1}x,\cos^{-1}x)dx=\int(\sin^{-1}x,\cos^{-1}x)\,d\frac{x^{n+1}}{n+1}$$

這個題型之速解法在解題上未必有利，故只用正規解法。

例題 5

求 $\int\cos^{-1}x dx$。

解

$$\int\cos^{-1}x dx=x\cos^{-1}x-\int x d\cos^{-1}x=x\cos^{-1}x-\int x(-\frac{1}{\sqrt{1-x^2}})dx$$

$$=x\cos^{-1}x+\int\frac{x}{\sqrt{1-x^2}}dx=x\cos^{-1}x+\int\frac{-\frac{1}{2}d(1-x^2)}{\sqrt{1-x^2}}$$

$$=x\cos^{-1}x-\sqrt{1-x^2}+c\text{。}$$

【題型】：$\int x^n(\ln x)^m dx$

正規解法	速解法
$\int x^n(\ln x)^m dx=\int(\ln x)^m d\frac{x^{n+1}}{n+1}\cdots\cdots$	先以 $y=\ln x$ 行變數變換，再按 $\int y^m e^{ny}$ 之速解法解之。

例題 6

求 $\int\ln x dx$。

正規解法	速解法
$\int \ln x dx = x\ln x - \int x d\ln x$ $= x\ln x - \int x \cdot \frac{1}{x} dx$ $= x\ln x - \int dx = x\ln x - x + c$	y ＋ e^y 1 － e^y 0 e^y 取 $y=\ln x$ 則 $\int \ln x dx = \int ye^y dy$ $= ye^y - e^y + c = x\ln x - x + c$

■

例題 7

求 $\int x(\ln x)^2 dx$ 。

正規解法	速解法
$\int x(\ln x)^2 dx = \int (\ln x)^2 d\frac{x^2}{2}$ $= \frac{x^2}{2}(\ln x)^2 - \int \frac{x^2}{2} d(\ln x)^2$ $= \frac{x^2}{2}(\ln x)^2 - \int \frac{x^2}{2} \cdot \frac{2}{x} \ln x dx$ $= \frac{x^2}{2}(\ln x)^2 - \int x\ln x dx$ $= \frac{x^2}{2}(\ln x)^2 - \int \ln x d\frac{x^2}{2}$ $= \frac{x^2}{2}(\ln x)^2 - (\frac{x^2}{2}\ln x - \int \frac{x^2}{2} d\ln x)$ $= \frac{x^2}{2}(\ln x)^2 - \frac{x^2}{2}\ln x + \int \frac{x^2}{2} \cdot \frac{1}{x} dx$ $= \frac{x^2}{2}(\ln x)^2 - \frac{x^2}{2}\ln x + \frac{x^2}{4} + c$	先取 $y=\ln x$ 先行變數變換， 則 $x=e^y$，$dx=e^y dy$，$\therefore \int x(\ln x)^2 dx$ $= \int e^y \cdot y^2 \cdot e^y dy = \int y^2 e^{2y} dy$， $(\ln x)^2 = y^2$ ＋ e^{2y} $2(\ln x) = 2y$ － $\frac{1}{2}e^{2y} = \frac{1}{2}x^2$ 2 ＋ $\frac{1}{4}e^{2y} = \frac{1}{4}x^2$ 0 $\frac{1}{8}e^{2y} = \frac{1}{8}x^2$ $\therefore \int x(\ln x)^2 dx$ $= \frac{1}{2}x^2(\ln x)^2 - \frac{x^2}{4}(2\ln x) + 2(\frac{1}{8}x^2) + c$ $= \frac{1}{2}x^2(\ln x)^2 - \frac{x^2}{2}\ln x + \frac{x^2}{4} + c$

■

在一些特殊的複雜問題亦可與變數變換配合解出。

分部積分之遞迴公式

分部積分有一個特殊的性質，那就是我們可藉由分部積分得到某一特殊問題之遞迴關係即**漸化式**（Reduction formula）。如此，可由此遞迴公式得到該問題在 $n=1, 2, \cdots$之結果。

例題 8

令 $I_n=\int x^n e^x dx$ ，試證 $I_n=x^n e^x-nI_{n-1}$，$n\geq 1$，並以此求 I_1，I_2，I_3。

解 (1) $I_n=\int x^n e^x dx=\int x^n de^x=x^n e^x-\int e^x dx^n$
$=x^n e^x-\int e^x(nx^{n-1})dx=x^n e^x-n\int x^{n-1}e^x dx$，

$\therefore I_n=x^n e^x-nI_{n-1}$。

> $I_n=\int x^n e^x dx$，則
> $I_{n-1}=\int x^{n-1}e^x dx$。

(2) $I_0=\int e^x dx=e^x+c$，

$I_1=xe^x-\int e^x dx=xe^x-e^x+c$，

$I_2=x^2e^x-2I_1=x^2e^x-2(xe^x-e^x)+c=(x^2-2x+2)e^x+c$，

$I_3=x^3e^x-3I_2=x^3e^x-3[(x^2-2x+2)e^x]+c=(x^3-3x^2+6x-6)e^x+c$。 ■

Wallis 公式

Wallis 公式之功用在計算像 $\int_0^{\frac{\pi}{2}}\sin^n xdx$ 或 $\int_0^{\frac{\pi}{2}}\cos^m xdx$（$m$、$n$ 爲正整數）這類的定積分。爲了導出 Wallis 公式我們先證明下列預備定理：

預備定理 a：$\int\sin^n xdx=-\frac{1}{n}\cos x\sin^{n-1}x+\frac{n-1}{n}\int\sin^{n-2}xdx$，$n$ 爲正整數，$n\geq 2$。

證明　$\int \sin^n x dx = \int \sin^{n-1} x d(-\cos x)$

$$= -\cos x \sin^{n-1} x + \int \cos x d \sin^{n-1} x$$

$$= -\cos x \sin^{n-1} x + \int \cos^2 x (n-1) \sin^{n-2} x dx$$

$$= -\cos x \sin^{n-1} x + \int (1-\sin^2 x)(n-1) \sin^{n-2} x dx$$

$$= -\cos x \sin^{n-1} x + (n-1)\int \sin^{n-2} x dx - (n-1)\int \sin^n x dx \text{，}$$

移項得下列漸化式：

$$\int \sin^n x dx = -\frac{1}{n}\cos x \sin^{n-1} x + \frac{n-1}{n}\int \sin^n x dx \text{ 。}$$

◆

定理 A （Wallis 公式）

$$\int_0^{\frac{\pi}{2}} \sin^n x dx = \int_0^{\frac{\pi}{2}} \cos^n x dx = \begin{cases} \dfrac{1\cdot 3\cdot 5\cdots\cdots(n-1)}{2\cdot 4\cdot 6\cdots\cdots n}\cdot\dfrac{\pi}{2} \text{，} n \text{ 爲偶數} \\ \dfrac{2\cdot 4\cdot 6\cdots\cdots(n-1)}{1\cdot 3\cdot 5\cdots\cdots n} \text{，} n \text{ 爲奇數} \end{cases} \text{ 。}$$

證明　由前預備定理 a 得：

$$\int_0^{\frac{\pi}{2}} \sin^n x dx = -\frac{1}{n}\cos x \sin^{n-1} x\Big|_0^{\frac{\pi}{2}} + \frac{n-1}{n}\int_0^{\frac{\pi}{2}} \sin^{n-2} x dx$$

$$= \frac{n-1}{n}\int_0^{\frac{\pi}{2}} \sin^{n-2} x dx \text{，} n \geq 2$$

取 $I_n = \int_0^{\frac{\pi}{2}} \sin^n x dx$，則 $I_n = \frac{n-1}{n} I_{n-2}$，$n \geq 2$

又 $I_2 = \int_0^{\frac{\pi}{2}} \sin^2 x dx = \int_0^{\frac{\pi}{2}} \frac{1-\cos 2x}{2} dx = (\frac{x}{2} - \frac{1}{4}\sin 2x)\Big|_0^{\frac{\pi}{2}} = \frac{\pi}{4}$，

$$I_3 = \int_0^{\frac{\pi}{2}} \sin^3 x dx = -\int_0^{\frac{\pi}{2}} \sin^2 x d\cos x = -\int_0^{\frac{\pi}{2}} (1-\cos^2 x) d\cos x$$

$$= (-\cos x + \frac{1}{3}\cos^3 x)\Big|_0^{\frac{\pi}{2}} = \frac{2}{3} \text{，}$$

利用 $I_n = \frac{n-1}{n} I_{n-2}$ 得 $I_4 = \frac{3}{4} I_2 = \frac{3}{4}\cdot\frac{\pi}{4} = \frac{1\cdot 3}{2\cdot 4}\frac{\pi}{2}$，

$I_5 = \frac{4}{5} I_3 = \frac{4}{5}\cdot\frac{2}{3} = \frac{2\cdot 4}{3\cdot 5}$，$I_6 = \frac{5}{6} I_4 = \frac{5}{6}\cdot\frac{3\cdot 1}{4\cdot 2}\cdot\frac{\pi}{2} = \frac{1\cdot 3\cdot 5}{2\cdot 4\cdot 6}\frac{\pi}{2}$，

……

可得

$$\int_0^{\frac{\pi}{2}}\sin^n xdx=\begin{cases}\dfrac{1\cdot3\cdot5\cdots\cdots(n-1)}{2\cdot4\cdot6\cdots\cdots n}\cdot\dfrac{\pi}{2} & ，n\text{ 爲偶數}\\ \dfrac{2\cdot4\cdot6\cdots\cdots(n-1)}{1\cdot3\cdot5\cdot7\cdots\cdots n} & ，n\text{ 爲奇數}，n>1\\ 1 & ，n=1\end{cases}$$

令 $y=\frac{\pi}{2}-x$，則

$$\int_0^{\frac{\pi}{2}}\cos^n xdx=\int_{\frac{\pi}{2}}^{0}\cos^n(\frac{\pi}{2}-y)(-dy)=\int_0^{\frac{\pi}{2}}\sin^n ydy \text{。}$$ ◆

例題 9

求 $\int_0^{\frac{\pi}{2}}\sin^4 xdx$、$\int_0^{\frac{\pi}{2}}\cos^5 xdx$、$\int_{-\frac{\pi}{2}}^{\frac{\pi}{2}}\sin^4 xdx$ 及 $\int_{-\frac{\pi}{2}}^{\frac{\pi}{2}}\cos^5 xdx$。

解

$$\int_0^{\frac{\pi}{2}}\sin^4 xdx=\frac{1\cdot3}{2\cdot4}\cdot\frac{\pi}{2}=\frac{3}{16}\pi \text{，}$$

$$\int_0^{\frac{\pi}{2}}\cos^5 xdx=\frac{2\cdot4}{3\cdot5}=\frac{8}{15}\text{，}$$

$$\int_{-\frac{\pi}{2}}^{\frac{\pi}{2}}\sin^4 xdx=2\int_0^{\frac{\pi}{2}}\sin^4 xdx=2\cdot\frac{3}{16}\pi=\frac{3}{8}\pi \text{，}$$

$$\int_{-\frac{\pi}{2}}^{\frac{\pi}{2}}\cos^5 xdx=2\int_0^{\frac{\pi}{2}}\cos^5 xdx=\frac{16}{15}\text{。}$$ ■

練習題

1. $\int xe^x dx$ 。

2. $\int e^x \cos x dx$ 。

3. $\int x^3 e^x dx$ 。

4. $\int_0^1 \sin^{-1} x dx$ 。

5. $\int x^2 \cos x dx$ 。

6. $\int \cos \ln x dx$ 。

7. $\int_e^{e^2} \frac{\ln x}{x^2} dx$ 。

8. $\int e^{\sqrt{x}} dx$ 。（提示：先令 $u=\sqrt{x}$ ）

9. $\int_0^{\pi} x \sin x dx$ 。

10. $\int_a^b xf''(x)\,dx$ 。

11. $\int_1^e x \ln x dx$ 。

12. $\int_0^{\pi} x \cos x dx$ 。

13. 用 Wallis 公式求

(1) $\int_{-\frac{\pi}{2}}^{\frac{\pi}{2}} \cos^4 x dx$ 。

(2) $\int_0^{\frac{\pi}{2}} \cos^8 x dx$ 。

(3) $\int_0^{\frac{\pi}{2}} \sin^5 x dx$ 。

(4) $\int_0^{\frac{\pi}{2}} \sin^3 x dx$ 。

解答

1. $xe^x - e^x + c$

2. $\frac{e^x}{2}(\cos x + \sin x) + c$

3. $(x^3 - 3x^2 + 6x - 6)e^x + c$

4. $\frac{\pi}{2} - 1$

5. $x^2 \sin x + 2x \cos x - 2 \sin x + c$

6. $\frac{x}{2}(\cos \ln x + \sin \ln x) + c$

7. $\frac{2}{e} - \frac{3}{e^2}$

8. $2(\sqrt{x} - 1)e^{\sqrt{x}} + c$

9. π

10. $bf'(b) - af'(a) + f(a) - f(b)$

11. $\frac{1+e^2}{4}$

12. -2

13. (1) $\frac{3}{8}\pi$ (2) $\frac{35}{256}\pi$ (3) $\frac{8}{15}$ (4) $\frac{2}{3}$

5-2 有理分式積分

本節學習目標

熟悉有理分式積分法之技巧。

求 $\int \frac{f(x)}{g(x)} dx$，其中 $f(x) = a_n x^n + a_{n-1} x^{n-1} + \cdots\cdots + a_1 x + a_0$

$g(x) = b_m x^m + b_{m-1} x^{m-1} + \cdots\cdots + b_1 x + b_0$

標準之作法是先將 $\frac{f(x)}{g(x)}$ 化為部分分式後再逐次積分，其分解之步驟大致如下：

1. $\frac{f(x)}{g(x)}$ 爲假分式，則先化 $\frac{f(x)}{g(x)}$ 爲帶分式。

2. 將 $g(x)$ 化成一連串**不可化約因子**（Irreducible factors）之積。直白地說，將分母 $g(x)$ 進行因式分解。例如分母 $g(x) = x^4 - 81$ 在實數系只能分解到 $g(x) = (x-3)(x+3)(x^2+9)$。

若(1) 分項之分母爲 $(a+bx)^k$ 時：

$$\frac{A_1}{a+bx} + \frac{A_2}{(a+bx)^2} + \cdots\cdots + \frac{A_k}{(a+bx)^k}$$

(2) 分項之分母爲 $(a+bx+cx^2)^p$ 時：

$$\frac{B_1 x + C_1}{a+bx+cx^2} + \frac{B_2 x + C_2}{(a+bx+cx^2)^2} + \cdots\cdots + \frac{B_p x + C_p}{(a+bx+cx^2)^p}$$

以此類推其餘。

在應用有理分式積分之方法前可探究是否能應用變數變換法，若是，則優先應用變數變換法。

此外讀者還應記住的是，我們要將 $\dfrac{f(x)}{g(x)}$ 分解成若干個子式的目的在於解出 $\int\dfrac{f(x)}{g(x)}dx$，如果這些子式均可被積分出來，我們不必拘泥如何得到這些子式以及是否完全符合部份分式之基本形式，例如：求 $\int\dfrac{x}{(x^2+1)^2}dx$ 可直接積分，自不必將 $\dfrac{x}{(x^2+1)^2}$ 再分解成 $\dfrac{Ax+B}{x^2+1}+\dfrac{Cx+D}{(x^2+1)^2}$，同時如何取得這些可積分之子式亦應靈活，甚至可應用微分法。總之，一切以便於積分爲前提，不必拘泥於高中代數部分分式之制式解法。

下列我們將介紹一種求部分分式的簡便方法。爲了便於說明，我們假設分母已因式分解成 $\dfrac{f(x)}{(x-\alpha)(x-\beta)(x-\gamma)}$，且設 $f(x)$ 爲小於 3 次之多項式。

設 $\dfrac{f(x)}{g(x)}=\dfrac{f(x)}{(x-\alpha)(x-\beta)(x-\gamma)}=\dfrac{A}{x-\alpha}+\dfrac{B}{x-\beta}+\dfrac{C}{x-\gamma}$，則

$A(x-\beta)(x-\gamma)+B(x-\alpha)(x-\gamma)+C(x-\alpha)(x-\beta)=f(x)$，

$f(\alpha)=A(\alpha-\beta)(\alpha-\gamma)$，$\therefore A=\dfrac{f(\alpha)}{(\alpha-\beta)(\alpha-\gamma)}$，

$f(\beta)=B(\beta-\alpha)(\beta-\gamma)$，$\therefore B=\dfrac{f(\beta)}{(\beta-\alpha)(\beta-\gamma)}$，

$f(\gamma)=C(\gamma-\alpha)(\gamma-\beta)$，$\therefore C=\dfrac{f(\gamma)}{(\gamma-\alpha)(\gamma-\beta)}$，

因此我們可將 A、B、C 求法圖解如下，代值時不必管 □：

$A:\dfrac{f(x)}{\boxed{(x-\alpha)}(x-\beta)(x-\gamma)}$　代　$x=\alpha\rightarrow\dfrac{f(x)}{\square(x-\beta)(x-\gamma)}$

$B:\dfrac{f(x)}{(x-\alpha)\boxed{(x-\beta)}(x-\gamma)}$　代　$x=\beta\rightarrow\dfrac{f(x)}{(x-\alpha)\square(x-\gamma)}$

$C:\dfrac{f(x)}{(x-\alpha)(x-\beta)\boxed{(x-\gamma)}}$　代　$x=\gamma\rightarrow\dfrac{f(x)}{(x-\alpha)(x-\beta)\square}$

若 $\dfrac{f(x)}{(ax+b)(x-\beta)(x-c)}=\dfrac{A}{ax+b}+\cdots\cdots$ 時，代 $x=-\dfrac{b}{a}$ 入 $\dfrac{f(x)}{\square(x-\beta)(x-c)}$ 得 A，同法可得 B、C。

許多有理分式積分法都可用上述視察法獲得部份解，然後移項而逐步得到解答。

在下列各例中，我們將展示不同求部份分式之技巧。

例題 1

求 $\int \frac{x^2+x+1}{(x+1)(x-2)(x+3)}dx$。

解

$$\frac{x^2+x+1}{(x+1)(x-2)(x+3)}=\frac{A}{x+1}+\frac{B}{x-2}+\frac{C}{x+3}，$$

A:代 $x=-1$ 入 $\frac{x^2+x+1}{\square(x-2)(x+3)}$，得 $A=-\frac{1}{6}$，

B:代 $x=2$ 入 $\frac{x^2+x+1}{(x+1)\square(x+3)}$，得 $B=\frac{7}{15}$，

C:代 $x=-3$ 入 $\frac{x^2+x+1}{(x+1)(x-2)\square}$，得 $C=\frac{7}{10}$，

$$\therefore \frac{x^2+x+1}{(x+1)(x-2)(x+3)}=\frac{-\frac{1}{6}}{x+1}+\frac{\frac{7}{15}}{x-2}+\frac{\frac{7}{10}}{x+3}，$$

故 $\int \frac{(x^2+x+1)}{(x+1)(x-2)(x+3)}dx$

$$=-\frac{1}{6}\int\frac{dx}{x+1}+\frac{7}{15}\int\frac{dx}{x-2}+\frac{7}{10}\int\frac{dx}{x+3}$$

$$=-\frac{1}{6}\ln|x+1|+\frac{7}{15}\ln|x-2|+\frac{7}{10}\ln|x+3|+c \text{。}$$

■

例題 2

求 $\int \frac{3x+1}{(x-1)(x^2+1)}dx$。

解 $\frac{3x+1}{(x-1)(x^2+1)}=\frac{A}{x-1}+\frac{Bx+C}{x^2+1}$，$A$：代 $x=1$ 入 $\frac{3x+1}{\square(x^2+1)}$，得 $A=2$，

$$\therefore \frac{Bx+C}{x^2+1}=\frac{3x+1}{(x-1)(x^2+1)}-\frac{2}{x-1}=\frac{3x+1-2(x^2+1)}{(x-1)(x^2+1)}$$

$$=\frac{-2x^2+3x-1}{(x-1)(x^2+1)}=\frac{-(x-1)(2x-1)}{(x-1)(x^2+1)}=\frac{-2x+1}{x^2+1}\text{，}$$

即 $\frac{3x+1}{(x-1)(x^2+1)}=\frac{2}{x-1}+\frac{-2x+1}{x^2+1}$，

$$\therefore \int\frac{3x+1}{(x-1)(x^2+1)}dx=\int\frac{2}{x-1}dx-\int\frac{2x}{x^2+1}dx+\int\frac{dx}{x^2+1}$$

$$=\ln(x-1)^2-\ln(x^2+1)+\tan^{-1}x+c\text{。}$$ ■

例題 2 解題過程中，我們用視察法輕易地得到 A，經移項約分後即得其餘待定值，這種技巧在有理分式積分法中很好用。

例題 3

求 $\int\frac{dx}{(x-1)^2(x-2)}$。

解 令 $\frac{1}{(x-1)^2(x-2)}=\frac{A}{x-1}+\frac{B}{(x-1)^2}+\frac{C}{x-2}$，

C：代 $x=2$ 入 $\frac{1}{(x-1)^2\square}$ 中，得 $C=1$，

$$\therefore \frac{A}{x-1}+\frac{B}{(x-1)^2}=\frac{1}{(x-1)^2(x-2)}-\frac{1}{x-2}=\frac{1-(x-1)^2}{(x-1)^2(x-2)}=\frac{-x(x-2)}{(x-1)^2(x-2)}$$

$$=\frac{-x+1-1}{(x-1)^2}=-\frac{1}{x-1}-\frac{1}{(x-1)^2}\text{，}$$

即 $\frac{1}{(x-1)^2(x-2)}=\frac{-1}{x-1}+\frac{-1}{(x-1)^2}+\frac{1}{x-2}$，

故 $\int\frac{dx}{(x-1)^2(x-2)}=\int[\frac{-1}{x-1}+\frac{-1}{(x-1)^2}+\frac{1}{x-2}]dx$

$$=-\ln|x-1|+\frac{1}{x-1}+\ln|x-2|+c=\ln\left|\frac{x-2}{x-1}\right|+\frac{1}{x-1}+c\text{。}$$ ■

例題 4

求 $\int \frac{2x^2+3x+1}{(x-1)^3}dx$。

解 令 $\frac{2x^2+3x+1}{(x-1)^3}=\frac{A}{x-1}+\frac{B}{(x-1)^2}+\frac{C}{(x-1)^3}$，

$2x^2+3x+1=A(x-1)^2+B(x-1)+C\cdots\cdots①$

令 $x=1$ 得 $C=6$，

二邊對 x 微分：

$4x+3=2A(x-1)+B$

$\therefore\ A=2$，$B=7$

$\therefore\ \frac{2x^2+3x+1}{(x-1)^3}=\frac{2}{x-1}+\frac{7}{(x-1)^2}+\frac{6}{(x-1)^3}$，

$$\int \frac{2x^2+3x+1}{(x-1)^3}dx=\int\frac{2dx}{x-1}+\int\frac{7dx}{(x-1)^2}+\int\frac{6dx}{(x-1)^3}$$

$$=2\ln|x-1|-\frac{7}{x-1}-\frac{3}{(x-1)^2}+c$$ 。 ■

例題 5

求 $\int \frac{x^3+x^2+1}{(x^2+1)^2}dx$。

解 $\frac{x^3+x^2+1}{(x^2+1)}=(x+1)+\frac{-x}{x^2+1}$，$\therefore\ \frac{x^3+x^2+1}{(x^2+1)^2}=\frac{x+1}{x^2+1}+\frac{-x}{(x^2+1)^2}$，

故 $\int\frac{x^3+x^2+1}{(x^2+1)^2}dx=\int\frac{x}{x^2+1}dx+\int\frac{dx}{x^2+1}-\int\frac{x}{(x^2+1)^2}dx$

$$=\frac{1}{2}\int\frac{d(x^2+1)}{x^2+1}+\tan^{-1}x-\frac{1}{2}\int\frac{d(x^2+1)}{(x^2+1)^2}$$

$$=\frac{1}{2}\ln(x^2+1)+\tan^{-1}x+\frac{1}{2}\frac{1}{(1+x^2)}+c$$ 。 ■

例題 6

求 $\int_4^9 \frac{dx}{x-\sqrt{x}}$ 。

 取 $u=x^{\frac{1}{2}}$ ， $x=u^2$ ，

$\therefore dx=2udu$ ，

則 $\int_4^9 \frac{dx}{x-\sqrt{x}}=\int_2^3 \frac{2udu}{u^2-u}=\int_2^3 \frac{2du}{u-1}=2\ln(u-1)\Big|_2^3=2\ln 2$ 。 ■

練習題

1. $\int \frac{x}{(1+x)(1+x^2)}\,dx$。

2. $\int \frac{dx}{x\sqrt{1+6x}}$。
（提示：取 $y=\sqrt{1+6x}$ ）

3. $\int \frac{xdx}{(x+1)(x+2)(x+3)}$。

4. $\int \frac{2x+3}{(x-2)(x+5)}\,dx$。

5. $\int \frac{dx}{x^2-3x-4}$。

6. $\int \frac{x^2}{x^4-1}\,dx$。

7. $\int \frac{6x^2-22x+18}{x^3-6x^2+11x-6}\,dx$。

8. $\int \frac{x^2+5x+2}{(x+1)(x^2+1)}\,dx$。

9. $\int \frac{\sqrt{x}}{1+\sqrt{x}}\,dx$。

解答

1. $\frac{-1}{2}\ln|1+x|+\frac{1}{2}\tan^{-1}x+\frac{1}{4}\ln(1+x^2)+c$
2. $\ln\left|\frac{\sqrt{1+6x}-1}{\sqrt{1+6x}+1}\right|+c$
3. $\frac{1}{2}\ln\left|\frac{(x+2)^4}{(x+1)(x+3)^3}\right|+c$
4. $\ln|x-2|+\ln|x+5|+c$
5. $\frac{1}{5}\ln\left|\frac{x-4}{x+1}\right|+c$
6. $\frac{1}{4}\ln\left|\frac{x-1}{x+1}\right|+\frac{1}{2}\tan^{-1}x+c$
7. $\ln|x-1|+2\ln|x-2|+3\ln|x-3|+c$
8. $\ln\left|\frac{x^2+1}{x+1}\right|+3\tan^{-1}x+c$
9. $x-2\sqrt{x}+2\ln(1+\sqrt{x})+c$

5-3 三角代換法

本節學習目標

應用三角代換法解 $\int f(a+bx+cx^2)dx$。

三角代換之分類

1. $\int f(a^2-x^2)dx$：可令 $x=a\sin y \Rightarrow \begin{cases} y=\sin^{-1}\dfrac{x}{a} \\ dx=a\cos ydy \end{cases}$

2. $\int f(a^2+x^2)dx$：可令 $x=a\tan y \Rightarrow \begin{cases} y=\tan^{-1}\dfrac{x}{a} \\ dx=a\sec^2 ydy \end{cases}$

3. $\int f(x^2-a^2)dx$：可令 $x=a\sec y \Rightarrow \begin{cases} y=\sec^{-1}\dfrac{x}{a} \\ dx=a\sec y\tan ydy \end{cases}$

這類題型之積分問題，大抵可用上述代換底定，但如果能配合適當的示意圖，在解題上更為方便。

首先，我們複習三角函數中之正弦函數、餘弦函數與正切函數。

正弦函數 $\sin x=\dfrac{\text{對邊}}{\text{斜邊}}$

餘弦函數 $\cos x=\dfrac{\text{鄰邊}}{\text{對邊}}$

正切函數 $\tan x=\dfrac{\text{對邊}}{\text{鄰邊}}$

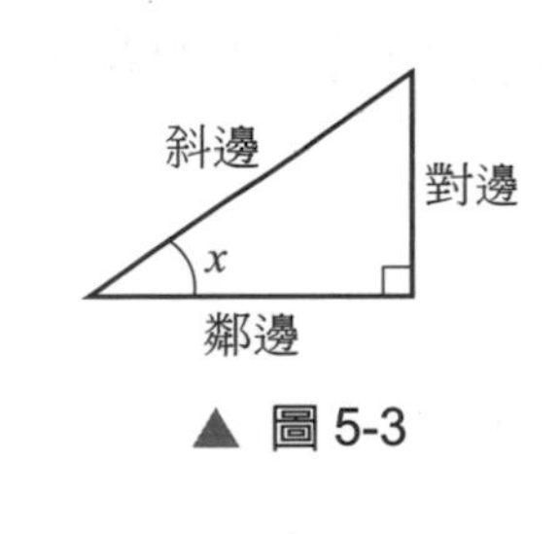

▲ 圖 5-3

三角函數都和斜邊、鄰邊與對邊有關，很容易搞混，記得筆者在高中時曾流傳一個口訣，由正弦函數、餘弦函數、正切函數之小寫草寫第一個字母看出「玄機」。

名稱	英文草寫第一字母之首 2 個「圖段」	示意圖	
$\cos x=\dfrac{鄰邊}{對邊}$	c 小寫草書 ① ② ①表分母，②表分子，以下同	$\cos^{-1}x=y$ $\Rightarrow \cos y=x=\dfrac{x}{1}$	1, $\sqrt{1-x^2}$, y, x
$\sin x=\dfrac{對邊}{斜邊}$	s 小寫草書 ① ②	$\sin^{-1}x=y$ $\Rightarrow \sin y=x=\dfrac{x}{1}$	1, x, y, $\sqrt{1-x^2}$
$\tan x=\dfrac{對邊}{鄰邊}$	t 小寫草書 ② ①	$\tan^{-1}x=y$ $\Rightarrow \tan y=x=\dfrac{x}{1}$	$\sqrt{1-x^2}$, x, y, 1

右欄示意圖之粗線部分是根據細線部分的數值，應用直角三角形之邊角關係而得。

例如 $y=\cos^{-1}3x$，那麼 $\cos y=3x=\dfrac{3x}{1}$，因此我們可令斜邊長爲 1，鄰邊爲 $3x$，所以另一邊便爲 $\sqrt{1-9x^2}$ ，如此便可做出對應之示意圖（如圖 5-4）。

又如 $y=\tan^{-1}\dfrac{x}{2}$ ，那麼 $\tan y=\dfrac{x}{2}=\dfrac{\frac{x}{2}}{1}$ ，可令鄰邊爲 1，對邊爲 $\dfrac{x}{2}$ ，所以斜邊爲 $\sqrt{1+\dfrac{x^2}{4}}$ （如圖 5-5）。

▲ 圖 5-4　　▲ 圖 5-5

有了 $\sin x$、$\cos x$ 與 $\tan x$，不難由倒數關係推出 $\csc x$、$\sec x$ 與 $\cot x$，如此可應用畢氏定理，以二個已知邊求得另一邊，而完成完整之示意圖。

例題 1

求 $\int \frac{dx}{\sqrt{4-x^2}}$ 。

提示	解答
1° 由 $\int \frac{dx}{\sqrt{4-x^2}}$，知可用 $x=2\sin y$ 行三角變換 2° $\because x=2\sin y$ $\therefore \sin y=\frac{x}{2}$ ← 對邊 / ← 斜邊 （三角形：斜邊 2，對邊 x，角 y，鄰邊 ? → 鄰邊 $\sqrt{4-x^2}$）	$\int \frac{dx}{\sqrt{4-x^2}}$ $\overset{x=2\sin y}{=\!=}\int \frac{2\cos y}{\sqrt{4-4\sin^2 y}}dy$ $=\int \frac{2\cos y}{\sqrt{4\cos^2 y}}dy$ $=\int \frac{2\cos y}{2\cos y}dy=\int dy+c$ $=y+c=\sin^{-1}\frac{x}{2}+c$

■

例題 1 若令 $x=2\cos y$，$dx=-2\sin y dy$

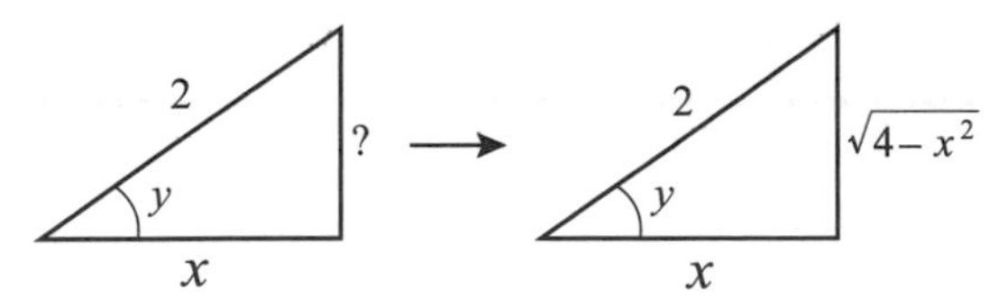

則 $\int \frac{dx}{\sqrt{4-x^2}}=\int \frac{-2\sin y}{\sqrt{4-4\cos^2 y}}dy=\int \frac{-2\sin y}{2\sin y}dy=-\int dy=-\cos^{-1}\frac{x}{2}+c$ 。

讀者可驗證 $\sin^{-1}\frac{x}{2}+c$ 與 $-\cos^{-1}\frac{x}{2}+c$ 之原函數均爲 $f(x)=\frac{1}{\sqrt{4-x^2}}$，這說明了一個不定積分因不同之變數變換可能有不同之積分結果。

例題 2

求 $\int \frac{dx}{1+4x^2}$。

提示	解答
1° 由 $\int \frac{dx}{1+4x^2}$，知可用 $x=\frac{1}{2}\tan y$ 行三角變換 2° $x=\frac{1}{2}\tan y$，$\tan y=2x=\frac{2x}{1}\begin{array}{l}\leftarrow 對邊\\ \leftarrow 鄰邊\end{array}$?　y　$2x$　1　⟶　$\sqrt{1+4x^2}$　y　$2x$　1 應用 $\frac{d}{dy}\tan y=\sec^2 y$	$\int \frac{dx}{1+4x^2} \overset{x=\frac{1}{2}\tan y}{=\!=\!=}$ $\int \frac{\frac{1}{2}\sec^2 y}{1+\tan^2 y}dy=\int \frac{1}{2}dy$ $=\frac{1}{2}y+c=\frac{1}{2}\tan^{-1}2x+c$

■

例題 3

求 $\int \frac{dx}{\sqrt{x^2-4}}$。

提示	解答
1° 由 $\int \frac{dx}{\sqrt{x^2-4}}$，知可用 $x=2\sec y$ 行三角變換 2° $\because x=2\sec y$，$\sec y=\frac{x}{2}$ $\therefore \cos y=\frac{2}{x}$ $\begin{matrix}\leftarrow 鄰邊\\ \leftarrow 斜邊\end{matrix}$ 3° $x=2\sec y$，$\therefore dx=2\sec y\tan y dy$ 4° $\int \sec y dy=\ln\lvert\sec y+\tan y\rvert+c$	$\int \frac{dx}{\sqrt{x^2-4}}$ $\overset{x=2\sec y}{=\!=\!=}\int \frac{2\sec y\tan y}{\sqrt{4\sec^2 y-4}}dy$ $=\int \frac{2\sec y\tan y}{\sqrt{4\tan^2 y}}dy$ $=\int \frac{2\sec y\tan y}{2\tan y}dy=\int \sec y dy$ $=\ln\lvert\sec y+\tan y\rvert+c'$ $=\ln\left\lvert\frac{x}{2}+\frac{\sqrt{x^2-4}}{2}\right\rvert+c'$ $=\ln\lvert x+\sqrt{x^2-4}\rvert+c$

定理 A

(1) $\int \frac{du}{\sqrt{u^2\pm a^2}}=\ln\left|u+\sqrt{u^2\pm a^2}\right|+c$。

(2) $\int \sqrt{u^2\pm a^2}\,du=\frac{u}{2}\sqrt{u^2\pm a^2}\pm\frac{a^2}{2}\ln\left|u+\sqrt{u^2\pm a^2}\right|+c$。

(3) $\int \frac{1}{\sqrt{a^2-u^2}}du=\sin^{-1}\frac{u}{a}+c$。

(4) $\int \sqrt{a^2-u^2}\,du=\frac{u}{2}\sqrt{a^2-u^2}+\frac{a^2}{2}\sin^{-1}\frac{u}{a}+c$。

(5) $\int \frac{du}{a^2+u^2}=\frac{1}{a}\tan^{-1}\frac{u}{a}+c$。

證明 （只證(1)，(2)，(3)，(5)）

(1) 取 $u=a\tan y$ ，$du=a\sec^2 y dy$ ，則

$$\int \frac{du}{\sqrt{u^2+a^2}}=\int \frac{a\sec^2 y dy}{\sqrt{a^2\tan^2 y+a^2}}=\int \sec y dy$$

$$=\ln\left|\sec y+\tan y\right|+c'* \text{（定理 4-1G）}$$

> $\int \sec y dy$
> $=\ln|\sec y+\tan y|+c$

$\because u=a\tan y$ ，

$\therefore \tan y=\frac{u}{a}$ ，$\sec y=\sqrt{1+\tan^2 y}=\sqrt{1+\frac{u^2}{a^2}}=\frac{\sqrt{a^2+u^2}}{a}$ ，

代以上結果入*得

$$\int \frac{du}{\sqrt{u^2+a^2}}=\ln\left|\sec y+\tan y\right|+c'$$

$$=\ln\left|\frac{\sqrt{a^2+u^2}}{a}+\frac{u}{a}\right|+c'$$

$$=\ln\left|u+\sqrt{a^2+u^2}\right|+c \text{。}$$

(2) $\int \sqrt{u^2+a^2}du$ （取 $u=a\tan y$ ，$du=a\sec^2 y dy$ ）

$$=\int \sqrt{a^2\tan^2 y+a^2}\cdot(a\sec^2 y)dy$$

$$=a^2\int \sec^3 y dy=a^2(\frac{1}{2}\sec y\tan y+\frac{1}{2}\ln\left|\sec y+\tan y\right|+c')$$

$$=a^2(\frac{1}{2}\frac{\sqrt{a^2+u^2}}{a}\cdot\frac{u}{a}+\frac{1}{2}\ln\left|\frac{\sqrt{a^2+u^2}}{a}+\frac{u}{a}\right|+c')$$

$$=\frac{u}{2}\sqrt{a^2+u^2}+\frac{a^2}{2}\ln\left|\sqrt{a^2+u^2}+u\right|+c \text{。}$$

(3) $\frac{du}{\sqrt{a^2-u^2}}$ （取 $u=a\sin y$ ，$du=a\cos y dy$ ）

$$=\int \frac{a\cos y dy}{\sqrt{a^2-a^2\sin^2 y}}=\int dy=y+c=\sin^{-1}\frac{u}{a}+c \text{。}$$

(5) $\int \frac{du}{a^2+u^2}$ （取 $u=a\tan y$ ，$du=a\sec^2 y dy$ ）

$$=\int \frac{a\sec^2 y}{a^2(1+\tan^2 y)}dy=\frac{1}{a}\int dy=\frac{1}{a}y+c=\frac{1}{a}\tan^{-1}\frac{u}{a}+c \text{。}$$

◆

例題 4

求 $\int \frac{dx}{x^2+2x+2}$。

解 $\int \frac{dx}{x^2+2x+2} = \int \frac{dx}{(x+1)^2+1} \xlongequal[du=dx]{u=x+1} \int \frac{du}{u^2+1} = \tan^{-1} u + c = \tan^{-1}(x+1)+c$。■

例題 5

求 $\int \frac{dx}{\sqrt{x^2+2x+2}}$。

方法一：利用定理 A	方法二：利用三角代換法
$\int \frac{dx}{\sqrt{x^2+2x+2}} = \int \frac{dx}{\sqrt{(x+1)^2+1}}$ （取 $u=x+1$，$du=dx$） $= \int \frac{du}{\sqrt{u^2+1}} = \ln\left\lvert u+\sqrt{u^2+1}\right\rvert + c$ $= \ln\left\lvert (x+1)+\sqrt{(x+1)^2+1}\right\rvert + c$ $= \ln\left\lvert (x+1)+\sqrt{x^2+2x+2}\right\rvert + c$。	$\int \frac{dx}{\sqrt{x^2+2x+2}} = \int \frac{dx}{\sqrt{(x+1)^2+1}}$ $\xlongequal{x+1=\tan y} \int \frac{\sec^2 y dy}{\sqrt{\tan^2 y+1}}$ $= \int \frac{\sec^2 y}{\sec y} = \int \sec y dy$ $= \ln\lvert \sec y + \tan y\rvert + c$ $= \ln\left\lvert \sqrt{1+\tan^2 y} + \tan y\right\rvert + c$ $= \ln\left\lvert \sqrt{1+(1+x)^2} + 1 + x\right\rvert + c$ $= \ln\left\lvert x+1+\sqrt{x^2+2x+2}\right\rvert + c$。

■

例題 6

求 $\int_{-1}^{1}\frac{dx}{\sqrt{(x+2)(3-x)}}$ 。

解 $\int_{-1}^{1}\frac{dx}{\sqrt{(x+2)(3-x)}}=\int_{-1}^{1}\frac{dx}{\sqrt{-x^2+x+6}}=\int_{-1}^{1}\frac{dx}{\sqrt{\frac{25}{4}-(x-\frac{1}{2})^2}}$

$\sin^{-1}(-x)$
$=-\sin^{-1}x$

$$=\int_{-1}^{1}\frac{dx}{\sqrt{\frac{25}{4}-(x-\frac{1}{2})^2}}\text{（取}u=x-\frac{1}{2}\text{，}du=dx\text{）}$$

$$=\int_{-\frac{3}{2}}^{\frac{1}{2}}\frac{du}{\sqrt{\frac{25}{4}-u^2}}=\sin^{-1}\frac{2}{5}u\Big|_{-\frac{3}{2}}^{\frac{1}{2}}=\sin^{-1}\frac{1}{5}-\sin^{-1}(-\frac{3}{5})$$

$$=\sin^{-1}\frac{1}{5}+\sin^{-1}\frac{3}{5}\text{ 。}$$

■

例題 7

求 $\int\frac{x^2+1}{x^4+1}dx$ 。

解 $\int\frac{x^2+1}{x^4+1}dx=\int\frac{1+\frac{1}{x^2}}{x^2+\frac{1}{x^2}}dx=\int\frac{d(x-\frac{1}{x})}{(x-\frac{1}{x})^2+2}$

$$=\frac{1}{\sqrt{2}}\tan^{-1}\frac{x-\frac{1}{x}}{\sqrt{2}}+c=\frac{1}{\sqrt{2}}\tan^{-1}\frac{x^2-1}{\sqrt{2}x}+c\text{ 。}$$

■

練習題

1. $\int \sqrt{x^2-2x-2}dx$。

2. $\int \frac{x-3}{\sqrt{5+4x-x^2}}dx$。

3. $\int \frac{\sqrt{x^2-a^2}}{x}dx$。

4. $\int \frac{dx}{(a^2-x^2)^{\frac{3}{2}}}$。

5. $\int x^3\sqrt{1-x^2}dx$。

6. $\int \frac{x^3}{\sqrt{1+x^2}}dx$。

7. $\int \frac{dx}{\sqrt{x^2+16}}$。

8. $\int \sqrt{1-x^2}dx$。

9. $\int \frac{dx}{\sqrt{x^2+4x+5}}$。

10. $\int \sqrt{2x-x^2}dx$。

11. $\int_0^1 \sqrt{2+x^2}dx$。

12. $\int \frac{x+2}{\sqrt{x^2+4x+5}}dx$。

13. 試求 $\int \frac{du}{\sqrt{u^2-a^2}}$ 與 $\int \sqrt{u^2-a^2}du$。

解答

1. $\frac{x-1}{2}\sqrt{x^2-2x-2}$
$-\frac{3}{2}\ln\left|(x-1)+\sqrt{x^2-2x-2}\right|+c$

2. $-\sqrt{5+4x-x^2}-\sin^{-1}\frac{x-2}{3}+c$

3. $\sqrt{x^2-a^2}-a\sec^{-1}\frac{x}{a}+c$

4. $\frac{x}{a^2\sqrt{a^2-x^2}}+c$

5. $\frac{1}{5}(\sqrt{1-x^2})^5-\frac{1}{3}(\sqrt{1-x^2})^3+c$

6. $\frac{x^2-2}{3}\sqrt{1+x^2}+c$

7. $\ln\left|x+\sqrt{x^2+16}\right|+c$

8. $\frac{x}{2}\sqrt{1-x^2}+\frac{1}{2}\sin^{-1}x+c$

9. $\ln\left|(x+2)+\sqrt{x^2+4x+5}\right|+c$

10. $\frac{1-x}{2}\sqrt{2x-x^2}+\frac{1}{2}\sin^{-1}(1-x)+c$

11. $\frac{\sqrt{3}}{2}+\ln\left|\frac{\sqrt{3}+1}{\sqrt{2}}\right|$

12. $\sqrt{x^2+4x+5}+c$

13. $\ln|u+\sqrt{u^2-a^2}|+c$ 與
$\frac{u}{2}\sqrt{u^2-a^2}-\frac{a^2}{2}\ln|u+\sqrt{u^2-a^2}|+c$

06

不定式與瑕積分

6-1 不定式

本節學習目標

L'Hospital 法則在不同題型應用之技巧。

不定式

我們在第一章討論了許多**不定式**（Indeterminate forms）。比方說，$\lim\limits_{x \to 1} \dfrac{x^2-1}{x-1}$ 是一個$\dfrac{0}{0}$的例子，$\lim\limits_{x \to 1} \dfrac{x^3-1}{x^2-1}$也是一個$\dfrac{0}{0}$的例子，前者之結果是 2，而後者則是$\dfrac{3}{2}$，這或許是不定式名稱之原由。其它會造成不定式之情況還有$\dfrac{\infty}{\infty}$、$0 \cdot \infty$、0^0、∞^0、1^∞、$\infty - \infty$等，第一章所介紹的方法對如$\lim\limits_{x \to 0} \dfrac{e^{\sin x}-1}{x\sin x + e^x - 1}$這類不定式即束手無策，而本節之 L'Hospital 法則能以簡易方式處理更廣泛之不定式問題。

定理 A Cauchy 均值定理

若 $f(x)$與 $g(x)$均滿足
(1)在$[a, b]$上為連續，(2)在(a, b)中為可微分，(3) $g'(x) \neq 0$，則在(a, b)內存在一個 x_0 使得

$$\frac{f(b)-f(a)}{g(b)-g(a)} = \frac{f'(x_0)}{g'(x_0)}，b > x_0 > a$$

顯然，取 $g(x) = x$ 則定理 A 為拉格蘭日均值定理。

定理 B　L'Hopital 法則

若 $\lim_{x\to x_0} f(x)=\lim_{x\to x_0} g(x)=0$，且 $\lim_{x\to x_0}\frac{f'(x)}{g'(x)}$ 存在，則 $\lim_{x\to x_0}\frac{f(x)}{g(x)}=\lim_{x\to x_0}\frac{f'(x)}{g'(x)}$，

在此 x_0 可爲 $+\infty$、$-\infty$、0^+ 或 0^- 之型式。

證明　（在此只證 $\lim_{x\to x_0^+} f(x)=\lim_{x\to x_0^+} g(x)=0$ 之情況）

設 $f(x)$、$g(x)$ 在 $(a,\ b)$ 中爲可微分，且 $\lim_{x\to x_0^+} f(x)=\lim_{x\to x_0^+} g(x)=0$，$a<x_0<b$，由 Cauchy 均值定理 $\frac{f(x)-f(x_0)}{g(x)-g(x_0)}=\frac{f'(\xi)}{g'(\xi)}$，$x_0<\xi<x$，

當 $x\to x_0{}^+$ 時，$\xi\to x_0{}^+$，又 $\lim_{x\to x_0^+} f(x)=\lim_{x\to x_0^+} g(x)=0$，

$\therefore \lim_{x\to x_0^+}\frac{f(x)}{g(x)}=\lim_{x\to x_0^+}\frac{f'(\xi)}{g'(\xi)}=\lim_{x\to x_0^+}\frac{f'(x)}{g'(x)}$。 ◆

上述 L'Hospital 法則應注意到：

1. 在 $\lim_{x\to x_0} f(x)=\lim_{x\to x_0} g(x)=\infty$ 時，定理 A 仍成立。
2. **$f(x)$、$g(x)$ 均需為可微分。**

題型：$\frac{0}{0}$ 或 $\frac{\infty}{\infty}$ 型

例題 1

求 $\lim_{x\to 1}\frac{x^7-2x^3+1}{x^3-7x^2+4x+2}$。

解 $\lim_{x\to 1}\frac{x^7-2x^3+1}{x^3-7x^2+4x+2}$ ………… $(\frac{0}{0})$

$=\lim_{x\to 1}\frac{7x^6-6x^2}{3x^2-14x+4}=\frac{\lim_{x\to 1}(7x^6-6x^2)}{\lim_{x\to 1}(3x^2-14x+4)}=\frac{1}{-7}$。 ■

例題 2

求 $\lim_{x\to 0}\frac{x^2e^x}{1-\cos x}$。

解 $\lim_{x\to 0}\frac{x^2e^x}{1-\cos x}$ ……………… $(\frac{0}{0})$

$=\lim_{x\to 0}\frac{2xe^x+x^2e^x}{\sin x}$ ……………… $(\frac{0}{0})$

$=\lim_{x\to 0}\frac{2e^x+2xe^x+2xe^x+x^2e^x}{\cos x}=2$。 ■

例題 3

求 $\lim_{x\to 0}\frac{2e^x-\cos x-2x-1}{x^2}$。

解 $\lim_{x\to 0}\frac{2e^x-\cos x-2x-1}{x^2}$ ……………… $(\frac{0}{0})$

$=\lim_{x\to 0}\frac{2e^x+\sin x-2}{2x}$ ……………… $(\frac{0}{0})$

$=\lim_{x\to 0}\frac{2e^x+\cos x}{2}=\frac{3}{2}$。 ■

題型：0．∞

這種類型之不定式可化成 $\frac{\infty}{\infty}$ 或 $\frac{0}{0}$ 之形式。

★ **例題 4**

求 $\lim\limits_{x\to\infty} x(e^{\frac{1}{x}}-1)$，並利用此結果，求 $\lim\limits_{x\to 1}\dfrac{x^x-1}{x\ln x}$。

解 (1) $\lim\limits_{x\to\infty} x(e^{\frac{1}{x}}-1)$

$$\overset{y=\frac{1}{x}}{=\!=\!=} \lim_{y\to 0}\frac{e^y-1}{y} \cdots\cdots (\frac{0}{0})$$

$$=\lim_{y\to 0}\frac{e^y}{1}=1\text{。}$$

(2) $\lim\limits_{x\to 1}\dfrac{x^x-1}{x\ln x} \overset{t=x\ln x}{=\!=\!=} \lim\limits_{t\to 0}\dfrac{e^t-1}{t}=\lim\limits_{t\to 0}\dfrac{e^t}{1}=1$。 ■

題型：∞−∞型

例題 5

求 $\lim\limits_{x\to 0^+}(\dfrac{1}{x}-\dfrac{1}{\sin x})$。

解 原式 $=\lim\limits_{x\to 0^+}\dfrac{\sin x-x}{x\sin x}=\lim\limits_{x\to 0^+}\dfrac{\cos x-1}{\sin x+x\cos x}$

$$=\lim_{x\to 0^+}\frac{-\sin x}{\cos x+\cos x-x\sin x}=0\text{。}$$ ■

題型：0^0 型

例題 6

求 $\lim_{x\to 0^+} x^x$，藉此結果，求 $\lim_{x\to 0^+} \ln x^x$。

解 (1) $\lim_{x\to 0^+} x^x = \lim_{x\to 0^+} e^{\ln x^x} = \lim_{x\to 0^+} e^{x\ln x}$

但 $\lim_{x\to 0^+} x\ln x = \lim_{x\to 0^+} \dfrac{\ln x}{\dfrac{1}{x}}$ ………… $(\dfrac{\infty}{\infty})$

$$= \lim_{x\to 0^+} \frac{\dfrac{1}{x}}{-\dfrac{1}{x^2}} = \lim_{x\to 0^+}(-x) = 0 \text{。}$$

(2) $\therefore \lim_{x\to 0^+} x^x = \lim_{x\to 0^+} e^{x\ln x} = e^0 = 1$，$\lim_{x\to 0^+} \ln x^x = \ln \lim_{x\to 0^+} x^x = \ln 1 = 0$。 ■

題型：1^∞ 型

本題型可用下面定理輕易地求出結果。

定理 C

若 $\lim_{x\to a} f(x) = 1$ 且 $\lim_{x\to a} g(x) = \infty$，則 $\lim_{x\to a} f(x)^{g(x)} = e^{[\lim_{x\to a}(f(x)-1)g(x)]}$。

例題 7

求 $\lim_{x\to 0}\left(\frac{\sin x}{x}\right)^{\frac{1}{x}}$ 。

解 $\lim_{x\to 0}\left(\frac{\sin x}{x}\right)^{\frac{1}{x}}$ ………………………………… (1^∞)

$= e^{\lim_{x\to 0}\left(\frac{\sin x}{x}-1\right)\frac{1}{x}=\lim_{x\to 0}\frac{\sin x-x}{x^2}}$

$\underset{\text{L'Hospital}}{=\!=\!=} e^{\lim_{x\to 0}\frac{\cos x-1}{2x}} \underset{\text{L'Hospital}}{=\!=\!=} e^{\lim_{x\to 0}\frac{-\sin x}{2}} = e^0 = 1$ 。■

$$\lim_{x\to 0}\frac{\sin x}{x}=1$$

練習題

1. $\lim\limits_{x\to 0^+}\dfrac{\sqrt{1-\cos x}}{\sin x}$。

2. $\lim\limits_{x\to\infty}(\dfrac{2x+3}{2x+1})^{\frac{x+1}{2}}$。

3. $\lim\limits_{x\to 1}(\dfrac{1}{\ln x}-\dfrac{1}{x-1})$。

4. $\lim\limits_{x\to 0}(1+3x+x^2)^{\frac{3}{x}}$。

5. $\lim\limits_{x\to 0^+}(\sin x)^x$。

6. $\lim\limits_{x\to 0}\dfrac{x^3}{x-\sin x}$。

7. $\lim\limits_{x\to\infty}(1+\dfrac{5}{x^2})^{2x}$。

8. $\lim\limits_{x\to 0}\dfrac{\cos x+\dfrac{x^2}{2}-1}{x^4}$。

9. $\lim\limits_{x\to 0}\dfrac{\tan x-x}{x^3}$。

10. $\lim\limits_{x\to\infty}(1+\dfrac{2}{x}+\dfrac{5}{x^3})^{3x}$。

11. $\lim\limits_{x\to\infty}\dfrac{x-\sin x}{2x}$。

（提示：本題不能用 L′Hospital 法則解出，何故？可用夾擊定理解之）

12. 說明何以 $\lim\limits_{x\to 0}\dfrac{x^2\sin\frac{1}{x}}{\sin x}$ 不能用 L′Hospital 法則解出，並以其他方法求解。

（提示：$h(x)=x^2\sin\dfrac{1}{x}$ 在 $x=0$ 是否可微分？）

解答

1. $\dfrac{1}{\sqrt{2}}$
2. $e^{\frac{1}{2}}$
3. $\dfrac{1}{2}$
4. e^9
5. 1
6. 6
7. 1
8. $\dfrac{1}{24}$
9. $\dfrac{1}{3}$
10. e^6
11. $\dfrac{1}{2}$
12. 0

6-2 瑕積分

本節學習目標

1. 瑕積分之斂散性。
2. 對收斂之瑕積分求值。
3. Gamma 函數。

本章前幾節討論之定積分 $\int_a^b f(x)dx$ 有一些限制，例如：積分界限沒有 ∞ 或 $-\infty$ 出現，$f(x)$ 在 $[a, b]$ 必須是連續函數，瑕積分將打破這些限制。

定義　瑕積分

若(1) 積分式 $f(x)$ 在積分範圍 $[a, b]$ 內有一點不連續或

(2) 至少有一個積分界限是無窮大，則稱 $\int_a^b f(x)dx$ 爲**瑕積分**（Improper integral）。

例如：下列四個定積分均爲瑕積分：

(1) $\int_0^1 \frac{e^x}{\sqrt{x}}dx$　(2) $\int_0^3 \frac{1}{3-x}dx$　(3) $\int_{-1}^1 \frac{dx}{x^{\frac{4}{5}}}$　(4) $\int_{-\infty}^{\infty} e^{-2x}dx$ 。

瑕積分可分二類：

1. 第一類瑕積分：

   $\int_a^b f(x)dx$ 之 a, b 至少有一個是 ∞ 或 $-\infty$。

2. 第二類瑕積分：

   $f(x)dx$ 在 $[a, b]$ 中有不連續點之積分。

第一類瑕積分

定義

(1) 若函數 $f(x)$ 在區間$[a, b]$連續，則

$$\int_a^{\infty} f(x)dx = \lim_{t\to\infty}\int_a^t f(x)dx$$ 。（若極限存在）

(2) 若 $f(x)$ 在$[s, b]$連續，則

$$\int_{-\infty}^{b} f(x)dx = \lim_{s\to-\infty}\int_s^b f(x)dx$$ 。（若極限存在）

(3) 若 $f(x)$ 在$[s, t]$連續，則

$$\int_{-\infty}^{\infty} f(x)dx = \lim_{s\to-\infty}\int_s^a f(x)dx + \lim_{t\to\infty}\int_a^t f(x)dx$$ 。（若左右端兩極限都存在）

許多讀者往往**誤把 $\int_{-\infty}^{\infty} f(x)dx$ 誤認為 $\lim_{t\to\infty}\int_{-t}^{t} f(x)dx$，這在實變數積分裡是不對的，應特別注意**。

例題 1

求 $\int_1^{\infty}\frac{dx}{x^2}$ 。

解 $\int_1^{\infty}\frac{dx}{x^2} = \lim_{t\to\infty}\int_1^t\frac{dx}{x^2} = \lim_{t\to\infty}\left.\frac{-1}{x}\right|_1^t = \lim_{t\to\infty} 1-\frac{1}{t} = 1$ 。 ■

例題 2

求 $\int_1^{\infty}\frac{dx}{x^2+x^4}$ 。

解 $\int_1^{\infty}\frac{dx}{x^2+x^4}=\int_1^{\infty}\frac{dx}{x^2(1+x^2)}=\int_1^{\infty}(\frac{1}{x^2}-\frac{1}{1+x^2})dx$

$$=\lim_{t\to\infty}(-\frac{1}{x}-\tan^{-1}x)\Big|_1^t=-\frac{\pi}{2}+1+\frac{\pi}{4}=1-\frac{\pi}{4}$$ 。■

例題 3

$\int_1^{\infty}\frac{1}{x(1+x^5)}\,dx$ 。

解 $\int_1^{\infty}\frac{1}{x(1+x^5)}\,dx=\int_1^{\infty}\frac{x^4}{x^5(1+x^5)}\,dx$，取 $u=x^5$，則 $du=5x^4dx$，即 $x^4dx=\frac{1}{5}du$

又 $\int_1^{\infty}\frac{x^4}{x^5(1+x^5)}\,dx=\frac{1}{5}\int_1^{\infty}\frac{du}{u(1+u)}=\frac{1}{5}\int_1^{\infty}(\frac{1}{u}-\frac{1}{u+1})du$

$$=\lim_{t\to\infty}\frac{1}{5}\ln\left|\frac{u}{1+u}\right|\Big|_1^t=-\frac{1}{5}\ln\frac{1}{2}=\frac{1}{5}\ln 2$$ 。■

第二類瑕積分

定義

(1) 若函數 f 在半開區間 $[a, b)$ 可為連續，且 $\lim_{x\to b^-}|f(x)|=\infty$，

則 $\int_a^b f(x)dx=\lim_{t\to b^-}\int_a^t f(x)dx$，若極限存在，則稱此瑕積分**收斂**（Convergent），否則為**發散**（Divergent）。

(2) 若 f 在 $(a, b]$ 為連續，且 $\lim_{x\to a^+}|f(x)|=\infty$，$\int_a^b f(x)dx=\lim_{s\to a^+}\int_s^b f(x)dx$，若極限存在，則稱此積分收斂，否則為發散。

(3) 若 f 在 $[a, b]$ 內除了 c 點以外的每一點都連續，$a<c<b$，則 $\int_a^b f(x)dx=\int_a^c f(x)dx+\int_c^b f(x)dx$，若右式兩瑕積分都收斂，則稱 $\int_a^b f(x)dx$ 為收斂，否則為發散。

由定義(3)，$\int_a^b f(x)dx=\int_a^c f(x)dx+\int_c^b f(x)dx$ 中只要有一個瑕積分發散則 $\int_a^b f(x)dx$ 即為發散。

例題 4

試判斷 $\int_0^3 \frac{dx}{3-x}$ 之斂散性。

解 $\int_0^3 \frac{dx}{3-x}=\lim_{t\to 3^-}\int_0^t \frac{dx}{3-x}=\lim_{t\to 3^-}\ln\frac{1}{|x-3|}\Big|_0^t=\lim_{t\to 3^-}[\ln\frac{1}{|t-3|}-\ln\frac{1}{3}]$，

但 $\lim_{t\to 3^-}\ln\frac{1}{|t-3|}$ 不存在，$\therefore \int_0^3 \frac{dx}{3-x}$ 發散。■

例題 5

試判斷 $\int_0^3 \frac{dx}{(x-2)^2}$ 之斂散性。

解 $\int_0^3 \frac{dx}{(x-2)^2}=\int_0^2 \frac{dx}{(x-2)^2}+\int_2^3 \frac{dx}{(x-2)^2}$，

$\int_0^2 \frac{dx}{(x-2)^2}=\lim_{t\to 2^-}\int_0^t \frac{dx}{(x-2)^2}=\lim_{t\to 2^-}\frac{-1}{(x-2)}\Big|_0^t=\lim_{t\to 2^-}\frac{-1}{t-2}-\frac{1}{2}=\infty$，發散，

$\therefore \int_0^3 \frac{dx}{(x-2)^2}$ 發散。■

例題 6

試判斷 $\int_0^1 \frac{dx}{\sqrt{1-x}}$ 之斂散性。

解 $\int_0^1 \frac{dx}{\sqrt{1-x}}=\lim_{t\to 1^-}\int_0^t \frac{dx}{\sqrt{1-x}}=\lim_{t\to 1^-}(-2\sqrt{1-x})\Big|_0^t=\lim_{t\to 1^-}(-2\sqrt{1-t}+2)=2$。■

例題 7

求 $\int_0^2 \frac{dx}{\sqrt{4-x^2}}$。

解 $\int_0^2 \frac{dx}{\sqrt{4-x^2}} = \lim_{t\to 2^-} \int_0^t \frac{dx}{\sqrt{4-x^2}} = \lim_{t\to 2^-} \sin^{-1}\frac{x}{2}\Big|_0^t = \lim_{t\to 2^-} \sin^{-1}\frac{t}{2} - \sin^{-1} 0 = \frac{\pi}{2}$。■

瑕積分之審斂法

定理 A

$\int_1^\infty \frac{dx}{x^p}$ 在 $p>1$ 時為收斂，$p\le 1$ 時為發散。

證明 $p=1$ 時，$\int_1^\infty \frac{1}{x}dx = \lim_{t\to\infty}\int_1^t \frac{1}{x}dx = \lim_{t\to\infty} \ln t = \infty$；$p\ne 1$ 時，

$$\int_1^\infty \frac{dx}{x^p} = \lim_{t\to\infty}\int_1^t \frac{1}{x^p}dx = \lim_{t\to\infty}\frac{x^{1-p}}{1-p}\Big|_1^t = \lim_{t\to\infty}\frac{1}{1-p}(t^{1-p}-1) = \begin{cases} \infty & \text{，若} p<1 \\ \frac{1}{p-1} & \text{，若} p>1 \end{cases}$$ 。

故 $\int_1^\infty \frac{dx}{x^p}$ 當 $p>1$ 時為收斂，當 $p\le 1$ 時為發散。◆

定理 B 比較審斂法（Comparison test）

若函數 f, g 在 $[a, b)$ 有 $0\le f(x)\le g(x)$，

(1) 若 $\int_a^\infty g(x)dx$ 為收斂，則 $\int_a^\infty f(x)$ 為收斂。

(2) 若 $\int_a^\infty f(x)dx$ 為發散，則 $\int_a^\infty g(x)$ 為發散。

定理 C

函數 f 爲非負函數，若 $\lim_{x\to\infty} x^p f(x)=l$，

(1) $p>1$，$0<l<\infty$ 時 $\int_a^\infty f(x)dx$ 收斂。

(2) $p\le 1$，$0<l<\infty$ 時 $\int_a^\infty f(x)dx$ 發散。

例題 8

判斷 $\int_0^\infty \frac{x}{(x^2+1)(x+1)}dx$ 之斂散性。

解 $\lim_{x\to\infty} x^2\cdot\frac{x}{(x^2+1)(x+1)}=1$，$p=2>1$，$\therefore \int_0^\infty \frac{x}{(x^2+1)(x+1)}dx$ 爲收斂。 ■

例題 9

判斷 $\int_1^\infty \frac{x-1}{\sqrt{x}(x+1)}dx$ 之斂散性。

解 $\lim_{x\to\infty} \sqrt{x}\cdot\frac{x-1}{\sqrt{x}(x+1)}=1$，$p=\frac{1}{2}\le 1$，$\therefore \int_1^\infty \frac{x-1}{\sqrt{x}(x+1)}dx$ 爲發散。 ■

Gamma 函數

定義　Gamma 函數

Gamma 函數記做 $\Gamma(n)$，定義爲 $\Gamma(n)=\int_0^\infty x^{n-1}e^{-x}dx$，$n>0$。

定理 D

若 n 爲正整數，則 $\Gamma(n)=(n-1)!$，

$(n-1)!=(n-1)(n-2)\cdots\cdots3\cdot2\cdot1$，同時規定 $0!=1$。

證明　$\Gamma(n)=\int_0^\infty x^{n-1}e^{-x}dx=\int_0^\infty x^{n-1}d(-e^{-x})=x^{n-1}(-e^{-x})\Big|_0^\infty-\int_0^\infty(-e^{-x})d(x^{n-1})=0+\int_0^\infty e^{-x}d(x^{n-1})$

$$=\int_0^\infty(n-1)x^{n-2}e^{-x}dx=(n-1)\Gamma(n-1)$$

$$\begin{aligned}\therefore \Gamma(n)&=(n-1)\Gamma(n-1)=(n-1)(n-2)\Gamma(n-2)\\&=(n-1)(n-2)(n-3)\Gamma(n-3)\\&\cdots\cdots\\&=(n-1)!\end{aligned}$$

◆

只要 $n>0$，$\Gamma(n)$ 均存在，n 爲正整數時，因爲 $\Gamma(n)=(n-1)!$，我們可知 $\Gamma(1)=\Gamma(2)=1$，$\Gamma(3)=(3-1)!=2!=2\cdot1=2$，$\Gamma(5)=(5-1)!=4!=4\cdot3\cdot2\cdot1=24\cdots$ 以此類推。

定理 E

$\Gamma(\frac{1}{2})=\sqrt{\pi}$。

證明　這個定理之證明要用到重積分，見定理 8-2A。 ◆

當我們碰到 $\Gamma(x)$，$0<x<1$ 時，除非是 $x=\frac{1}{2}$，可直接寫出 $\sqrt{\pi}$，其它只要寫 $\Gamma(x)$ 即可。例如 $\Gamma(\frac{11}{3})=\frac{8}{3}\cdot\frac{5}{3}\cdot\frac{2}{3}\Gamma(\frac{2}{3})$，$\Gamma(\frac{7}{2})=\frac{5}{2}\cdot\frac{3}{2}\cdot\frac{1}{2}\cdot\Gamma(\frac{1}{2})=\frac{5}{2}\cdot\frac{3}{2}\cdot\frac{1}{2}\sqrt{\pi}$。

例題 10

求 $\int_0^{\infty} x^3 e^{-x} dx$ 。

解 $\int_0^{\infty} x^3 e^{-x} dx = \Gamma(4) = 3! = 3 \cdot 2 \cdot 1 = 6$ 。 ■

推論 E1 $\int_0^{\infty} x^m e^{-nx} dx = \frac{m!}{n^{m+1}}$，$m$ 爲非負整數，$n > 0$。

證明 取 $y = nx$，$dy = ndx$，即 $dx = \frac{1}{n} dy$，

$$\therefore \int_0^{\infty} x^m e^{-nx} dx = \int_0^{\infty} (\frac{y}{n})^n e^{-y} \cdot \frac{1}{n} dy = \frac{1}{n^{m+1}} \int_0^{\infty} y^m e^{-y} dy = \frac{\Gamma(m+1)}{n^{m+1}} = \frac{m!}{n^{m+1}}$$ 。 ◆

例題 11

求 $\int_0^{\infty} (xe^{-x})^3 dx$ 。

解 $\int_0^{\infty} (xe^{-x})^3 dx = \int_0^{\infty} x^3 e^{-3x} dx = \frac{3!}{3^{3+1}} = \frac{6}{81} = \frac{2}{27}$ 。 ■

例題 12

求 $\int_0^{\infty} xe^{-\frac{x}{2}} dx$ 。

解 取 $y = \frac{x}{2}$， $dx = 2dy$， $x = 2y$，

則 $\int_0^{\infty} xe^{-\frac{x}{2}} dx = \int_0^{\infty} 2ye^{-y}(2dy) = 4\int_0^{\infty} ye^{-y} dy = 4 \cdot \Gamma(2) = 4 \cdot 1 = 4$，

或 $\int_0^{\infty} xe^{-\frac{x}{2}} dx = \frac{1!}{(\frac{1}{2})^2} = 4$ 。 ■

例題 13

求 $\int_{-\infty}^{\infty} e^{-2|x|}\,dx$ 。

解 $\int_{-\infty}^{\infty} e^{-2|x|}dx = 2\int_{0}^{\infty} e^{-2x}dx = 2\cdot\dfrac{0!}{2} = 1$ 。 ■

練習題

試判斷下列瑕積分之斂散性，若收斂則求其值。

1. $\int_0^1 \frac{dx}{x}$。

2. $\int_3^5 \frac{dx}{x-4}$。

3. $\int_0^1 \ln x dx$。

4. $\int_0^1 \frac{dx}{\sqrt{1-x}}$。

5. $\int_0^\infty \cos x dx$。

6. $\int_0^2 \frac{dx}{\sqrt[3]{(1-x)^2}}$。

7. $\int_1^\infty \frac{dx}{x^3}$。

判斷下列瑕積分之斂散性。

8. $\int_1^\infty \frac{\sqrt{x^3}+x+1}{3x^4+2x^2+1}dx$。

9. $\int_2^\infty \frac{3x^2+1}{\sqrt{x^6+1}}dx$。

計算下列各式。

10. $\int_0^\infty x^4e^{-x}dx$。

11. $\int_0^\infty x^3e^{-2x}dx$。

12. $\int_0^\infty x^3e^{-4x}dx$。

13. $\int_{-\infty}^\infty e^{-|x|}dx$。

解答

1. 發散；3
2. 發散
3. -1
4. 2
5. 發散
6. 6
7. $\frac{1}{2}$
8. 收斂；$p=\frac{5}{2}$
9. 發散；$p=1$
10. 24
11. $\frac{3}{8}$
12. $\frac{3}{128}$
13. 2

07

無窮級數

7-1 無窮級數

本節學習目標

1. 無窮數列及其斂性。
2. 無窮級數之求和。

無窮級數定義

若$\{a_k\}$爲一**無窮數列**（Infinite Sequence）$\{a_k\}=\{a_1, a_2, \cdots, a_n, \cdots, a_k, \cdots\}$，$a_n$爲其第$n$項，例如：$a_n=\dfrac{n-1}{2n^2+1}$，其前五項爲$a_1=\dfrac{(1)-1}{2(1)^2+1}=0$，$a_2=\dfrac{2-1}{2(2)^2+1}=\dfrac{1}{9}$，$a_3=\dfrac{3-1}{2(3)^2+1}=\dfrac{2}{19}$，$a_4=\dfrac{4-1}{2(4)^2+1}=\dfrac{1}{11}$，$a_5=\dfrac{5-1}{2(5)^2+1}=\dfrac{4}{51}$。

$\sum_{k=1}^{\infty} a_k=a_1+a_2+\cdots+a_k+\cdots$稱爲一**無窮級數**（Infinite series）。因此我們可以說無窮數列是定義域爲正整數，值域爲實數之函數。

$$S_n=\sum_{k=1}^{n} a_k=a_1+a_2+\cdots+a_n \text{，} n=1, 2, 3, \cdots$$

爲該無窮級數的**部份和**（Partial Sum）。

定 義

若$\lim_{n\to\infty} S_n=\lim_{n\to\infty}\sum_{k=1}^{n} a_k=A$（常數），則稱無窮級數$\sum_{k=1}^{\infty} a_k$ **收斂**（Convergent），A爲該收斂級數的和，即$\sum_{k=1}^{\infty} a_k=A$。

例題 1

若無窮級數$\sum_{n=1}^{\infty} a_n$之部分和$S_n=\dfrac{n+1}{n}$，求

(1) a_n。

(2)此無窮級數是否收斂？

 (1) $S_n=a_1+a_2+\cdots a_n$，

$\therefore a_n=S_n-S_{n-1}=\dfrac{n+1}{n}-\dfrac{(n-1)+1}{n-1}=\dfrac{1}{n}-\dfrac{1}{n-1}=-\dfrac{1}{n(n-1)}$。

(2) $\lim\limits_{n\to\infty} S_n=\lim\limits_{n\to\infty}\dfrac{n+1}{n}=1$，$\therefore S_n$收斂。■

無窮等比級數求和

定理 A

$1+r+r^2+\cdots+r^n+\cdots=\dfrac{1}{1-r}$，$|r|<1$。

證明　令$S_n=1+r+\cdots\cdots+r^{n-1}$，則$S_n=\dfrac{1(1-r^n)}{1-r}=\dfrac{1-r^n}{1-r}$，

$\because |r|<1$，$\therefore \lim\limits_{n\to\infty} S_n=\lim\limits_{n\to\infty}\dfrac{1-r^n}{1-r}=\dfrac{1}{1-r}$。◆

例題 2

若已知 $a_n=(\frac{1}{3})^n$，$n=1,2,\cdots$，

(1)請寫出前 5 項 (2)前 n 項和 S_n (3) $\lim\limits_{n\to\infty} S_n$

(4)此無窮級數是否收斂？

> 公比爲 r 則
> $a+ar+\cdots+ar^n=\frac{a(1-r^n)}{1-r}$
> 當 $|r|<1$，則
> $a+ar+\cdots+ar^n=\frac{a}{1-r}$

解 (1) $\frac{1}{3}$、$\frac{1}{9}$、$\frac{1}{27}$、$\frac{1}{81}$、$\frac{1}{243}$。

(2) $S_n=\frac{1}{3}+\frac{1}{3^2}+\cdots+\frac{1}{3^n}=\frac{\frac{1}{3}[1-(\frac{1}{3})^n]}{1-(\frac{1}{3})}$

$=\frac{1}{2}[1-(\frac{1}{3})^n]$。

(3) $\lim\limits_{n\to\infty} S_n=\lim\limits_{n\to\infty}\frac{1}{2}[1-(\frac{1}{3})^n]=\frac{1}{2}$。

(4) $\because \lim\limits_{n\to\infty} S_n=\frac{1}{2}$，$\therefore$此無窮級數收斂。■

例題 3

求 $0.\overline{3}$、$0.\overline{31}$ 及 $0.4\overline{31}$。

解 (1) $0.\overline{3}=0.333\cdots=\frac{3}{10}+\frac{3}{100}+\frac{3}{1000}+\cdots=\frac{3}{10}(1+\frac{1}{10}+\frac{1}{100}+\cdots)$

$=\frac{3}{10}\cdot\frac{1}{1-\frac{1}{10}}=\frac{3}{10}\cdot\frac{10}{9}=\frac{1}{3}$。

(2) $0.\overline{31}=0.31313131\cdots=\frac{31}{100}+\frac{31}{10000}+\frac{31}{1000000}+\cdots$

$=\frac{31}{100}(1+\frac{1}{100}+\frac{1}{10000}+\cdots)=\frac{31}{100}\cdot\frac{1}{1-\frac{1}{100}}=\frac{31}{100}\cdot\frac{100}{99}=\frac{31}{99}$。

(3) $0.4\overline{31}=\frac{4}{10}+\frac{31}{1000}+\frac{31}{100000}+\cdots=\frac{4}{10}+\frac{31}{1000}(1+\frac{1}{100}+\frac{1}{10000}+\cdots)$

$=\frac{4}{10}+\frac{31}{1000}\cdot\frac{1}{1-\frac{1}{100}}=\frac{4}{10}+\frac{31}{1000}\cdot\frac{100}{99}=\frac{4}{10}+\frac{31}{990}=\frac{427}{990}$ 。 ■

求和方法

例題 4

求 $\sum_{k=1}^{n}\frac{1}{k^2+k}$ ，並利用此結果求 $\sum_{k=1}^{\infty}\frac{1}{k^2+k}$ 。

解

$S_n=\sum_{k=1}^{n}\frac{1}{k^2+k}=\sum_{k=1}^{n}\frac{1}{k(k+1)}$

$=\sum_{k=1}^{n}(\frac{1}{k}-\frac{1}{k+1})$

$=(1-\frac{1}{2})+(\frac{1}{2}-\frac{1}{3})+\cdots+(\frac{1}{n}-\frac{1}{n+1})$

$=1-\frac{1}{n+1}=\frac{n}{n+1}$ ，

$\therefore \sum_{k=1}^{\infty}\frac{1}{k^2+k}=\lim_{n\to\infty}\frac{n}{n+1}=1$ 。

$\frac{1}{k}$		$\frac{1}{k+1}$
1		
$\cancel{\frac{1}{2}}$		$\cancel{\frac{1}{2}}$
$\cancel{\frac{1}{3}}$	（對消）	$\cancel{\frac{1}{3}}$
⋮		⋮
$\cancel{\frac{1}{n}}$		$\cancel{\frac{1}{n}}$
		$\frac{1}{n+1}$

■

例題 5

求$\displaystyle\sum_{k=1}^{\infty}\frac{1}{\sqrt{k+1}+\sqrt{k}}$。

解 $\displaystyle S_n=\sum_{k=1}^{n}\frac{1}{\sqrt{k+1}+\sqrt{k}}$

$$=\sum_{k=1}^{n}\frac{1}{\sqrt{k+1}+\sqrt{k}}\cdot\frac{\sqrt{k+1}-\sqrt{k}}{\sqrt{k+1}-\sqrt{k}}$$

$$=\sum_{k=1}^{n}(\sqrt{k+1}-\sqrt{k})=\sqrt{n+1}-1\text{，}$$

$$\therefore\sum_{k=1}^{\infty}\frac{1}{\sqrt{k+1}+\sqrt{k}}=\lim_{n\to\infty}S_n=\lim_{n\to\infty}(\sqrt{n+1}-1)\to\infty\text{，}$$

即$\displaystyle\sum_{k=1}^{\infty}\frac{1}{\sqrt{k+1}+\sqrt{k}}$發散。

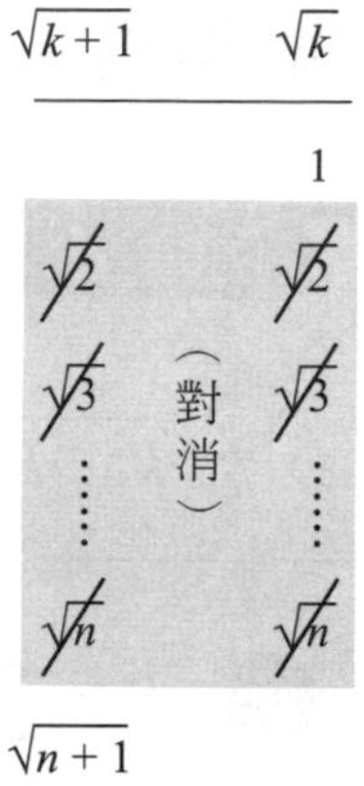

$\sqrt{k+1}$		$\sqrt{k}$
		1
$\sqrt{2}$		$\sqrt{2}$
$\sqrt{3}$	（對消）	$\sqrt{3}$
⋮		⋮
$\sqrt{n}$		$\sqrt{n}$
$\sqrt{n+1}$		

■

練習題

1. 求 $0.\overline{9}$、$0.\overline{91}$、$0.0\overline{91}$。

2. 求 $\sum_{n=1}^{\infty}(\frac{3}{4})^n$。

3. $\sum_{n=1}^{\infty}\frac{3^n+5^n}{8^n}$。

4. 求 $\sum_{n=1}^{\infty}\frac{n}{9^n}$。

5. $\sum_{n=0}^{\infty}e^{-3n}$。

6. 若無窮級數 $\sum_{n=1}^{\infty}a_n$ 之部分和 $S_n=\frac{n+1}{n}$，求 $a_n=$？無窮級數和？

7. 求 $\lim_{n\to\infty}\sum_{k=1}^{n}\frac{1}{4k^2-1}$。

解答

1. 1、$\frac{91}{99}$、$\frac{91}{990}$
2. 3
3. $\frac{34}{15}$
4. $\frac{9}{64}$
5. $\frac{e^3}{e^3-1}$
6. $\frac{-1}{n(n-1)}$、1
7. $\frac{1}{2}$

7-2 正項級數

本節學習目標

基本之正項級數斂法。

定義 正項級數

設$\sum_{k=1}^{\infty} a_k$爲一無窮級數，若對所有的 k，$a_k > 0$，則稱$\sum_{k=1}^{\infty} a_k$爲一**正項級數**（Positive series）。

定義 有界

$\{a_n\}$爲一正項數列，若$|a_n| \le P$（P爲固定實數）$\forall n$，則稱此數列爲**有界**（Bounded）。

若$a_{n+1} \ge a_n$，則此數列爲**單調遞增**（monotonic increasing），若$a_{n+1} > a_n$，則稱此數列爲**嚴格遞增**（strictly increasing），同理若$a_{n+1} \le a_n$，則此數列爲**單調遞減**(monotonic decreasing)，若$a_{n+1} < a_n$，則此數列爲**嚴格遞減**（strictly decreasing），由此定義可得下列定理：

定理 A

每一有界單調（不論遞增或遞減）數列之極限存在。

定理 B

設$\sum_{i=1}^{\infty} a_n$爲一正項級數，且部分和S_n所構成的數列$\{S_n\}$有界，則$\sum_{i=1}^{\infty} a_i$爲收斂。

證明　$S_{n+1} - S_n = \sum_{i=1}^{n+1} a_i - \sum_{i=1}^{n} a_i = a_{n+1} > 0$，因$\{S_n\}$爲有界，設$S_n \le m$，對所有正整數$n$均成立，

即S_n爲有界的且爲嚴格遞增，由定理 A 得$\lim_{n\to\infty} S_n$存在，即$\sum_{i=1}^{\infty} a_i$爲收斂。◆

因此要證明正項級數$\sum_{i=1}^{\infty} a_i$爲收斂，只需證明其部份和S_n爲有界。

定理 C

若級數$\sum_{k=1}^{\infty} a_k$收斂，則$\lim_{k\to\infty} a_k = 0$。

在不致混淆下，可將Σ之上、下限略去不寫。

證明　令$S_n = a_1 + a_2 + \cdots\cdots + a_n$，則$a_n = S_n - S_{n-1}$，令$\lim_{n\to\infty} S_n = \ell$，

則$\lim_{n\to\infty} a_n = \lim_{n\to\infty}(S_n - S_{n-1}) = \lim_{n\to\infty} S_n - \lim_{n\to\infty} S_{n-1} = \ell - \ell = 0$。◆

定理 C 看似簡單，事實上如果把它用另一種等值敘述：**若$\lim_{k\to\infty} a_k \ne 0$則級數$\sum_{k=1}^{\infty} a_k$發散**，那它的功能便很突出。**判斷無窮級數斂散性之第一關便要經過定理 C 之檢驗。但要注意的是$\lim_{k\to\infty} a_k = 0$不表示級數收斂**。例如：$\sum_{n=1}^{\infty} \frac{n}{n^2+1}$爲發散，但$\lim_{n\to\infty} a_n = 0$。

例題 1

判斷無窮級數 $\sum_{n=1}^{\infty}(1+\frac{1}{n})^{2n}$ 是否收斂？

解 $\because \lim_{n\to\infty} a_n = \lim_{n\to\infty}(1+\frac{1}{n})^{2n} = e^2 \neq 0$，$\therefore \sum_{n=1}^{\infty}(1+\frac{1}{n})^{2n}$ 發散。 ■

定理 D 積分審斂法（Integral test）

說 $f(x)$ 在 $[1,\infty)$ 中為連續的正項非遞增函數，$a_k = f(k)$，則 $\sum_{n=c}^{\infty} a_n$ 收斂之充要條件為 $\int_c^{\infty} f(x)dx < \infty$。通常 $c=1$，c 亦可為其它正整數。

例題 2

判斷 $\sum_{k=2}^{\infty}\frac{1}{k\ln k}$ 之斂散性。

解 $f(x)=\frac{1}{x\ln x}$ 在 $[2,\infty)$ 為連續之正項非負函數，

故又 $\int_2^{\infty}\frac{1}{x\ln x}dx = \int_2^{\infty}\frac{d\ln x}{\ln x} = \lim_{t\to\infty}\ln\ln x\Big|_2^t = \infty$，

$\therefore \sum_{k=2}^{\infty}\frac{1}{k\ln k}$ 發散。 ■

定理 E　p 級數審斂法（p -Series test）

$\sum_{k=1}^{\infty}\frac{1}{k^p}=\frac{1}{1^p}+\frac{1}{2^p}+\frac{1}{3^p}+\cdots$，若

(1) $p>1$，則$\sum_{k=1}^{\infty}\frac{1}{k^p}$收斂。

(2) $0<p\le 1$，則$\sum_{k=1}^{\infty}\frac{1}{k^p}$發散。

證明　$p\ge 0$ 時，$f(x)=\frac{1}{x^p}$ 在$[1,\infty]$為連續且非遞增函數之正值函數，取 $f(k)=\frac{1}{k^p}$，

由積分審斂法得$\Sigma\frac{1}{x^p}$收斂 $\Leftrightarrow$ $\lim_{t\to\infty}\int_1^t x^{-p}dx$ 存在。

又 $\int_1^t x^{-p}dx=\begin{cases}\frac{t^{1-p}}{1-p}, & p\ne 1\\ \ln t, & p=1\end{cases}$，

$\therefore$當 $t\to\infty$時，$\int_1^t x^{-p}dx$ 僅當 $p>1$ 時存在

$\Rightarrow p>1$ 時，$\Sigma\frac{1}{x^p}$ 收斂；$0<p\le 1$ 時，$\Sigma\frac{1}{x^p}$ 發散。◆

定理 F　比較審斂法（Ordinary comparison test）

設對所有 $i\ge N$ 均有 $0\le a_n\le b_n$，

(1) 若$\sum_{i=1}^{\infty}b_i$ 收斂，則$\sum_{i=1}^{\infty}a_i$ 收斂。

(2) 若$\sum_{i=1}^{\infty}a_i$ 發散，則$\sum_{i=1}^{\infty}b_i$ 發散。

證明 (1) 令 $S_n=\sum_{i=1}^{n}a_i$ 、 $T_n=\sum_{i=1}^{n}b_i$ ，因 $0<a_i\le b_i$ ， $\forall i$ ，

$\therefore S_n=\sum_{i=1}^{n}a_i\le\sum_{i=1}^{n}b_i=T_n\le\sum_{i=1}^{\infty}b_i$ ，

又 $\sum_{i=1}^{\infty}b_i$ 為收斂，故令 $\sum_{i=1}^{\infty}b_i=t$ ，

即 $S_n\le t$ （有界），由定理 B， $\sum_{i=1}^{\infty}a_i$ 收斂。

(2) 由(1)，若 $\sum_{i=1}^{\infty}b_i$ 為收斂，則 $\sum_{i=1}^{\infty}a_i$ 為收斂，

$\therefore\sum_{i=1}^{\infty}a_i$ 為發散時 $\sum_{i=1}^{\infty}b_i$ 為發散。

（利用邏輯命題「若 A 則 B」與「若非 B 則非 A」同義） ◆

有一些不等式在應用比較審斂法時很有幫助，如 $x\ge\sin x$ 、 $x\ge\cos x$ 、 $x\ge\ln(1+x)$ 、 $x\ge\ln x$ 、 $\tan x\ge x$ 、 $e^x\ge x$ 、 $x\ge\tan^{-1}x\cdots$ 。

例題 3

問 $\sum_{n=1}^{\infty}\sin(\frac{1}{n^2})$ 之斂散性。

解 $\because\sin(\frac{1}{n^2})\le\frac{1}{n^2}$ ， $\sum_{n=1}^{\infty}\frac{1}{n^2}$ 收斂，$\therefore\sum_{n=1}^{\infty}\sin(\frac{1}{n^2})$ 收斂。 ■

例題 4

問 $\sum_{n=1}^{\infty}\ln(1+\frac{1}{n^2})$ 之斂散性。

解 $\ln(1+\frac{1}{n^2})\le\frac{1}{n^2}$ ， $\sum_{n=1}^{\infty}\frac{1}{n^2}$ 收斂，$\therefore\sum_{n=1}^{\infty}\ln(1+\frac{1}{n^2})$ 收斂。 ■

例題 5

判斷 $\sum_{n=1}^{\infty}\frac{1}{1+n^2}$ 之斂散性。

方法一	$\frac{1}{1+n^2}<\frac{1}{n^2}$，$\sum_{n=1}^{\infty}\frac{1}{n^2}$ 爲收斂，$\therefore \sum_{n=1}^{\infty}\frac{1}{1+n^2}$ 爲收斂。
方法二	$f(x)=\frac{1}{1+x^2}$ 在 $[1,\infty)$ 中爲連續的正項非遞增函數（$\because f'<0$），又 $\int_1^{\infty}\frac{dx}{1+x^2}=\lim_{m\to\infty}\tan^{-1}x\Big\vert_1^m=\frac{\pi}{2}-\frac{\pi}{4}=\frac{\pi}{4}$，$\therefore \sum_{n=1}^{\infty}\frac{1}{1+n^2}$ 爲收斂。

■

例題 6

問 $\sum_{k=2}^{\infty}\frac{1}{k^2}\sin(\frac{\pi}{k})$ 之斂散性。

解　$\because \frac{1}{k^2}\sin(\frac{\pi}{k})\le\frac{1}{k^2}$，$\sum_{k=2}^{\infty}\frac{1}{k^2}$ 收斂，$\therefore \sum_{k=2}^{\infty}\frac{1}{k^2}\sin(\frac{\pi}{k})$ 收斂。 ■

例題 7

問 $\sum_{n=1}^{\infty}\frac{1}{\ln n}$ 之斂散性為何？

解　$\because \ln n<n$，$\frac{1}{\ln n}>\frac{1}{n}$，又 $\sum_{n=1}^{\infty}\frac{1}{n}$ 發散，$\therefore \sum_{n=1}^{\infty}\frac{1}{\ln n}$ 發散。 ■

定理 G 極限比較法（Limit comparison test）

若 $a_n \ge 0$，$b_n > 0$ 且 $\lim_{n\to\infty}\frac{a_n}{b_n} = \ell$，則

(1) $0 < \ell < \infty$則$\sum a_n$與$\sum b_n$同時收斂或發散。

(2) 若 $\ell = 0$ 且$\sum b_n$收斂（發散），則$\sum a_n$收斂（發散）。

推論 G1 $\sum_{n=1}^{\infty} a_n$ 爲正項級數，$\lim_{n\to\infty} n^p a_n =$有限值，若

(1) $p \le 1$，則$\sum_{n=1}^{\infty} a_n$ 發散。

(2) $p > 1$，則$\sum_{n=1}^{\infty} a_n$ 收斂。

比較審斂法與 p 級數審斂法可合併得到下列一個極爲有用之檢定法，尤其 a_n 是有理分式之情況：

例題 8

$\sum_{n=1}^{\infty}\frac{2n}{n^2+3n+1}$ 是否收斂。

解 由 a_n 之分母與分子之最高次數差，作爲 p 值，在本例題 $p=1$：

$a_n = \frac{2n}{n^2+3n+1}$，$\lim_{n\to\infty} n\cdot\frac{2n}{n^2+3n+1} = 2$，$p=1$，$\therefore \sum a_n$ 發散。 ■

例題 9

$\sum_{n=1}^{\infty}\frac{2n+3}{\sqrt{n^5+3n+1}}$ 是否收斂？

解 $\because \lim_{n\to\infty} n^{\frac{3}{2}}\cdot\frac{2n+3}{\sqrt{n^5+3n+1}}=2$，$p=\frac{3}{2}>1$，$\therefore \sum_{n=1}^{\infty}\frac{2n+3}{\sqrt{n^5+3n+1}}$ 收斂。 ■

定理 H 比值檢定法（Ratio test）

設 $\sum a_k$ 爲一正項級數，且 $\lim_{n\to\infty}\frac{a_{n+1}}{a_n}=\ell$，若

(1) $\ell<1$，則 $\sum_{k=1}^{\infty}a_k$ 收斂。

(2) $\ell>1$，則 $\sum_{k=1}^{\infty}a_k$ 發散。

(3) $\ell=1$，無法判定斂散性。

例題 10

問 $\sum_{k=1}^{\infty}\frac{2^k(k!)^2}{(2k)!}$ 之斂散性。

解 $\lim_{k\to\infty}\frac{a_{k+1}}{a_k}=\lim_{k\to\infty}\frac{\frac{2^{k+1}[(k+1)!]^2}{(2k+2)!}}{\frac{2^k(k!)^2}{(2k)!}}=\lim_{k\to\infty}\frac{2(k+1)^2}{(2k+2)(2k+1)}=\frac{1}{2}<1$，

a_n 含 $n!$ 或 r^n 者可試比值審斂法

$\therefore \sum_{k=1}^{\infty}\frac{2^k(k!)^2}{(2k)!}$ 收斂。 ■

例題 11

問 $\sum_{k=1}^{\infty} \frac{k!}{1\cdot3\cdot5\cdots\cdots(2k-1)}$ 之斂散性。

解 $\lim_{k\to\infty} \frac{a_{k+1}}{a_k} = \frac{\frac{(k+1)!}{1\cdot3\cdot5\cdots\cdots(2k-1)(2k+1)}}{\frac{k!}{1\cdot3\cdot5\cdots\cdots(2k-1)}} = \lim_{k\to\infty} \frac{k+1}{2k+1} = \frac{1}{2} < 1$，

$\therefore \sum_{k=1}^{\infty} \frac{k!}{1\cdot3\cdot5\cdots(2k-1)}$ 收斂。 ■

定理 | 根值審斂法

$\sum_{n=1}^{\infty} a_n$ 爲正項級數，$\lim_{n\to\infty} \sqrt[n]{a_n} = R$，若

(1) $R > 1$，$\sum_{n=1}^{\infty} a_n$ 發散。

(2) $R < 1$，$\sum_{n=1}^{\infty} a_n$ 收斂。

(3) $R = 1$，無法判定斂散性。

例題 12

$\sum_{n=1}^{\infty} (\frac{n}{5n+3})^n$ 是否收斂？

解 $\lim_{n\to\infty} \sqrt[n]{(\frac{n}{5n+3})^n} = \lim_{n\to\infty} (\frac{n}{5n+3}) = \frac{1}{5} < 1$，∴收斂。 ■

練習題

1. $\sum_{n=1}^{\infty}(1+\frac{2}{n})^n$。

2. $\sum_{n=1}^{\infty}\frac{\sqrt{n}+5}{n^3+3n+1}$。

3. $\sum_{n=1}^{\infty}\frac{1}{2n+1}$。

4. $\sum_{n=10}^{\infty}\frac{1}{\ln(\ln n)}$。

5. $\sum_{n=1}^{\infty}\frac{1}{\sqrt{n^2+1}}$。

6. $\sum_{n=1}^{\infty}\frac{\sqrt{n}}{n^2+2}$。

7. $\sum_{n=1}^{\infty}\frac{n!}{n^n}$。

8. $\sum_{n=1}^{\infty}\frac{n^2}{5^{n+1}}$。

9. $\sum_{n=1}^{\infty}\frac{n}{e^n}$。

10. $\sum_{n=1}^{\infty}\frac{n^5}{5^n}$。

11. $\sum_{n=1}^{\infty}\frac{1}{n^n}$。

12. $\sum_{n=1}^{\infty}\frac{\ln n}{n}$。

13. $\sum_{n=1}^{\infty}\frac{4^n}{3^n-1}$。

解答

1. 發散
2. 收斂
3. 發散
4. 發散
5. 發散
6. 收斂
7. 收斂
8. 收斂
9. 收斂
10. 收斂
11. 收斂
12. 發散
13. 發散

7-3 交錯級數與冪級數

本節學習目標

1. 交錯級數之絕對收斂、條件收斂、發散之關係及其判定。
2. 冪級數之收斂區間與收斂半徑。

交錯級數

定義 交錯級數

無窮級數 $\sum(-1)^{k-1}a_k$，$a_k>0$，稱爲**交錯級數**（Alternating series）。

因此，交錯級數之連續項呈正負交錯出現。

例如：$a_n=(\frac{1}{2})^n$，則 $\sum_{n=1}^{\infty}(-1)^n a_n=(-\frac{1}{2})+\frac{1}{4}+(-\frac{1}{8})+(\frac{1}{16})+\cdots$ 爲一交錯級數。

定理 A 交錯級數檢定（Alternating-series test）

若(1) $a_{k+1}\le a_k$，$\forall k$（即 a_k 遞減），且(2) $\lim\limits_{k\to\infty}a_k=0$，

則交錯級數 $\sum(-1)^{k-1}a_k$ 收斂。

證明 此級數前 $2n$ 項之偶數項的和爲：

令 $S_1=a_1$，則

$S_2=a_1-a_2$，

$S_4=a_1-a_2+a_3-a_4=(a_1-a_2)+(a_3-a_4)=S_2+(a_3-a_4)\ge S_2$，

$S_6=a_1-a_2+a_3-a_4+a_5-a_6=(a_1-a_2+a_3-a_4)+(a_5-a_6)=S_4+(a_5-a_6)\ge S_4\ge S_2$，

……

其次 $S_{2n}=a_1-(a_2-a_3)-(a_4-a_5)\cdots-(a_{2n-2}-a_{2n-1})-a_{2n}\le a_1$，即 S_{2n} 爲有界，

$\therefore S_2, S_4, S_6 \cdots S_{2n}$ 為遞增，

根據定理 7.2A，S_{2n} 為有界且單調遞增，故有極限 S，又 $S_{2n+1} = S_{2n} + a_{2n+1}$，

但 $\lim\limits_{n\to\infty} S_{2n} = S$，$\lim\limits_{n\to\infty} a_{2n+1} = 0$，

$\therefore \lim\limits_{n\to\infty} S_{2n+1} = \lim\limits_{n\to\infty} S_{2n} + \lim\limits_{n\to\infty} a_{2n+1} = S + 0 = S$，

綜合上面敘述，此交錯級數收斂。◆

例題 1

討論 $\sum\limits_{k=1}^{\infty}(-1)^{k-1}\dfrac{1}{k^2}$ 之斂散性。

 $a_k = \dfrac{1}{k^2}$，$a_{k+1} = \dfrac{1}{(k+1)^2}$，

$a_k \geq a_{k+1}$ 且 $\lim\limits_{k\to\infty} a_k = \lim\limits_{k\to\infty}\dfrac{1}{k^2} = 0$，

故 $\sum\limits_{k=1}^{\infty}(-1)^{k-1}\dfrac{1}{k^2}$ 為收斂。■

例題 2

討論 $\sum\limits_{n=1}^{\infty}\dfrac{(-1)^{n+1}}{2^{n+1}}$ 之斂散性。

解　$a_n = \dfrac{1}{2^{n+1}}$，顯然有 $a_n = \dfrac{1}{2^{n+1}} > \dfrac{1}{2^{n+2}} = a_{n+1}$，

又 $\lim\limits_{n\to\infty} a_n = \lim\limits_{n\to\infty}\dfrac{1}{2^{n+1}} = 0$，

$\therefore \sum\limits_{n=1}^{\infty}\dfrac{(-1)^{n+1}}{2^{n+1}}$ 為收斂。■

例題 3

$\sum_{k=1}^{\infty}(-1)^{k-1}\frac{\ln k}{\sqrt{k}}$ 之斂散性。

解 考慮 $f(x)=\frac{\ln x}{\sqrt{x}}$，$f'(x)=x^{\frac{3}{2}}(1-\frac{1}{2}\ln x)<0$，

$\therefore x>e^2$ 時，$f(x)$ 爲遞減，又 $\lim_{x\to\infty}\frac{\ln x}{\sqrt{x}}=0$，

$\therefore \sum(-1)^{k-1}\frac{\ln k}{\sqrt{k}}$ 爲收斂。 ■

絕對收斂與條件收斂

定義 絕對收斂與條件收斂

設 $\sum u_k$ 爲任意級數，

(1) 若 $\sum|u_k|$ 收斂，則 $\sum u_k$ 爲**絕對收斂**（Absolutely convergent）。

(2) 若 $\sum u_k$ 收斂而 $\sum|u_k|$ 發散，則 $\sum u_k$ 爲**條件收斂**（Conditionally convergent）。

以下是一些基本的交錯級數收斂定理。

定理 B

若 $\sum|u_n|$ 爲絕對收斂，則 $\sum u_n$ 爲收斂，即 $\sum|u_n|$ 爲收斂，則 $\sum u_n$ 爲收斂。

證明 $\because 0\le u_n+|u_n|\le 2|u_n|$，又 $\sum|u_n|$ 爲收斂，

$\therefore \sum 2|u_n|$ 爲收斂，

由比較審斂法知 $\sum(u_n+|u_n|)$ 爲收斂，

$\therefore \sum u_n=\sum(u_n+|u_n|)-\sum|u_n|$ 爲收斂。 ◆

在判定$\sum |u_n|$之斂散性，可應用上節之正項級數之斂散檢定定理。

例題 4

判斷$\sum_{n=1}^{\infty}\frac{(-1)^n n!}{e^n}$為絕對收斂、條件收斂或發散。

解 由比值檢定法，

$$\lim_{n\to\infty}\left|\frac{a_{n+1}}{a_n}\right|=\lim_{n\to\infty}\left|\frac{\frac{(-1)^{n+1}(n+1)!}{e^{n+1}}}{\frac{(-1)^n n!}{e^n}}\right|=\lim_{n\to\infty}\left|\frac{n+1}{e}\right|=\infty\text{，}\therefore\sum_{n=1}^{\infty}\frac{(-1)^n n!}{e^n}\text{發散。}$$

■

例題 5

判斷$\sum_{k=1}^{\infty}(-1)^{k-1}\frac{1}{k^2}$為絕對收斂、條件收斂或發散。

解 $\because \sum_{k=1}^{\infty}\left|(-1)^{k-1}\frac{1}{k^2}\right|=\sum_{k=1}^{\infty}\frac{1}{k^2}$爲收斂，

$\therefore \sum_{k=1}^{\infty}(-1)^{k-1}\frac{1}{k^2}$爲絕對收斂。

■

例題 6

判斷$\sum_{n=1}^{\infty}\frac{\sin n}{n^2+1}$為絕對收斂、條件收斂或發散。

解 $\left|\frac{\sin n}{n^2+1}\right|\le\frac{1}{n^2+1}$，但$\sum\frac{1}{n^2+1}$爲收斂，

$\therefore \sum_{n=1}^{\infty}\frac{\sin n}{n^2+1}$爲絕對收斂。

■

例題 7

判斷 $\sum_{n=1}^{\infty}(-1)^{n+1}\frac{\sin\sqrt{n}}{n^2}$ 之斂散性。

解 $\left|\frac{\sin\sqrt{n}}{n^2}\right|\le\frac{1}{n^2}$，而 $\sum_{n=1}^{\infty}\frac{1}{n^2}$ 為收斂，$\therefore\sum_{n=1}^{\infty}(-1)^{n+1}\frac{\sin\sqrt{n}}{n^2}$ 為絕對收斂。■

冪級數

定義 冪級數

設 $\{a_k : k\ge 0\}$ 為一實數數列，則

$$\sum_{k=0}^{\infty}a_kx^k=a_0+a_1x+a_2x^2+a_3x^3+\cdots$$

稱為 x 的**冪級數**（Power series in x），

$$\sum_{k=0}^{\infty}a_k(x-c)^k=a_0+a_1(x-c)+a_2(x-c)^2+\cdots\cdots$$

是為 $(x-c)$ 的**冪級數**（Power series in $x-c$）。

若冪級數在一區間內收斂，則稱此區間為該冪級數的**收斂區間**（Interval of convergence）。

求**冪級數之收斂區間通常可用比值審斂法，令 $\lim_{n\to\infty}\left|\frac{a_{n+1}}{a_n}\right|<1$ 解出 $|x|<r$，然後再討論收斂區間在端點之斂散性。**

冪級數$\sum a_k x^k$在$|x|<r$時爲收斂，$|x|>r$時發散，則稱r爲此冪級數之**收斂半徑**（Radius of convergence）。

一冪級數$\sum a_k x^k$，由於對a_k的選取不同，其收斂半徑r僅有三種可能：

1. 冪級數只對$x=0$這點收斂，以$r=0$表示。
2. 冪級數在$|x|<b$爲收斂時$r=b$。
3. 冪級數對一切的$x\in(-\infty,\infty)$都絕對收斂，則$r=\infty$。

例題 8

求級數$\sum_{n=1}^{\infty}\frac{(x-3)^n}{n}$之收斂區間，又收斂半徑為何？

解

$$\lim_{n\to\infty}\left|\frac{a_{n+1}}{a_n}\right|=\lim_{n\to\infty}\left|\frac{\frac{(x-3)^{n+1}}{n+1}}{\frac{(x-3)^n}{n}}\right|=|x-3|<1\cdots\cdots①$$

由①$|x-3|<1$，即$2<x<4$時，級數收斂，其次考慮端點之斂散性：

(1) $x=2$時，$\sum_{n=1}^{\infty}\frac{(2-3)^n}{n}=\sum_{n=1}^{\infty}\frac{(-1)^n}{n}$爲收斂，

(2) $x=4$時，$\sum_{n=1}^{\infty}\frac{(4-3)^n}{n}=\sum_{n=1}^{\infty}\frac{1}{n}$爲發散，

$\therefore$收斂區間爲$2\le x<4$，由①知收斂半徑爲 1。■

例題 9

求冪級數$\sum_{k=0}^{\infty}\frac{(4x)^k}{3^k}$之收斂區間。

解 $\lim_{k\to\infty}\left|\frac{a_{k+1}}{a_k}\right|=\lim_{k\to\infty}\left|\frac{\frac{(4x)^{k+1}}{3^{k+1}}}{\frac{(4x)^k}{3^k}}\right|=\left|\frac{4x}{3}\right|<1$，$\therefore |x|<\frac{3}{4}$，即$-\frac{3}{4}<x<\frac{3}{4}$爲收斂，

現考慮端點之斂散性：

(1) $x=\frac{3}{4}$時，級數$\sum_{k=0}^{\infty}\frac{(4x)^k}{3^k}=\sum_{k=0}^{\infty}\frac{(4\cdot\frac{3}{4})^k}{3^k}=\sum_{k=0}^{\infty}1=\infty$（發散）。

(2) $x=-\frac{3}{4}$時，級數$\sum_{k=0}^{\infty}\frac{(4x)^k}{3^k}=\sum_{k=0}^{\infty}\frac{[4\cdot(-\frac{3}{4})]^k}{3^k}=\sum_{k=0}^{\infty}(-1)^k$（發散），

$\therefore$收斂區間爲$\frac{-3}{4}<x<\frac{3}{4}$。 ■

例題 10

求$\sum_{n=1}^{\infty}\frac{(3x+1)^n}{n}$之收斂區間。

解 $\lim_{n\to\infty}\left|\sqrt[n]{\frac{(3x+1)^n}{n}}\right|=\lim_{x\to\infty}\left|\frac{3x+1}{\sqrt[n]{n}}\right|=|3x+1|<1$，

$\therefore -1<3x+1<1\Rightarrow -\frac{2}{3}<x<0$時收斂，

(1) $x=0$時，級數$\sum_{n=1}^{\infty}\frac{1}{n}$爲發散。

(2) $x=-\frac{2}{3}$時，級數$\sum_{n=1}^{\infty}\frac{(-1)^n}{n}$爲收斂。

$\therefore$收斂區間爲$-\frac{2}{3}\le x<0$。 ■

練習題

判斷下列交錯數列發散、絕對收斂或條件收斂：

1. $\sum_{n=1}^{\infty}\frac{\cos n}{n^2}$。

2. $\sum_{n=1}^{\infty}(-1)^n\frac{\ln n}{n}$。

3. $\sum_{n=1}^{\infty}(-1)^{n-1}\frac{n}{e^n}$。

4. $\sum_{n=1}^{\infty}\frac{(-1)^n n!}{10^n}$。

5. $\sum_{n=1}^{\infty}(-1)^n\frac{n!}{n^n}$。

6. $\sum_{n=1}^{\infty}(-1)^{n+1}\frac{n}{n^2+n+1}$。

7. $\sum_{n=1}^{\infty}\frac{(-1)^{n+1}3^n}{n^2}$。

求下列各題之收斂區間及收斂半徑：

8. $\sum_{k=0}^{\infty}\frac{(3x)^k}{2^k}$。

9. $\sum_{n=1}^{\infty}(\frac{n}{2^n})x^n$。

10. $\sum_{k=1}^{\infty}\frac{(x-3)^k}{k}$。

11. 求 $\sum_{n=0}^{\infty}\frac{x^n}{n!}$。

12. $\sum_{n=0}^{\infty}\frac{x^n}{(n+1)2^n}$。

13. $\sum_{n=1}^{\infty}(-1)^{n+1}(x-2)^n$。

解答

1. 絕對收斂
2. 條件收斂
3. 絕對收斂
4. 發散
5. 絕對收斂
6. 條件收斂
7. 發散
8. $-\frac{2}{3}<x<\frac{2}{3}$、$r=\frac{2}{3}$
9. $-2<x<2$、$r=2$
10. $2\le x<4$、$r=1$
11. $-\infty<x<\infty$、$r=\infty$
12. $-2\le x<2$、$r=2$
13. $1<x<3$、$r=1$

7-4 泰勒級數與馬克勞林級數

本節學習目標

$f(x)$之泰勒與馬克勞林級數。

泰勒級數是 Sir Brook Taylor 於 1715 年發表而命名的。只要 $f(x)$ 之所有 n 階導函數均存在下，$f(x)$ 可用無窮級數來表之。它的好處是只要取 $f(x)$ 之泰勒級數的有限項便可得到函數 $f(x)$ 在 $x=a$ 之估計值及其最大可能誤差，關於這點，讀者可參閱較高等之微積分教本。

冪級數之運算

定理 A

$S(x)$ 定義於區間 I，

$S(x)=\sum_{n=0}^{\infty} a_n x^n = a_0 + a_1 x + a_2 x^2 + a_3 x^3 + \cdots$，則

(1) $S'(x)=\sum_{n=0}^{\infty} \frac{d}{dx} S(x) = a_1 + 2a_2 x + 3a_3 x^2 + \cdots$。

(2) $\int_0^x S(t)dt = \sum_{n=0}^{\infty} \int_0^x S(x)dx$

$$= a_0 x + \frac{1}{2} a_1 x^2 + \frac{1}{3} a_2 x^3 + \frac{1}{4} a_3 x^4 + \cdots$$ 。

例題 1

$\dfrac{1}{1-x}=1+x+x^2+\cdots$，$-1<x<1$，試求：

(1) $\dfrac{1}{(1-x)^2}$ (2) $\displaystyle\int_0^x \frac{dt}{1-t}$。

$\because \dfrac{1}{1-x}=1+x+x^2+\cdots+x^n+\cdots$

兩邊同時對 x 微分得

(1) $\dfrac{1}{(1-x)^2}=1+2x+3x^2+4x^3+\cdots$，$-1<x<1$。

(2) $\displaystyle\int_0^x \frac{dt}{1-t}=\int_0^x (1+t+t^2+\cdots)dt=x+\frac{1}{2}x^2+\frac{1}{3}x^3+\cdots$，

由(2)可得 $-\ln(1-x)=x+\dfrac{x^2}{2}+\dfrac{x^3}{3}+\cdots$，$-1<x<1$。

定義 泰勒級數與馬克勞林級數

設函數 f 在 $x=c$ 點其 n 階導函數 $f^{(n)}$ 存在，則稱 x 的 n 次多項式，

$$P_n(x)=f(c)+f'(c)(x-c)+\frac{f''(c)}{2!}(x-c)^2+\cdots+\frac{f^{(n)}(c)}{n!}(x-c)^n$$

爲函數 f 在 c 點的 n 次泰勒級數（nth-degree Taylor's Series）。

若 $c=0$，則

$$\sum_{k=0}^{\infty}\frac{f^{(k)}(0)}{k!}x^k=f(0)+\frac{f'(0)}{1!}x+\frac{f''(0)}{2!}x^2+\cdots+\frac{f^{(n)}(0)}{n!}x^n+\cdots$$

爲 $f(x)$ 的**馬克勞林級數**（Maclaurin's Series）。

常用之冪級數

定理 B

(1) $e^x = 1 + x + \frac{x^2}{2!} + \frac{x^3}{3!} + \cdots$，$x \in \mathbb{R}$。

(2) $\sin x = x - \frac{x^3}{3!} + \frac{x^5}{5!} - \frac{x^7}{7!} + \cdots$，$x \in \mathbb{R}$。

(3) $\cos x = 1 - \frac{x^2}{2!} + \frac{x^4}{4!} - \frac{x^6}{6!} + \cdots$，$x \in \mathbb{R}$。

(4) $(1+x)^\alpha = 1 + \alpha x + \frac{\alpha(\alpha-1)}{2!}x^2 + \cdots + \frac{\alpha(\alpha-1)\cdots(\alpha-k+1)}{k!}x^k + \cdots$，

$|x| < 1$，$x \in \mathbb{R}$。

(5) $\frac{1}{1+x} = 1 - x + x^2 - x^3 + x^4 - \cdots$，$|x| < 1$。

(6) $\ln(1+x) = x - \frac{x^2}{2} + \frac{x^3}{3} - \frac{x^4}{4} + \cdots$，$-1 < x < 1$。

證明 這六個結果都是常用的馬克勞林級數，我們推導其中之(1)、(2)、(3)、(6)：

(1) $f(x) = e^x$，$f(0) = 1$，

$f'(x) = e^x$，$f'(0) = 1$，

$f''(x) = e^x$，$f''(0) = 1$，

$$\therefore f(x) = f(0) + f'(0)x + \frac{f''(0)}{2!}x^2 + \frac{f'''(0)}{3!}x^3 + \cdots$$

$$= 1 + x + \frac{1}{2!}x^2 + \frac{1}{3!}x^3 + \cdots \text{。}$$

(2) $f(x) = \sin x$，$f(0) = 0$，

$f'(x) = \cos x$，$f'(0) = 1$，

$f''(x) = -\sin x$，$f''(0) = 0$，

$f'''(x) = -\cos x$，$f'''(0) = -1$，

$$\therefore f(x) = f(0) + f'(0)x + \frac{f''(0)}{2!}x^2 + \frac{f'''(0)}{3!}x^3 + \cdots$$

$$= 0 + x + 0 - \frac{1}{3!}x^3 + \cdots = x - \frac{x^3}{3!} + \frac{x^5}{5!} + \cdots \text{。}$$

(3) $f(x)=\cos x$ 可用類似(2) $f(x)=\sin x$ 之方法導出馬克勞林級數，

但我們也可用(2)結果：

$$\sin x = x-\frac{x^3}{3!}+\frac{x^5}{5!}-\frac{x^7}{7!}+\cdots$$

兩邊同時對 x 微分：

$$\cos x = 1-\frac{x^2}{2!}+\frac{x^4}{4!}-\frac{x^7}{6!}+\cdots$$

（這是求馬克勞林級數的一個常用手法）。

(6) $\ln(1+x)=\int_0^x \frac{dt}{1+t}=\int_0^x (1-t+t^2-t^3+\cdots)\,dt$

$$=\left(t-\frac{t^2}{2}+\frac{t^3}{3}-\frac{t^4}{4}+\cdots\right)\Big|_0^x = x-\frac{x^2}{2}+\frac{x^3}{3}-\frac{x^4}{4}+\cdots \text{。}$$

◆

我們將舉一些例子說明導出函數之馬克勞林級數之一般方法。

例題 2

求 $\ln\frac{1+x}{1-x}$ 之馬克勞林級數。

解 $\ln(1+x)=x-\frac{x^2}{2}+\frac{x^3}{3}-\frac{x^4}{4}+\frac{x^5}{5}-\frac{x^6}{6}+\cdots$ ……………… ①

現求：$\ln(1-x)$ 之馬克勞林級數，在①中以 $-x$ 取代 x 得

$$\ln(1-x)=(-x)-\frac{(-x)^2}{2}+\frac{(-x)^3}{3}-\frac{(-x)^4}{4}+\frac{(-x)^5}{5}+\frac{(-x)^6}{6}+\cdots$$

$$=-x-\frac{x^2}{2}-\frac{x^3}{3}-\frac{x^4}{4}-\frac{x^5}{5}+\cdots$$ ……………… ②

$\therefore \ln\frac{1+x}{1-x}=\ln(1+x)-\ln(1-x)=2x+\frac{2}{3}x^3+\frac{2}{5}x^5+\frac{2}{7}x^7+\cdots$ （即①－②）。

■

例題 3

求 $\tan^{-1} x$ 的馬克勞林級數，並以之證明 $\sum_{n=0}^{\infty} \frac{(-1)^n}{2n+1} = \frac{\pi}{4}$ 。

解 (1) $\frac{d}{dx}\tan^{-1} x = \frac{1}{1+x^2} = 1 - x^2 + x^4 - x^6 + \cdots$ ，

$$\therefore \tan^{-1} x = \int_0^x \frac{dt}{1+t^2} = \int_0^x (1 - t^2 + t^4 - t^6 + \cdots)\, dt = x - \frac{x^3}{3} + \frac{x^5}{5} - \frac{x^7}{7} + \cdots \text{。}$$

(2) 在(1)取 $x = 1$ 即得。 ■

例題 4

求 e^{-x^2} 的馬克勞林級數前五項。

解 $e^y = 1 + y + \frac{y^2}{2!} + \frac{y^3}{3!} + \frac{y^4}{4!} + \cdots$

$$\therefore e^{-x^2} = 1 + (-x^2) + \frac{(-x^2)^2}{2!} + \frac{(-x^2)^3}{3!} + \frac{(-x^2)^4}{4!} + \cdots$$

$$= 1 - x^2 + \frac{x^4}{2!} - \frac{x^6}{3!} + \frac{x^8}{4!} - \cdots \text{。}$$ ■

例題 5

求 $f(x) = e^x \cos x$ 之馬克勞林級數之前四項。

解 $e^x \cos x = (1 + x + \frac{x^2}{2!} + \frac{x^3}{3!} + \cdots)(1 - \frac{x^2}{2!} + \frac{x^4}{4!} \cdots)$

$$= (1 + x + \frac{x^2}{2} + \frac{x^3}{6} + \cdots)(1 - \frac{x^2}{2} + \frac{x^4}{24} \cdots)$$

$$= 1 + x - \frac{x^3}{3} - \frac{x^4}{6} + \cdots \text{。}$$ ■

$$\begin{array}{rl}
 & 1 + x - \frac{x^3}{2} - \frac{x^4}{6} + \cdots\cdots\cdots\cdots \\
\times) & 1 - \frac{x^2}{2} + \frac{x^4}{24} - \cdots\cdots\cdots\cdots\cdots\cdots \\
\hline
 & 1 + x + \frac{x^2}{2} + \frac{x^3}{6} + \frac{x^4}{24} + \cdots\cdots \\
 & \quad - \frac{x^2}{2} - \frac{x^3}{2} - \frac{x^4}{4} + \cdots\cdots \\
 & \qquad\qquad \frac{x^4}{24} + \cdots\cdots \\
\hline
 & 1 + x \qquad - \frac{x^3}{3} - \frac{x^4}{6} + \cdots\cdots
\end{array}$$

例題 6

定義 $\cosh x = \dfrac{e^{x}+e^{-x}}{2}$，求 $\cosh x$ 之馬克勞林級數之前四項。

解 $\cosh x = \dfrac{1}{2}(e^{x}+e^{-x}) = \dfrac{1}{2}\{(1+x+\dfrac{x^2}{2!}+\dfrac{x^3}{3!}+\cdots)+[1+(-x)+\dfrac{(-x)^2}{2!}+\dfrac{(-x)^3}{3!}+\cdots]\}$

$= \dfrac{1}{2}[(1+x+\dfrac{x^2}{2!}+\dfrac{x^3}{3!}+\cdots)+(1-x+\dfrac{x^2}{2!}-\dfrac{x^3}{3!}+\cdots)] = 1+\dfrac{x^2}{2!}+\dfrac{x^4}{4!}+\dfrac{x^6}{6!}+\cdots$。 ■

以下我們將用兩個例子說明如何用給定之馬克勞林級數透過變數變換以求泰勒級數。

例題 7

求 $f(x)=\ln x$ 展為 $x-1$ 的泰勒級數。

方法一 由泰勒級數定義	$f(x)=\ln x$，$\therefore f(1)=0$，$f'(1)=\left.\dfrac{1}{x}\right\|_{x=1}=1$， $f''(1)=-\left.\dfrac{1}{x^2}\right\|_{x=1}=-1$，$f'''(1)=\left.\dfrac{2}{x^3}\right\|_{x=1}=2$， $\therefore \ln x = 0+1(x-1)+\dfrac{(-1)}{2!}(x-1)^2+\dfrac{2}{3!}(x-1)^3+\cdots$ $=(x-1)-\dfrac{(x-1)^2}{2}+\dfrac{1}{3}(x-1)^3-\cdots$。
方法二	$\ln x = \ln[1+(x-1)] = \ln(1+y)$　（取 $y=x-1$） $= y-\dfrac{y^2}{2}+\dfrac{y^3}{3}-\dfrac{y^4}{4}+\cdots$ $=(x-1)-\dfrac{(x-1)^2}{2}+\dfrac{(x-1)^3}{3}-\dfrac{(x-1)^4}{4}+\cdots$。

■

例題 8

將 $f(x)=e^{-x}$ 展為 $(x-3)$ 之泰勒級數。

解 $e^{-(x-3)-3}=e^{-3-(x-3)}=e^{-3}e^{-(x-3)}$，

但 $e^{y}=1+y+\frac{y^2}{2!}+\frac{y^3}{3!}+\cdots$ （取 $y=-(x-3)$ ）

$$=1+[-(x-3)]+\frac{[-(x-3)]^2}{2!}+\frac{[-(x-3)]^3}{3!}+\cdots$$

$$=1-(x-3)+\frac{(x-3)^2}{2!}-\frac{(x-3)^3}{3!}+\cdots$$

$\therefore e^{-x}=e^{-3}[1-(x-3)+\frac{(x-3)^2}{2!}-\frac{(x-3)^3}{3!}+\cdots]$。■

二項展開式

由初等代數之二項式定理：

$$(a+b)^n=a^n+\binom{n}{1}a^{n-1}b+\binom{n}{2}a^{n-2}b^2+\cdots+\binom{n}{k}a^{n-k}b^k+\cdots+b^n$$

n 爲正整數，在此

$$\binom{n}{k}=\frac{n!}{k!(n-k)!}=\frac{n(n-1)\cdots(n-k+1)}{k!}$$

在微積分裡，我們對 $a=1$ 、 $b=x$ 之特例，即 $(1+x)^m$ ，特別感興趣，由二項式定理我們有：

$$(1+x)^m=1+\binom{m}{1}x+\binom{m}{2}x^2+\cdots+x^m\text{，}m\text{ 爲正整數。}$$

例題 9

求 $(x+2y)^3$ 之二項展開式。

解 $(x+2y)^3=x^3+\binom{3}{1}x^2(2y)+\binom{3}{2}x(2y)^2+(2y)^3$

$=x^3+6x^2y+12xy^2+8y^3$。 ■

二項式定理亦可一般化成定理 C。

定理 C

$$(1+x)^p=1+px+\frac{p(p-1)}{2!}x^2+\frac{p(p-1)(p-2)}{3!}x^3+\cdots，-1<x<1，p\in\mathbb{R}。$$

證明 取 $f(x)=(1+x)^p$，則其馬克勞林級數爲：

$f(x)=(1+x)^p$，$f(0)=1$，

$f'(x)=p(1+x)^{p-1}$，$f'(0)=p$，

$f''(x)=p(p-1)(1+x)^{p-2}$，$f''(0)=p(p-1)$，

……

$\therefore (1+x)^p=1+px+\frac{p(p-1)}{2!}x^2+\frac{p(p-1)(p-2)}{3!}x^3+\cdots，p\in\mathbb{R}$。 ◆

例題 10

求 $f(x)=\sqrt{1+x}$ 之馬克勞林級數。

解 $f(x)=\sqrt{1+x}=(1+x)^{\frac{1}{2}}$

$$=1+\frac{1}{2}x+\frac{\frac{1}{2}(\frac{1}{2}-1)}{2!}x^2+\frac{\frac{1}{2}(\frac{1}{2}-1)(\frac{1}{2}-2)}{3!}x^3+\frac{\frac{1}{2}(\frac{1}{2}-1)(\frac{1}{2}-2)(\frac{1}{2}-3)}{4!}x^4+\cdots$$

$$=1+\frac{x}{2}-\frac{x^2}{8}+\frac{x^3}{16}-\frac{5}{128}x^4+\cdots。$$ ■

例題 11

求 $f(x)=\dfrac{1}{\sqrt{1-x^2}}$ 之馬克勞林級數之前四項。

解 $f(x)=\dfrac{1}{\sqrt{1-x^2}}=(1-x^2)^{\frac{1}{2}}$

$$=1+(-\frac{1}{2})(-x^2)+\frac{(-\frac{1}{2})(-\frac{1}{2}-1)}{2!}(-x^2)^2+\frac{(-\frac{1}{2})(-\frac{1}{2}-1)(-\frac{1}{2}-2)}{3!}(-x^2)^3+\cdots$$

$$=1+\frac{x^2}{2}+\frac{3}{8}x^4+\frac{5}{16}x^6+\cdots \text{。}$$

■

練習題

1. 求 $e^x \sin x$ 之馬克勞林級數前三項。

2. 求 $\tan x$ 之馬克勞林級數前三項。

3. 求 $\ln(1+x^2)$ 之馬克勞林級數前三項。

4. 求 e^{-2x^2} 之馬克勞林級數前三項。

5. 求 $\cot x$ 之馬克勞林級數前三項。

6. 將 $\sin x$ 與 $\cos x$ 的級數相乘以驗證 $\sin x \cos x = \frac{1}{2}\sin 2x$。

7. 證明：$-\frac{\ln(1-x)}{1-x} = x + (1+\frac{1}{2})x^2 + (1+\frac{1}{2}+\frac{1}{3})x^3 + \cdots$。

8. 證明：$\int_0^x e^{-x^2} dx = x - \frac{x^3}{3\cdot 1!} + \frac{x^5}{5\cdot 2!} + \frac{x^7}{7\cdot 3!} + \cdots$，$x \in \mathbb{R}$。

9. 求 $f(x) = x^2 \ln x$ 之以 $(x-1)$ 爲展式之泰勒級數。

10. 求 $(1-\frac{1}{3!}+\frac{1}{5!}-\frac{1}{7!}+\cdots)^2 + (1-\frac{1}{2!}+\frac{1}{4!}-\frac{1}{6!}+\cdots)^2$。

11. 求 $e^{-x^2}\cos x$ 之馬克勞林級數前三項。

12. 將 $f(x) = \frac{1}{x}$ 展開成 $x-1$ 之泰勒級數。

解答

1. $x + x^2 + \frac{x^3}{3} + \cdots$

2. $x + \frac{x^3}{3} + \frac{2}{15}x^5 + \cdots$

3. $x^2 - \frac{1}{2}x^4 + \frac{1}{3}x^6 + \cdots$

4. $1 - 2x^2 + \frac{(-2x^2)^2}{2!} - \cdots$

   或 $1 - 2x^2 + 2x^4 - \cdots$

5. $\frac{1}{x} - \frac{x}{3} - \frac{x^3}{45} + \cdots$

9. $(x-1) + \frac{3}{2}(x-1)^2 + \frac{1}{3}(x-1)^3 - \cdots$

10. 1

11. $1 - \frac{3}{2}x^2 + \frac{25}{24}x^4 - \cdots$

12. $\sum_{n=0}^{\infty}(-1)^n(x-1)^n$

08

偏微分

8-1 二變數函數

8-2 偏導函數

8-3 鏈鎖法則

8-4 多變量函數之極值

8-5 方向導數

8-1 二變數函數

本節學習目標

二變數函數之極限、連續。

本書前幾章討論的是單變數函數之微分、積分，而本章與下章則以二變數函數之微分、積分為主。如同單變數函數，二變數函數亦有類似定義，如：對每一個在定義域中之元素(x, y)而言，都能在集合 R 中找到元素 $f(x, y)$與之對應，這種對應元素稱為**像**（Image）。而使 $f(x, y)$有意義之(x, y)所成之集合即為**定義域**（Domain），所有像所成之集合為**值域**（Range），如圖 8-1 所示。

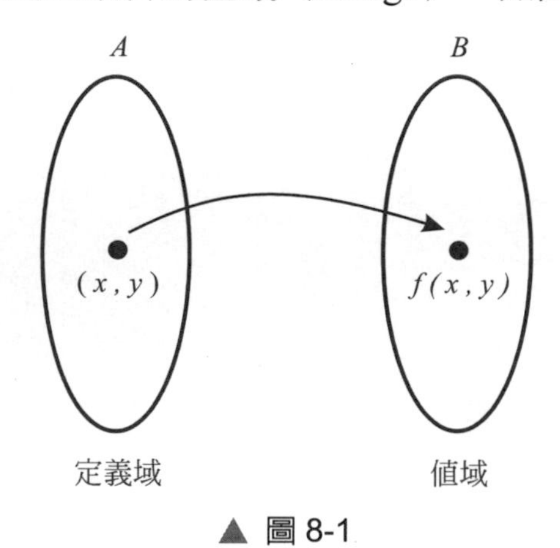

▲ 圖 8-1

例題 1

求 $f(x,y)=\sqrt{9-(x^2+y^2)}$ 之定義域。

解 $f(x,y)=\sqrt{9-(x^2+y^2)}$，當 $x^2+y^2\le 9$ 時 $f(x,y)$有意義，

$\therefore$ $f(x,y)$之定義域為 $\{(x,y)\mid x^2+y^2\le 9\}$。 ■

例題 2

求 $\ln\sqrt{x^2+y^2+z^2-1}$ 之定義域。

欲使 $\ln\sqrt{x^2+y^2+z^2-1}$ 有意義，需 $x^2+y^2+z^2-1>0$，
因此 $\ln\sqrt{x^2+y^2+z^2-1}$ 定義域為 $\{(x,y)|x^2+y^2+z^2>1\}$。■

例題 3

求 $f(x,y)=x^2+xy+y^2$，求

(1) $f(-1,0)$。
(2) $f(3,-1)$。
(3) $f(x+\Delta x,y)$。
(4) $f(x,y+\Delta y)$。

解 (1) $f(-1,0)=(-1)^2+(-1)\cdot 0+0^2=1$。

(2) $f(3,-1)=3^2+3(-1)+(-1)^2=7$。

(3) $f(x+\Delta x,y)=(x+\Delta x)^2+(x+\Delta x)y+y^2$
$=x^2+2(\Delta x)x+(\Delta x)^2+xy+(\Delta x)y+y^2$。

(4) $f(x,y+\Delta y)=x^2+x(y+\Delta y)+(y+\Delta y)^2$
$=x^2+xy+x(\Delta y)+y^2+2(\Delta y)y+(\Delta y)^2$。■

例題 4

若 $f(x+y)=f(x)+f(y)$，$\forall x$、$y\in\mathbb{R}$，求 $f(0)=?$

$f(x+y)=f(x)+f(y)$，$\forall x$、$y\in\mathbb{R}$ 均成立，
$\therefore$ 令 $x=0$，$y=0$，
則 $f(0)=f(0)+f(0)=2f(0)$，$2f(0)-f(0)=0$，
即 $f(0)=0$。■

二變數函數之圖形

二變數函數之圖形遠較單一變數函數之圖形爲複雜，通常需透過電腦來繪圖，茲舉一些圖形以供參考，如圖 8-2、8-3、8-4、8-5、8-6 所示。

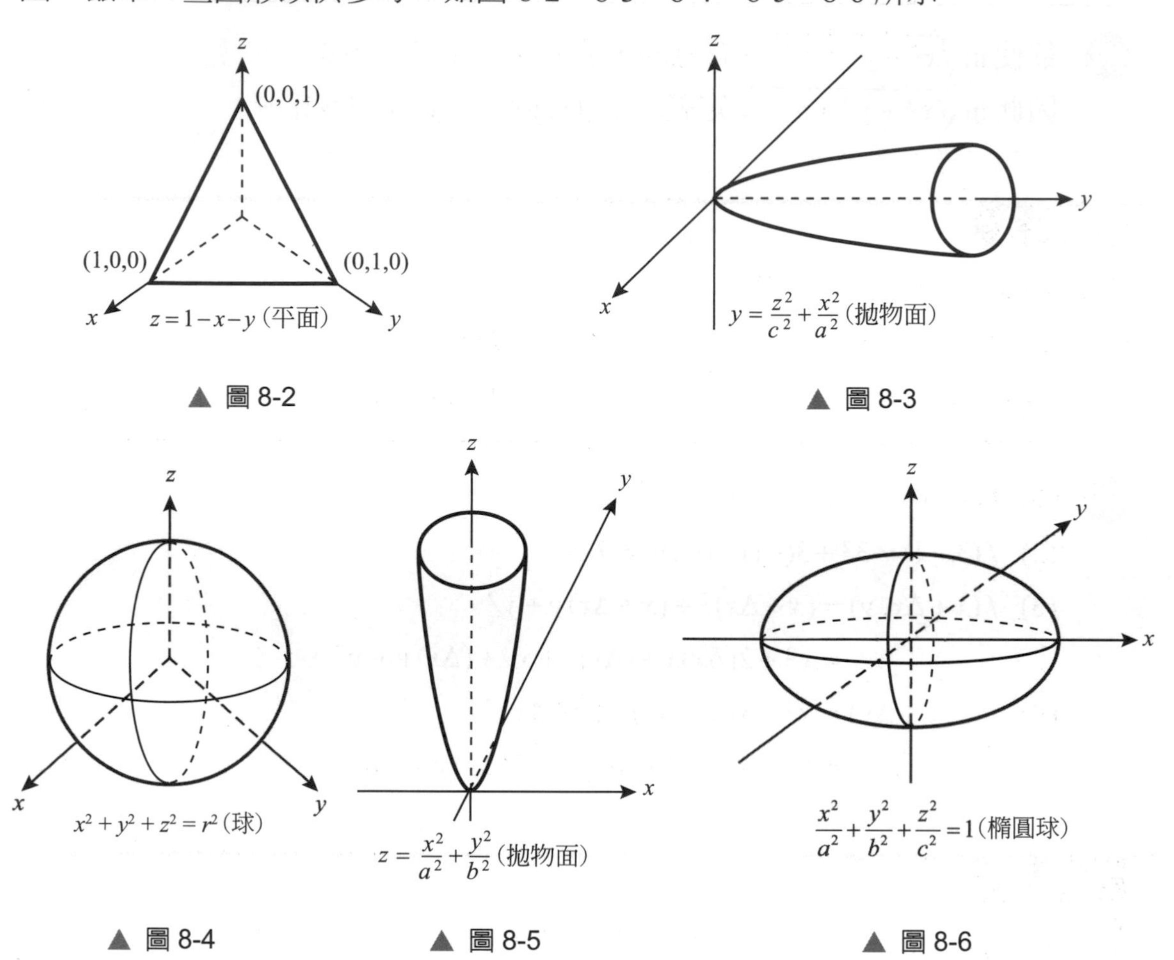

▲ 圖 8-2 ▲ 圖 8-3

▲ 圖 8-4 ▲ 圖 8-5 ▲ 圖 8-6

多變數函數之極限與連續

$\lim\limits_{(x,y)\to(a,b)} f(x,y)$ 之定義[註]

$\lim\limits_{(x,y)\to(a,b)} f(x,y)=l$ 定義爲：對每一個 $\varepsilon>0$，當 $0<\sqrt{(x-a)^2+(y-b)^2}<\delta$ 時，均有 $|f(x,y)-l|<\varepsilon$，則稱 $\lim\limits_{(x,y)\to(a,b)} f(x,y)=l$。

註：初學者對此定義只需有直覺地了解即可。

例題 5

$f(x,y)=xy$，求(1) $\lim\limits_{\Delta x\to 0}\dfrac{f(x+\Delta x,y)-f(x,y)}{\Delta x}$。　(2) $\lim\limits_{\Delta y\to 0}\dfrac{f(x,y+\Delta y)-f(x,y)}{\Delta y}$。

解 (1) $\lim\limits_{\Delta x\to 0}\dfrac{f(x+\Delta x,y)-f(x,y)}{\Delta x}=\lim\limits_{\Delta x\to 0}\dfrac{(x+\Delta x)y-xy}{\Delta x}=\lim\limits_{\Delta x\to 0}\dfrac{\Delta x\cdot y}{\Delta x}=y$。

(2) $\lim\limits_{\Delta y\to 0}\dfrac{f(x,y+\Delta y)-f(x,y)}{\Delta y}=\lim\limits_{\Delta y\to 0}\dfrac{x(y+\Delta y)-xy}{\Delta y}=\lim\limits_{\Delta y\to 0}\dfrac{x\cdot\Delta y}{\Delta y}=x$。 ■

例題 6

求 $\lim\limits_{(x,y)\to(1,-3)}(x^2+xy+y^2)$。

解 $\lim\limits_{(x,y)\to(1,-3)}(x^2+xy+y^2)=(1)^2+(1)(-3)+(-3)^2=7$。 ■

例題 7

求 $\lim\limits_{(x,y)\to(0,1)}\dfrac{x-y}{x+y}$。

解 $\lim\limits_{(x,y)\to(0,1)}\dfrac{x-y}{x+y}=\dfrac{0-1}{0+1}=-1$。 ■

例題 8

求 $\lim\limits_{(x,y)\to(0,0)}\dfrac{x^2-y^2}{x-y}$。

解 $\lim\limits_{(x,y)\to(0,0)}\dfrac{(x-y)(x+y)}{x-y}=\lim\limits_{(x,y)\to(0,0)}(x+y)=0$。 ■

★ **例題 9**

求 $\lim\limits_{\substack{x\to 0\\ y\to 0}}(x+1)\cdot\dfrac{\sin(x^2+y^2)}{x^2+y^2}$ 。

解 $\lim\limits_{\substack{x\to 0\\ y\to 0}}(x+1)\cdot\dfrac{\sin(x^2+y^2)}{x^2+y^2}=\lim\limits_{x\to 0}(x+1)\lim\limits_{\substack{x\to 0\\ y\to 0}}\dfrac{\sin(x^2+y^2)}{x^2+y^2}$

$=\lim\limits_{x\to 0}(x+1)\lim\limits_{t\to 0}\dfrac{\sin t}{t}=1\cdot 1=1$ 。 ■

在第一章之 $\lim\limits_{x\to a}f(x)=l$ 存在之條件是 $\lim\limits_{x\to a^+}f(x)=l_1$ 、 $\lim\limits_{x\to a^-}f(x)=l_2$ ，l_1、l_2 存在且相等，二變數函數 $f(x,y)$，$\boldsymbol{(x,y)\to(x_0,y_0)}$**之途徑有無限多條**，由$(x,y)$循各種途徑到$(x_0,y_0)$之極限值均需爲 l，有一條途徑之極限不爲 l 時，$\lim\limits_{(x,y)\to(x_0,y_0)}f(x,y)$ 便不存在。

例題 10

問 $\lim\limits_{\substack{x\to 0\\ y\to 0}}\dfrac{x^2-y^2}{x^2+y^2}$ 是否存在？

解 令 $y=mx$，$\therefore\lim\limits_{x\to 0}\dfrac{x^2-(mx)^2}{x^2+(mx)^2}=\lim\limits_{x\to 0}\dfrac{1-m^2}{1+m^2}=\dfrac{1-m^2}{1+m^2}$ ，

即原式之極限隨 m 不同而改變，故極限不存在。

上例題中我們亦可用下列方法證明極限不存在：

$\lim\limits_{x\to 0}(\lim\limits_{y\to 0}\dfrac{x^2-y^2}{x^2+y^2})=\lim\limits_{x\to 0}1=1$ ， $\lim\limits_{y\to 0}(\lim\limits_{x\to 0}\dfrac{x^2-y^2}{x^2+y^2})=-1$ ，

$\lim\limits_{y\to 0}\lim\limits_{x\to 0}\dfrac{x^2-y^2}{x^2+y^2}\neq\lim\limits_{x\to 0}\lim\limits_{y\to 0}\dfrac{x^2-y^2}{x^2+y^2}$ ，$\therefore\lim\limits_{(x,y)\to(0,0)}\dfrac{x^2-y^2}{x^2+y^2}$ 不存在。

注意：$\lim\limits_{x\to 0}(\lim\limits_{y\to 0}f(x,y))=\lim\limits_{y\to 0}(\lim\limits_{x\to 0}f(x,y))$ 不保證 $\lim\limits_{\substack{x\to 0\\ y\to 0}}f(x,y)$ 存在。 ■

例題 11

求 $\lim\limits_{\substack{x\to 0\\ y\to 0}} \dfrac{xy}{(x+y)^2}$。

解 取 $y=mx$，則 $\lim\limits_{\substack{x\to 0\\ y\to 0}} \dfrac{xy}{(x+y)^2} = \lim\limits_{x\to 0} \dfrac{x\cdot mx}{(x+mx)^2} = \dfrac{m}{(1+m)^2}$，

即不同之 m 就有不同之極限，

$\therefore \lim\limits_{\substack{x\to 0\\ y\to 0}} \dfrac{xy}{(x+y)^2}$ 不存在。■

定 義

令 $f(x,y)$ 定義於區域 R 中，(x_0,y_0) 為 R 中之一點，
若 $\lim\limits_{(x,y)\to(x_0,y_0)} f(x,y) = f(x_0,y_0)$，則稱 $f(x,y)$ 在 (x_0,y_0) 點為連續。

例題 12

問 $f(x,y)=\dfrac{xy}{x^2-y^2}$ 在何點不連續？

解 $f(x,y)=\dfrac{xy}{x^2-y^2}$ 在 $x^2=y^2$ 之直線（$y=x$、$y=-x$）上為不連續。■

練習題

1. $f(x,y)=x^2+2xy+y^2$，求

(1) $f(x+\Delta x,y)$。

(2) $f(x,y+\Delta y)$。

2. $f(x,y)=x^2+2xy+3y^2$，取 $x(t)=t^2$、$y(t)=2t$，求

(1) $f(x(0),y(0))$。

(2) $f(x(1),y(1))$。

3. $f(x,y)=\dfrac{x^2}{x^2+y^2}$，求

(1) $f(1,0)$。

(2) $f(0,1)$。

(3) $\lim\limits_{(x,y)\to(0,0)} f(x,y)$。

4. $f(x,y)=\begin{cases}\dfrac{x^2y}{x^4+y^2}, & (x,y)\neq(0,0)\\ 0, & (x,y)=(0,0)\end{cases}$，

求：

(1) $f(0,0)$。

(2) $\lim\limits_{x\to 0} f(x,0)$。

(3) $\lim\limits_{y\to 0} f(0,y)$。

(4) $\lim\limits_{x\to 0} f(x,x^2)$。

(5) $\lim\limits_{x\to 0} f(x,mx)$。

(6) $\lim\limits_{(x,y)\to(0,0)} f(x,y)$。

5. 求 $f(x,y)=\sqrt{\dfrac{x}{2y}}$ 之定義域。

6. 求 $f(x,y)=\sqrt{xy}$ 與 $g(x,y)=\sqrt{x}\sqrt{y}$ 之定義域。

7. 求 $\lim\limits_{(x,y)\to(0,0)} \dfrac{xy}{x^2+y^2}$。

8. 求 $\lim\limits_{(x,y)\to(0,0)} \dfrac{3x^2+y^2}{x^2+y^2}$。

求 9.、10.題之不連續點：

9. $f(x,y)=\dfrac{x+y}{y^2-x}$。

10. $f(x,y)=\dfrac{1}{\sin x\sin y}$。

解答

1. (1) $(x+\Delta x)^2+2(x+\Delta x)y+y^2$

   (2) $x^2+2x(y+\Delta y)+(y+\Delta y)^2$

2. (1) 0　(2) 17

3. (1) 1　(2) 0　(3) 不存在

4. (1) 0　(2) 0　(3) 0　(4) $\dfrac{1}{2}$　(5) 0

   (6)不存在

5. $xy\geq 0$，$y\neq 0$

6. $f(x,y)$之定義域為 $xy\geq 0$，

   $g(x,y)$之定義域為 $x\geq 0$、$y\geq 0$

7. 不存在

8. 不存在

9. $y^2=x$ 上之點

10. $x=m\pi$、$y=n\pi$，m、n 為正整數

8-2 偏導函數

本節學習目標

1. 多變數函數偏導函數。
2. k 階齊次函數及應用。

多變量函數之**偏微分（Partial derivative）即為某一變數在其它所有變數均為常數之假設下對該變數行一般之微分**。亦即：

函數 $f(x,y)$ 對 x 之偏導函數記做 $\frac{\partial f}{\partial x}$、$f_x$ 或 $f_x(x,y)$ 定義

$$f_x(x,y)=\lim_{\Delta x\to 0}\frac{f(x+\Delta x,y)-f(x,y)}{\Delta x}$$ **，在此視 y 為常數下對 x 行偏微分。**

同樣地 $f(x,y)$ 對 y 之偏導函數記做 $\frac{\partial f}{\partial y}$、$f_y$ 或 $f_y(x,y)$ 定義

$$f_y(x,y)=\lim_{\Delta y\to 0}\frac{f(x,y+\Delta y)-f(x,y)}{\Delta y}$$ **，在此視 x 為常數下對 y 行偏微分。**

例題 1

用定義求：$f(x,y)=x^2+xy+3y^2$ 之 $f_x(1,2)$、$f_y(1,-1)$。

解 (1)

$$f_x(1,2)=\lim_{\Delta x\to 0}\frac{f(1+\Delta x,2)-f(1,2)}{\Delta x}$$

$$=\lim_{\Delta x\to 0}\frac{(1+\Delta x)^2+(1+\Delta x)(2)+3(2)^2-[(1)^2+(1)(2)+3(2)^2]}{\Delta x}$$

$$=\lim_{\Delta x\to 0}\frac{[15+4\Delta x+(\Delta x)^2]-15}{\Delta x}$$

$$=\lim_{\Delta x\to 0}\frac{(\Delta x)^2+4\Delta x}{\Delta x}=\lim_{\Delta x\to 0}(\Delta x+4)=4$$ 。

$$\begin{aligned}(2)\ f_y(1,-1) &= \lim_{\Delta y\to 0}\frac{f(1,-1+\Delta y)-f(1,-1)}{\Delta y}\\ &= \lim_{\Delta y\to 0}\frac{[1^2+1(-1+\Delta y)+3(-1+\Delta y)^2]-[1^2+1(-1)+3(-1)^2]}{\Delta y}\\ &= \lim_{\Delta y\to 0}\frac{[3-5\Delta y+3(\Delta y)^2]-3}{\Delta y} = \lim_{\Delta y\to 0}\frac{-5\Delta y+3(\Delta y)^2}{\Delta y} = -5\ 。\end{aligned}$$

■

如同前述說明，通常我們對 x 實施偏微分時將 y 視作常數，反之亦然，但在求某一定點之偏導函數值時，有時必須用定義求解。

例題 2

若 $f(x,y)=x^2+xy+3y^2$，求 $f_x(1,2)$ 及 $f_y(1,-1)$ 。

解 (1) $f_x(x,y)=2x+y$，$\therefore f_x(1,2)=4$ 。

(2) $f_y(x,y)=x+6y$，$\therefore f_y(1,-1)=-5$ 。 ■

例題 3

若 $f(x,y)=xe^{xy}$，求 $f_x(1,0)$ 、 $f_y(-1,-3)$ 。

解 (1) $f_x(x,y)=e^{xy}+x(ye^{xy})$，$\therefore f_x(1,0)=e^0+1(0\cdot e^{1\cdot 0})=1$ 。

(2) $f_y(x,y)=x^2e^{xy}$，$\therefore f_y(-1,-3)=(-1)^2e^{(-1)(-3)}=e^3$ 。 ■

例題 4

若 $f(x,y)=\ln(x^2+y^2)$，求 f_x 、f_y 。

解 (1) $f_x(x,y)=\dfrac{\partial}{\partial x}f(x,y)=\dfrac{\partial}{\partial x}\ln(x^2+y^2)=\dfrac{2x}{x^2+y^2}$ 。

(2) $f_y(x,y)=\dfrac{\partial}{\partial y}f(x,y)=\dfrac{\partial}{\partial y}\ln(x^2+y^2)=\dfrac{2y}{x^2+y^2}$ 。 ■

例題 5

若 $f(x,y)=x^y$，求 $f_x(x,y)$、$f_y(x,y)$。

(1) $f_x(x,y)=yx^{y-1}$。

(2) $f_y(x,y)=(\ln x)x^y$，$x>0$。 ■

高階偏導函數

$z=f(x,y)$ 之一階導函數 $f_x(x,y)$ 及 $f_y(x,y)$ 求出後，我們可能再透過 $f_x(x,y)$ 對 x 或 y 實施偏微分，如此做下去可有 4 個可能結果：

$$f_{xx}=\frac{\partial}{\partial x}\left(\frac{\partial f}{\partial x}\right)=\frac{\partial^2 f}{\partial x^2} \qquad f_{xy}=\frac{\partial}{\partial y}\left(\frac{\partial f}{\partial x}\right)=\frac{\partial^2 f}{\partial y\partial x}$$

$$f_{yx}=\frac{\partial}{\partial x}\left(\frac{\partial f}{\partial y}\right)=\frac{\partial^2 f}{\partial x\partial y} \qquad f_{yy}=\frac{\partial}{\partial y}\left(\frac{\partial f}{\partial y}\right)=\frac{\partial^2 f}{\partial y^2}$$ ………………………………… 以此類推

例題 6

若 $f(x,y)=x^4+xy+y^4$，求

(1) f_{xx}　(2) f_{xy}　(3) f_{yy}　(4) f_{xxx}　(5) f_{yxy}。

$f_x=4x^3+y$，$f_{xx}=12x^2$，$f_{xy}=1$，$f_{xxx}=24x$，

$f_y=x+4y^3$，$f_{yy}=12y^2$，$f_{yx}=1$，$f_{yxy}=0$。 ■

k 階齊次函數

定義　*k* 階齊次函數

若 $f(\lambda x,\lambda y)=\lambda^k f(x,y)$，$\lambda\in\mathbb{R}$，但 $\lambda\neq 0$ 則稱 $f(x, y)$ 爲 k 階齊次函數（Homogeneous function of order k）。

例題 7

判斷下列各題何者為齊次函數，若是，求其階數：

(1) $f(x,y)=x^2+y^2$ 。

(2) $f(x,y)=\tan^{-1}\dfrac{x^2+y^2}{x+y}$ 。

(3) $f(x,y,z)=(x^2+y^2+z^2)^{\frac{3}{2}}$ 。

解 (1) $\because f(\lambda x,\lambda y)=\lambda^2x^2+\lambda^2y^2=\lambda^2(x^2+y^2)=\lambda^2 f(x,y)$ ，

$\therefore$爲 2 階齊次函數。

(2) $\because f(\lambda x,\lambda y)=\tan^{-1}\dfrac{\lambda^2x^2+\lambda^2y^2}{\lambda x+\lambda y}=\tan^{-1}\dfrac{\lambda(x^2+y^2)}{x+y}\neq\lambda\tan^{-1}\dfrac{x^2+y^2}{x+y}$ ，

$\therefore$不爲齊次函數。

(3) $\because f(\lambda x,\lambda y,\lambda z)=(\lambda^2x^2+\lambda^2y^2+\lambda^2z^2)^{\frac{3}{2}}=\lambda^3(x^2+y^2+z^2)^{\frac{3}{2}}$ ，

$\therefore$爲 3 階齊次函數。 ■

關於多變數之 k 階齊次函數有以下重要定理：

定理 A

若 $f(x,y)$ 爲 k 階齊次函數，即 $f(\lambda x,\lambda y)=\lambda^k f(x,y)$ ，$\lambda\neq 0$ ，$\lambda\in\mathbb{R}$ 。
則 $xf_x+yf_y=kf$ 。

證明 $\because f(\lambda x,\lambda y)=\lambda^k f(x,y)$ ，

兩邊同時對 λ 微分，

$xf_x+yf_y=k\lambda^{k-1}f$ ，

因上式是對任何實數 λ 均成立，所以在上式中令 $\lambda=1$，

得 $xf_x+yf_y=kf$ 。 ◆

例題 8

若 $z = x^n f(\frac{y}{x})$，試證 $x\frac{\partial f}{\partial x} + y\frac{\partial f}{\partial y} = nz$。

方法一（用定理 A）	令 $z = h(x, y) = x^n f(\frac{y}{x})$，則 $f(\lambda x, \lambda y) = (\lambda x)^n f(\frac{\lambda y}{\lambda x}) = \lambda^n (x^n f(\frac{y}{x}))$，即 z 為 n 階齊次函數，$\therefore x\frac{\partial f}{\partial x} + y\frac{\partial f}{\partial y} = nz$。
方法二 用偏導函數運算	$x\cdot\frac{\partial f}{\partial x} + y\frac{\partial f}{\partial y} = x(nx^{n-1}f(\frac{y}{x}) + x^n(-\frac{y}{x^2})f'(\frac{y}{x})) + y(x^n\cdot\frac{1}{x}f'(\frac{y}{x}))$ $= nx^n f(\frac{y}{x}) - x^{n-1}yf'(\frac{y}{x}) + x^{n-1}yf'(\frac{y}{x}) = nz$。

■

例題 9

若 $u = x^3 F(\frac{y}{x}, \frac{z}{x})$，求證 $x\frac{\partial u}{\partial x} + y\frac{\partial u}{\partial y} + z\frac{\partial u}{\partial z} = 3u$。

解 令 $u = G(x, y, z) = x^3 F(\frac{y}{x}, \frac{z}{x})$，

則 $G(\lambda x, \lambda y, \lambda z) = (\lambda x)^3 F(\frac{\lambda y}{\lambda x}, \frac{\lambda z}{\lambda x}) = \lambda^3 (x^3 F(\frac{y}{x}, \frac{z}{x}))$，

$\therefore G(x, y, z)$ 為 3 階齊次函數，

因此 $x\frac{\partial u}{\partial x} + y\frac{\partial u}{\partial y} + z\frac{\partial u}{\partial z} = 3u$。 ■

讀者可試用例題 8 之方法二重做例題 9。

練習題

1. $f(x,y)=x^2y^3$，求

(1) $\frac{\partial f}{\partial x}$ (2) $\frac{\partial f}{\partial y}$ (3) $\frac{\partial^2 f}{\partial x\partial y}$

(4) $\frac{\partial^2 f}{\partial y\partial x}$ (5) $\frac{\partial^3 f}{\partial x\partial y\partial x}$。

2. $f(x,y)=y\sin(xy)$，求

(1) $\frac{\partial f}{\partial x}$ (2) $\frac{\partial f}{\partial y}$ (3) $\frac{\partial^2 f}{\partial x^2}$。

3. $f(x,y,z)=x\sin(yz)$，求 $f_z(a,1,\pi)$。

4. $f(x,y)=\frac{x}{x^2+y^2}$，求

$\frac{\partial^2 f}{\partial x^2}+\frac{\partial^2 f}{\partial y^2}=?$

5. $f(x,y,z)=\frac{x+y+z}{\sqrt{x^2+y^2+z^2}}$，試求

$xf_x+yf_y+zf_z$。

6. $f(x,y)=\tan^{-1}\frac{y}{x}$，求 $f_{xx}+f_{yy}=?$

7. $f(x,y)=\ln\sqrt{x^2+y^2}$，試求

$\frac{\partial^2 f}{\partial x^2}+\frac{\partial^2 f}{\partial y^2}$。

解答

1. (1) $2xy^3$ (2) $3x^2y^2$ (3) $6xy^2$ (4) $6xy^2$

   (5) $6y^2$

2. (1) $y^2\cos(xy)$

   (2) $\sin(xy)+xy\cos(xy)$

   (3) $-y^3\sin(xy)$

3. $-a$

4. 0

5. 0

6. 0

7. 0

8-3 鏈鎖法則

本節學習目標

1. 藉由樹形圖推導鏈鎖法則。
2. 偏導函數在隱函數微分之應用。
3. 媒介變數在偏導函數上之應用。

第二章之鏈鎖法則是解單變數函數之合成函數微分法之利器，本節則研究二變數函數之鏈鎖法則。

定理 A 鏈鎖法則

令 $z=f(u,v)$、$u=g(x,y)$、$v=h(x,y)$，則

$$\frac{\partial z}{\partial x}=\frac{\partial z}{\partial u}\cdot\frac{\partial u}{\partial x}+\frac{\partial z}{\partial v}\cdot\frac{\partial v}{\partial x}\qquad \frac{\partial z}{\partial y}=\frac{\partial z}{\partial u}\cdot\frac{\partial u}{\partial y}+\frac{\partial z}{\partial v}\cdot\frac{\partial v}{\partial y}$$ 。

上面所述之鏈鎖法則並不是很嚴謹的，因爲鏈鎖法則之 f 在含 (u, v) 的開區域中爲可微分，且 g、h 在 (x, y) 之一階偏微分爲連續等，但這些觀念，證明都超過本書之水準，故從略，本書之例子、習題是假定這些條件均已成立。

如果我們將函數之自變數，因變數畫成樹形圖，對合成函數之偏微分公式推導大有幫助。

$\because z=f(x,y)$

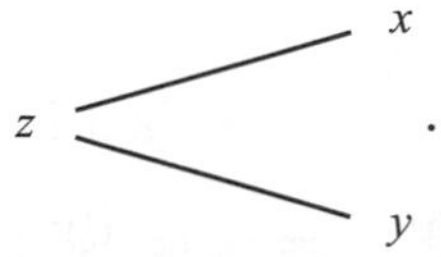

$\therefore z \begin{cases} x \\ y \end{cases}$ ………………………………………………… ①

又 $x=g(r,s)$，$y=h(r,s)$

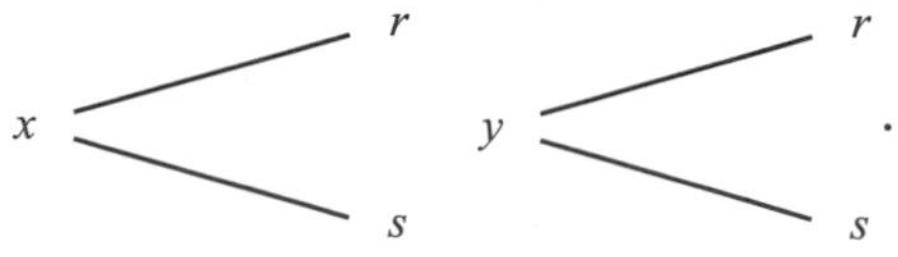

$\therefore x \begin{cases} r \\ s \end{cases}$　　$y \begin{cases} r \\ s \end{cases}$ ………………………………………… ②

將①併入②則得

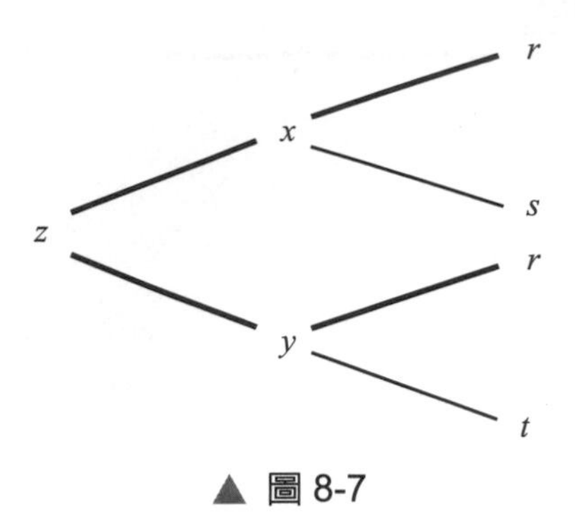

▲ 圖 8-7

(1) 在圖 8-7 中$\dfrac{\partial z}{\partial r}$相當於由 z 到 r 之所有途徑，在此有二條即

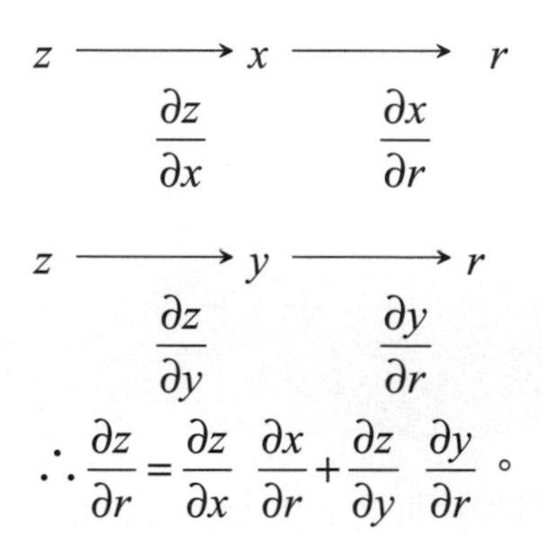

$$z \xrightarrow{\frac{\partial z}{\partial x}} x \xrightarrow{\frac{\partial x}{\partial r}} r$$

$$z \xrightarrow{\frac{\partial z}{\partial y}} y \xrightarrow{\frac{\partial y}{\partial r}} r$$

$\therefore \dfrac{\partial z}{\partial r}=\dfrac{\partial z}{\partial x}\ \dfrac{\partial x}{\partial r}+\dfrac{\partial z}{\partial y}\ \dfrac{\partial y}{\partial r}$。

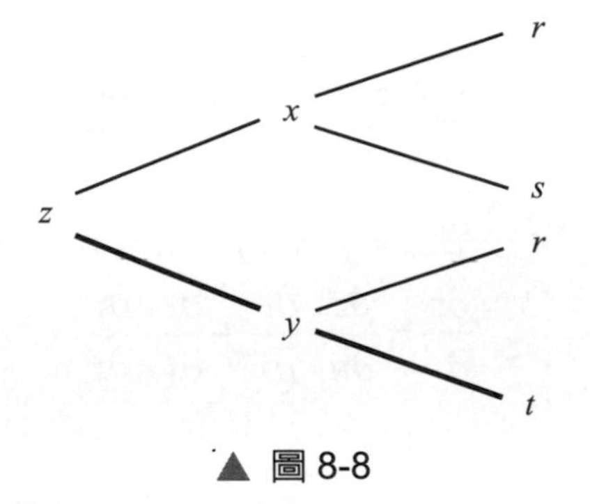

▲ 圖 8-8

(2) 假定 $z=f(x,y)$、$x=g(r,s)$、$y=h(r,t)$，如圖 8-8 所示，可知 z 到 t 之途徑為 $z\rightarrow y\rightarrow t$，則 $\dfrac{\partial z}{\partial t}=\dfrac{\partial z}{\partial y}\ \dfrac{\partial y}{\partial t}$。

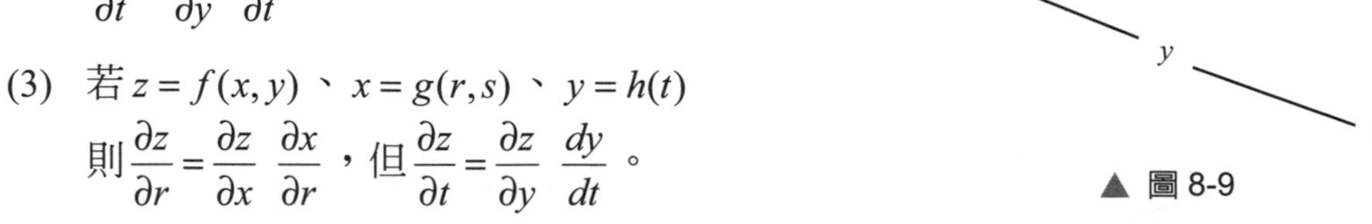

(3) 若 $z=f(x,y)$、$x=g(r,s)$、$y=h(t)$

則$\dfrac{\partial z}{\partial r}=\dfrac{\partial z}{\partial x}\ \dfrac{\partial x}{\partial r}$，但$\dfrac{\partial z}{\partial t}=\dfrac{\partial z}{\partial y}\ \dfrac{dy}{dt}$。

▲ 圖 8-9

（因 $y=h(t)$ 只有一個自變數 t 如圖 8-9 所示，故用$\dfrac{dy}{dt}$，而不用$\dfrac{\partial y}{\partial t}$）

例題 1

若 $w=x^2+y^2$，$x=r\cos\theta$，$y=r\sin\theta$，求 $\dfrac{\partial w}{\partial r}$ 及 $\dfrac{\partial w}{\partial \theta}$。

方法一	$\dfrac{\partial w}{\partial r}=\dfrac{\partial w}{\partial x}\cdot\dfrac{\partial x}{\partial r}+\dfrac{\partial w}{\partial y}\cdot\dfrac{\partial y}{\partial r}$ $=2x\cdot\cos\theta+2y\cdot\sin\theta$ $=2(r\cos\theta)\cos\theta+2(r\sin\theta)\sin\theta$ $=2r\cos^2\theta+2r\sin^2\theta=2r$， $\dfrac{\partial w}{\partial \theta}=\dfrac{\partial w}{\partial x}\dfrac{\partial x}{\partial \theta}+\dfrac{\partial w}{\partial y}\cdot\dfrac{\partial y}{\partial \theta}$ $=2x(-r\sin\theta)+2y(r\cos\theta)$ $=2(r\cos\theta)(-r\sin\theta)+2(r\sin\theta)\cdot(r\cos\theta)=0$。 w — x — r, θ；w — y — r, θ
方法二	$w=x^2+y^2=(r\cos\theta)^2+(r\sin\theta)^2=r^2$，$\therefore \dfrac{\partial w}{\partial r}=2r$、$\dfrac{\partial w}{\partial \theta}=0$。

■

例題 2

若 $T=x^2-y^2$、$x=s+2t$、$y=t^2$，求 $\dfrac{\partial T}{\partial s}$、$\dfrac{\partial T}{\partial t}$。

$$\frac{\partial T}{\partial s}=\frac{\partial T}{\partial x}\frac{\partial x}{\partial s}=2x\cdot 1=2(s+2t)，$$

$$\frac{\partial T}{\partial t}=\frac{\partial T}{\partial x}\cdot\frac{\partial x}{\partial t}+\frac{\partial T}{\partial y}\cdot\frac{dy}{dt}$$

$$=2x\cdot 2+(-2y)\cdot 2t=4(s+2t)-4t^3。$$

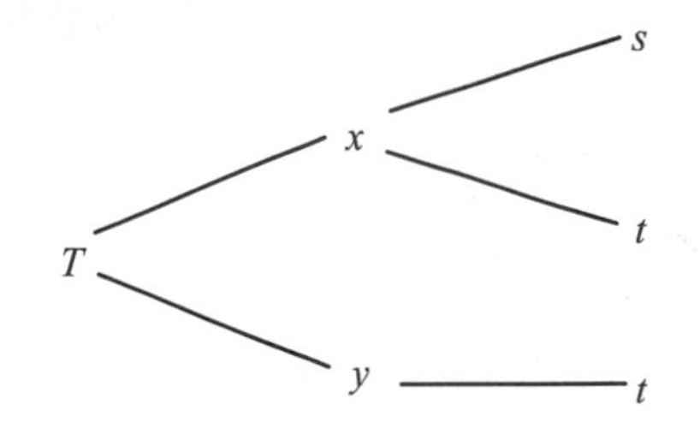

■

例題 3

若 z 是 x, y 的函數，$x = r\cos\phi$、$y = r\sin\phi$，試證
$(\frac{\partial z}{\partial r})^2 + \frac{1}{r^2}(\frac{\partial z}{\partial \phi})^2 = (\frac{\partial z}{\partial x})^2 + (\frac{\partial z}{\partial y})^2$。

解

$$\frac{\partial z}{\partial r} = \frac{\partial z}{\partial x}\cdot\frac{\partial x}{\partial r} + \frac{\partial z}{\partial y}\cdot\frac{\partial y}{\partial r} = \frac{\partial z}{\partial x}\cos\phi + \frac{\partial z}{\partial y}\sin\phi \text{，}$$

$$\frac{\partial z}{\partial \phi} = \frac{\partial z}{\partial x}\cdot\frac{\partial x}{\partial \phi} + \frac{\partial z}{\partial y}\cdot\frac{\partial y}{\partial \phi} = \frac{\partial z}{\partial x}(-r\sin\phi) + \frac{\partial z}{\partial y}(r\cos\phi) \text{，}$$

$$\therefore (\frac{\partial z}{\partial r})^2 + \frac{1}{r^2}(\frac{\partial z}{\partial \phi})^2$$

$$= (\frac{\partial z}{\partial x})^2\cos^2\phi + 2(\frac{\partial z}{\partial x})\cdot(\frac{\partial z}{\partial y})\cos\phi\sin\phi + (\frac{\partial z}{\partial y})^2\sin^2\phi$$

$$+ (\frac{\partial z}{\partial x})^2\sin^2\phi - 2(\frac{\partial z}{\partial x})\cdot(\frac{\partial z}{\partial y})\cos\phi\sin\phi + (\frac{\partial z}{\partial y})^2\cos^2\phi$$

$$= (\frac{\partial z}{\partial x})^2 + (\frac{\partial z}{\partial y})^2 \text{。}$$

■

媒介變數之應用

例題 4

求證 $u = f(x-y, y-x)$ 滿足偏微分方程式 $\frac{\partial u}{\partial x} + \frac{\partial u}{\partial y} = 0$。

解 在本例題中我們引入二個媒介變數 s、t

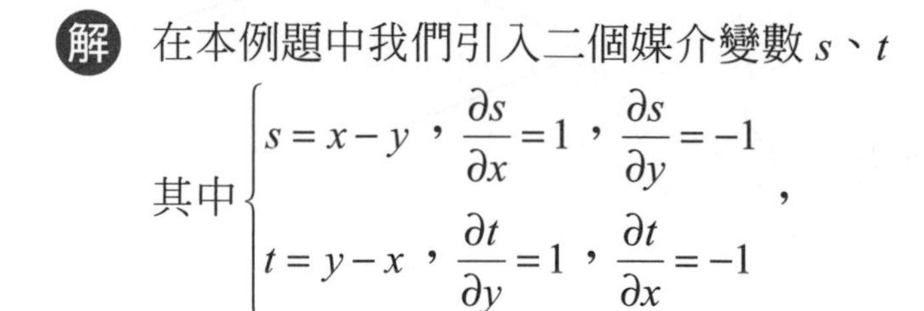

$$\text{其中}\begin{cases} s = x - y\text{，}\frac{\partial s}{\partial x} = 1\text{，}\frac{\partial s}{\partial y} = -1 \\ t = y - x\text{，}\frac{\partial t}{\partial y} = 1\text{，}\frac{\partial t}{\partial x} = -1 \end{cases}\text{，}$$

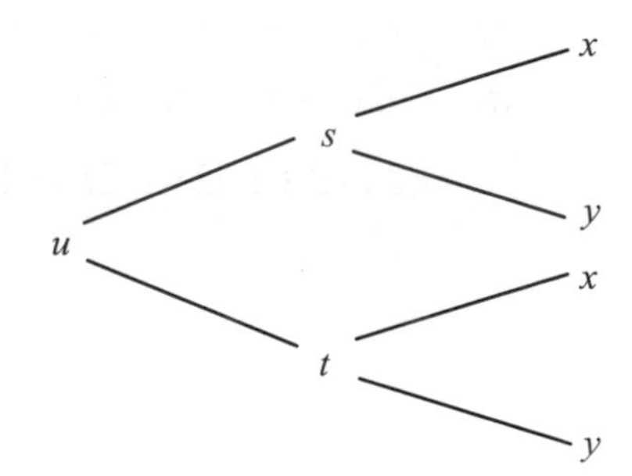

$$\frac{\partial u}{\partial x}=\frac{\partial u}{\partial s}\cdot\frac{\partial s}{\partial x}+\frac{\partial u}{\partial t}\cdot\frac{\partial t}{\partial x}=\frac{\partial u}{\partial s}\cdot 1+\frac{\partial u}{\partial t}(-1)=\frac{\partial u}{\partial s}-\frac{\partial u}{\partial t}\text{，}$$

$$\frac{\partial u}{\partial y}=\frac{\partial u}{\partial s}\cdot\frac{\partial s}{\partial y}+\frac{\partial u}{\partial t}\cdot\frac{\partial t}{\partial y}=\frac{\partial u}{\partial s}(-1)+\frac{\partial u}{\partial t}\cdot 1=-\frac{\partial u}{\partial s}+\frac{\partial u}{\partial t}\text{，}\therefore\frac{\partial u}{\partial x}+\frac{\partial u}{\partial y}=0\text{。}$$ ■

我們也可用 F_i 表示對函數 F 之第 i 個變數做偏微分，以例題 4 為例：

$u=f(x-y,y-x)$ 求 $\frac{\partial u}{\partial x}$ 時，我們令 $s=x-y$，$t=y-x$，現在我們把 f_1 取代 $\frac{\partial u}{\partial s}$，$f_2$ 取代 $\frac{\partial u}{\partial t}$，兩者比較如下：

$$\frac{\partial u}{\partial x}=\frac{\partial u}{\partial s}\cdot\frac{\partial s}{\partial x}+\frac{\partial u}{\partial t}\cdot\frac{\partial t}{\partial x}=\frac{\partial u}{\partial x}\cdot 1+\frac{\partial u}{\partial x}(-1)$$

$$\quad\ \ \updownarrow\qquad\quad\ \updownarrow\qquad\quad\ \updownarrow\qquad\ \ \updownarrow$$

$$\frac{\partial u}{\partial x}=f_1\cdot\frac{\partial s}{\partial x}+f_2\cdot\frac{\partial t}{\partial x}=f_1\cdot 1+f_2\cdot(-1)$$

同理

$$\frac{\partial u}{\partial y}=\frac{\partial u}{\partial s}\cdot\frac{\partial s}{\partial y}+\frac{\partial u}{\partial t}\cdot\frac{\partial t}{\partial y}=\frac{\partial u}{\partial s}(-1)+\frac{\partial u}{\partial t}\cdot 1$$

$$\quad\ \ \updownarrow\qquad\quad\ \updownarrow\qquad\quad\ \updownarrow\qquad\quad\ \updownarrow$$

$$\frac{\partial u}{\partial y}=f_1\cdot\frac{\partial s}{\partial y}+f_2\cdot\frac{\partial t}{\partial y}=f_1\cdot(-1)+f_2\cdot(1)$$

$$\frac{\partial u}{\partial x}+\frac{\partial u}{\partial y}=(f_1-f_2)+(-f_1+f_2)=0\text{。}$$

例題 5

$u=F(\frac{y-x}{xy},\frac{z-x}{xz})$，求證 $x^2\frac{\partial u}{\partial x}+y^2\frac{\partial u}{\partial y}+z^2\frac{\partial u}{\partial z}=0$。

解 $u=F(\frac{y-x}{xy},\frac{z-x}{xz})=F(\frac{1}{x}-\frac{1}{y},\frac{1}{x}-\frac{1}{z})$，

$$\therefore\frac{\partial u}{\partial x}=(-\frac{1}{x^2})F_1+(-\frac{1}{x^2})F_2\text{，}$$

$$\frac{\partial u}{\partial y}=(\frac{1}{y^2})F_1\text{，}\frac{\partial u}{\partial z}=(\frac{1}{z^2})F_2\text{，}$$

得 $x^2\frac{\partial u}{\partial x}+y^2\frac{\partial u}{\partial y}+z^2\frac{\partial u}{\partial z}$

$=x^2[(-\frac{1}{x^2})F_1+(-\frac{1}{x^2})F_2]+y^2(\frac{1}{y^2})F_1+z^2(\frac{1}{z^2})F_2=0$ 。 ■

例題 6

$u=f(x,xy,xyz)$，求 $\frac{\partial u}{\partial x}$、$\frac{\partial u}{\partial y}$、$\frac{\partial u}{\partial z}$。

解 $\frac{\partial u}{\partial x}=f_1\cdot\frac{dx}{dx}+f_2\cdot\frac{\partial}{\partial x}(xy)+f_3\cdot\frac{\partial}{\partial x}(xyz)=f_1+yf_2+yzf_3$，

$\frac{\partial u}{\partial y}=f_2\frac{\partial}{\partial y}(xy)+f_3\frac{\partial}{\partial y}(xyz)=xf_2+xzf_3$，

$\frac{\partial u}{\partial z}=f_3\frac{\partial}{\partial z}(xyz)=xyf_3$ 。 ■

再看隱函數微分

我們在第二章已介紹過在給定隱函數 $f(x,y)=0$ 下，如何求 $\frac{dy}{dx}$，本節介紹用偏導函數方法來解同樣的問題。

定理 B

若 $f(x,y)=0$，則 $\frac{dy}{dx}=-\frac{f_x}{f_y}$，$f_y\neq 0$。

證明 令 $z=f(u,y)$，$u=x$，$y=h(x)$，

則 $\frac{dz}{dx}=\frac{\partial f}{\partial u}\cdot\frac{du}{dx}+\frac{\partial f}{\partial y}\cdot\frac{dy}{dx}=\frac{\partial f}{\partial x}+\frac{\partial f}{\partial y}\cdot\frac{dy}{dx}=0$，（$\because u=x$）

$\therefore \frac{dy}{dx}=-\frac{\frac{\partial f}{\partial x}}{\frac{\partial f}{\partial y}}=-\frac{f_x}{f_y}$ 。 ◆

同法可得 $f(x,y)=0$，則 $\dfrac{dx}{dy}=-\dfrac{f_y}{f_x}$。

若 $f(x,y,z)=0$，則 $\dfrac{dy}{dx}=-\dfrac{f_x}{f_y}$、$\dfrac{dy}{dz}=-\dfrac{f_z}{f_x}$，同理可推廣其餘。

例題 7

$x^2+xy+y^2+ux+u^2=3$，求 $\dfrac{du}{dx}$、$\dfrac{du}{dy}$、$\dfrac{dx}{du}$、$\dfrac{dx}{dy}$。

解 令 $F(x,y,z,u)=x^2+xy+y^2+ux+u^2-3=0$，

$$\therefore \frac{du}{dx}=-\frac{F_x}{F_u}=-\frac{2x+y+u}{x+2u}，x+2u\neq 0，$$

$$\frac{du}{dy}=-\frac{F_y}{F_u}=-\frac{x+2y}{x+2u}，x+2u\neq 0，$$

$$\frac{dx}{du}=-\frac{F_u}{F_x}=-\frac{x+2u}{2x+y+u}，2x+y+u\neq 0，$$

$$\frac{dx}{dy}=-\frac{F_y}{F_x}=-\frac{x+2y}{2x+y+u}，2x+y+u\neq 0。$$

■

例題 8

$xy+xz-yz=2$，求 $\dfrac{dz}{dx}+\dfrac{dz}{dy}$。

解 令 $F(x,y,z)=xy+xz-yz-2$，

$$\therefore \frac{dz}{dx}+\frac{dz}{dy}=-\frac{F_x}{F_z}+(-\frac{F_y}{F_z})=-\frac{y+z}{x-y}-\frac{x-z}{x-y}=-\frac{x+y}{x-y}，x-y\neq 0。$$

■

練習題

1. $T=xy$、$x=s^2$、$y=2t$，求 $\frac{\partial T}{\partial s}$、$\frac{\partial T}{\partial t}$。

2. $T=x^3-3xy+2y^2$、$x=\cos t$、$y=\sin t$，求 $\left.\frac{dT}{dt}\right|_{t=0}$。

3. $T=xe^y$、$x=s^2$、$y=s-t^3$，求 $\frac{\partial T}{\partial s}$、$\frac{\partial T}{\partial t}$。

4. $T=x^2y$、$x=st$、$y=s-t$，求 $\frac{\partial T}{\partial t}$。

5. $z=x+f(u)$、$u=xy$，求 $x\frac{\partial z}{\partial x}-y\frac{\partial z}{\partial y}$。

6. $z=f(x^2+y^2)$，求 $x\frac{\partial z}{\partial y}-y\frac{\partial z}{\partial x}$。

7. 設 $u=f(x^2-y^2,y^2-x^2)$，求 $y\frac{\partial u}{\partial x}+x\frac{\partial u}{\partial y}$。

8. $u=\frac{f(\frac{y}{x})}{x}$，求 $\frac{\partial u}{\partial x}$。

9. $x^3+xy+y^2=4$，求 $\frac{dy}{dx}$。

10. 若 $\sin zy=\cos xz$，求 $\left.\frac{dz}{dx}\right|_{(\frac{1}{3},\frac{1}{6},\pi)}$。

11. $xy+xz+yz=1$，求(1) $\frac{dy}{dx}$ (2) $\frac{dz}{dy}$。

解答

1. $4st$、$2s^2$
2. -3
3. $(s^2+2s)e^{(s-t^3)}$、$-3s^2t^2e^{s-t^3}$
4. $2s^3t-3s^2t^2$
5. x
6. 0
7. 0
8. $-\frac{1}{x^2}f(\frac{y}{x})-\frac{y}{x^3}f'(\frac{y}{x})$
9. $-\frac{3x^2+y}{x+2y}$，$x+2y\neq 0$
10. -2π
11. (1) $-\frac{y+z}{x+z}$，$x+z\neq 0$

    (2) $-\frac{x+y}{x+z}$，$x+z\neq 0$

8-4 多變量函數之極值

本節學習目標

1. 多變量函數沒有限制條件下之極值問題。
2. 多變量函數帶有限制條件下之極值問題。

沒有限制條件下之極值問題

絕對極值

設 $f(x, y)$ 之定義域爲 D，(x_0, y_0) 爲 D 中之一點，若

1. $f(x_0, y_0) \geq f(x, y)$，$\forall (x, y) \in D$，則稱 $f(x_0, y_0)$ 爲 $f(x, y)$ 在 D 上之絕對極大值。
2. $f(x_0, y_0) \leq f(x, y)$，$\forall (x, y) \in D$，則稱 $f(x_0, y_0)$ 爲 $f(x, y)$ 在 D 上之絕對極小值。

對二變數函數 $f(x, y)$ 而言，若 f 在封閉的有界集合 S 內爲連續，則 f 在 S 內必存有絕對極大值與絕對極小值，這是有名的極值存在定理。

相對極值

給定 $f(x, y)$，若存在一個開矩形區域（R 爲定義域 D 之部份集合），$(x_0, y_0) \in R$，使得

$f(x_0, y_0) \geq f(x, y)$，$\forall (x, y) \in R$，則稱 f 在 (x_0, y_0) 有一相對極大值。

$f(x_0, y_0) \leq f(x, y)$，$\forall (x, y) \in R$，則稱 f 在 (x_0, y_0) 有一相對極小值。

如何求取二變數函數 $f(x, y)$ 之相對極值，如圖 8-10 所示，則成本節之重心，我們將有關之演算法則摘要如下，至於其理論，可參考高等微積分。

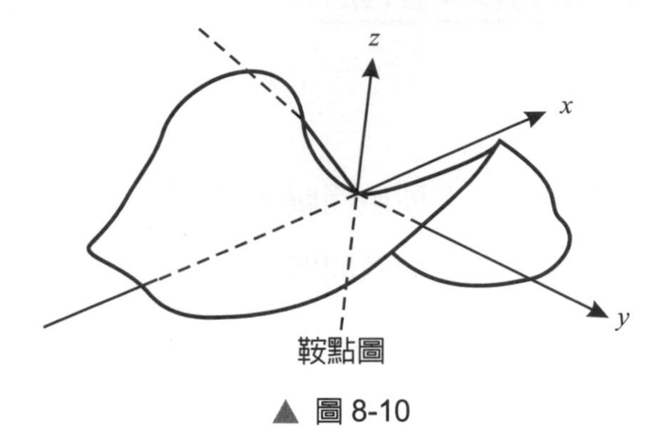

▲ 圖 8-10

$f(x)$ 之相對極值求法

1. 一階條件

   令 $\begin{cases} f_x = 0 \\ f_y = 0 \end{cases}$ 得到 $f(x, y)$ 之臨界點。

2. 二階條件

   計算 $\Delta = \begin{vmatrix} f_{xx} & f_{xy} \\ f_{yx} & f_{yy} \end{vmatrix}_{(x_0, y_0)}$，$(x_0, y_0)$ 爲 $f(x, y)$ 之臨界點，

   (1) 若 $\Delta > 0$，且 $f_{xx}(x_0, y_0) > 0$，則 $f(x, y)$ 在 (x_0, y_0) 有相對極小值。

   (2) 若 $\Delta > 0$，且 $f_{xx}(x_0, y_0) < 0$，則 $f(x, y)$ 在 (x_0, y_0) 有相對極大值。

   (3) 若 $\Delta < 0$，則 $f(x, y)$ 在 (x_0, y_0) 處有一鞍點（Saddle Point）。

   (4) 若 $\Delta = 0$，則 $f(x, y)$ 在 (x_0, y_0) 處無任何資訊（即非以上三種）。

例題 1

求 $f(x,y)=x^2-3xy+y^2-2x-4y$ 之極值與鞍點。

先求一階條件（臨界點），

二階行列式 $\begin{vmatrix} a & b \\ c & d \end{vmatrix}=ad-bc$。

$$\begin{cases} f_x=2x-3y-2=0 \\ f_y=-3x+2y-4=0 \end{cases} \Rightarrow \begin{cases} 2x-3y=2 \\ -3x+2y=4 \end{cases},$$

解之：$x=-\dfrac{16}{5}$、$y=-\dfrac{14}{5}$，$\therefore (-\dfrac{16}{5},-\dfrac{14}{5})$ 爲 $f(x,y)$ 之臨界點，

次求二階條件，

$f_{xx}=2$、$f_{xy}=-3$、$f_{yx}=-3$、$f_{yy}=2$，

$$\Delta=\begin{vmatrix} f_{xx} & f_{xy} \\ f_{yx} & f_{yy} \end{vmatrix}_{(\frac{-16}{5},\frac{-14}{5})}=\begin{vmatrix} 2 & -3 \\ -3 & 2 \end{vmatrix}_{(\frac{-16}{5},\frac{-14}{5})}=-5<0,$$

$\therefore f(x,y)=x^2-3xy+y^2-2x-4y$ 無相對極值，

但在 $(-\dfrac{16}{5},-\dfrac{14}{5})$ 處有一鞍點。■

例題 2

求 $f(x,y)=x^3+y^3-3x-3y^2+4$ 之極值與鞍點。

先求一階條件（臨界點），

$$\begin{cases} f_x=3x^2-3=3(x-1)(x+1)=0 \\ f_y=3y^2-6y=3y(y-2)=0 \end{cases} \Rightarrow \begin{cases} x=1,-1 \\ y=0,2 \end{cases},$$

由此可得 4 個臨界點：(1, 0)、(1, 2)、(−1, 0)、(−1, 2)，

次求二階條件：

$f_{xx}=6x$、$f_{xy}=f_{yx}=0$、$f_{yy}=6y-6$，

$$\therefore \Delta=\begin{vmatrix} f_{xx} & f_{xy} \\ f_{yx} & f_{yy} \end{vmatrix}=\begin{vmatrix} 6x & 0 \\ 0 & 6y-6 \end{vmatrix},$$

檢驗四個臨界點之 Δ 值：

(1) (1, 0)：$\Delta=\begin{vmatrix} 6 & 0 \\ 0 & -6 \end{vmatrix}<0$，$\therefore$ 在(1, 0)處有一鞍點。

(2) $(1,2)$：$\Delta=\begin{vmatrix}6 & 0\\ 0 & 6\end{vmatrix}>0$，且 $f_{xx}(1,2)=6>0$，

$\therefore$ $f(x,y)$在$(1,2)$處有一相對極小值 $f(1,2)=-2$。

(3) $(-1,0)$：$\Delta=\begin{vmatrix}-6 & 0\\ 0 & -6\end{vmatrix}>0$，$f_{xx}(-1,0)=-6<0$，

$\therefore$ $f(x,y)$在$(-1,0)$處有一相對極大值 $f(-1,0)=6$。

(4) $(-1,2)$：$\Delta=\begin{vmatrix}-6 & 0\\ 0 & 6\end{vmatrix}<0$，$\therefore$ $f(x,y)$在$(-1,2)$處有一鞍點。 ■

帶有限制條件之極值問題─Lagrange 法

在許多實際或應用之極值問題上，都是帶有限制條件的，例如在消費者效用極大化問題探討消費者在預算一定之條件下，如何使其效用爲極大，在這個問題中預算即爲限制條件。Lagrange 法是在限制條件下求算極值的一個方法（但不是唯一的方法），因此它在最佳化理論中佔有核心的地位。它的演算法如下：

$f(x,y)$在 $g(x,y)=0$ 條件下之極值求算，是先令 $L(x,y)=f(x,y)+\lambda g(x,y)$，$\lambda$ 一般稱爲 **Lagrange 乘算子**（Lagrange Multiplier）由解聯立方程組 $\boldsymbol{L_x=0}$、$\boldsymbol{L_y=0}$ 及 $\boldsymbol{L_\lambda=0}$**即可得出極值**。

例題 3

求 $x+2y=1$ 之條件下 $f(x,y)=x^2+y^2$ 之極值。

解 令 $L(x,y)=x^2+y^2+\lambda(x+2y-1)$，

$$\begin{cases}\dfrac{\partial L}{\partial x}=2x+\lambda=0 \cdots\cdots ①\\ \dfrac{\partial L}{\partial y}=2y+2\lambda=0 \cdots\cdots ②\\ \dfrac{\partial L}{\partial \lambda}=x+2y-1=0 \cdots\cdots ③\end{cases}$$

由① $\lambda=-2x$　由② $\lambda=-y$，

$\therefore -2x=-y$，即 $y=2x$，

代 $y=2x$ 入③得

$x+2y-1=x+2(2x)-1=0$，即 $x=\frac{1}{5}$，

$\therefore y=2x=\frac{2}{5}$，

因此 $f(x,y)=x^2+y^2$ 之極值爲 $f(\frac{1}{5},\frac{2}{5})=\frac{5}{25}=\frac{1}{5}$。■

例題 3 亦可用 Cauchy 不等式，

$(x^2+y^2)(1^2+2^2)\geq(x+2y)^2=1$，

$\therefore x^2+y^2\geq\frac{1}{5}$。

> Cauchy 不等式
> $(a^2+b^2)(x^2+y^2)\geq(ax+by)^2$。

例題 4

求 $3x+2y=4$ 之條件下 $f(x,y)=x^2+3y^2$ 之極值。

取 $L=x^2+3y^2+\lambda(3x+2y-4)$，

$$\begin{cases}\frac{\partial L}{\partial x}=2x+3\lambda=0 \cdots\cdots ①\\ \frac{\partial L}{\partial y}=6y+2\lambda=0 \cdots\cdots ②\\ \frac{\partial L}{\partial \lambda}=3x+2y-4=0 \cdots\cdots ③\end{cases}$$

由① $\lambda=-\frac{2}{3}x$、由② $\lambda=-3y$，$\therefore y=\frac{2}{9}x$ 代之入③得

$3x+2y-4=0\Rightarrow 3x+2(\frac{2}{9}x)-4=0\Rightarrow\frac{31}{9}x-4=0$，

$\therefore x=\frac{36}{31}$，$y=\frac{2}{9}x=\frac{2}{9}\cdot\frac{36}{31}=\frac{8}{31}$，

因此 $f(x,y)=x^2+3y^2$ 之極值爲 $f(\frac{36}{31},\frac{8}{31})=\frac{1488}{961}$。■

Lagrange 法之解題架構甚是機械化，取$L=f(x,y)+\lambda(g(x,y))$解

$\frac{\partial L}{\partial x}=\frac{\partial L}{\partial y}=\frac{\partial L}{\partial \lambda}=0$，有時過程甚爲繁瑣，因此一個較爲簡單之技巧：

$\because \begin{cases} L_x=f_x+\lambda g_x=0 \\ L_y=f_y+\lambda g_y=0 \end{cases}$，$\therefore \begin{bmatrix} f_x & \lambda g_x \\ f_y & \lambda g_y \end{bmatrix}\begin{bmatrix} x \\ y \end{bmatrix}=\begin{bmatrix} 0 \\ 0 \end{bmatrix}$，

要$\begin{bmatrix} x \\ y \end{bmatrix}$有異於$\begin{bmatrix} 0 \\ 0 \end{bmatrix}$之解，必須$\begin{vmatrix} f_x & \lambda g_x \\ f_y & \lambda g_y \end{vmatrix}=0$，又$\lambda \neq 0$，

$\therefore \begin{vmatrix} f_x & g_x \\ f_y & g_y \end{vmatrix}=0$或$\begin{vmatrix} f_x & f_y \\ g_x & g_y \end{vmatrix}=0$。（由行列式性質$\begin{vmatrix} f_x & g_x \\ f_y & g_y \end{vmatrix}=\begin{vmatrix} f_x & f_y \\ g_x & g_y \end{vmatrix}$）

利用$\begin{vmatrix} f_x & f_y \\ g_x & g_y \end{vmatrix}=0$往往可簡化求解過程。

例題 5

給定$3x^2+xy+3y^2=48$，求x^2+y^2之極值。

解 $L=x^2+y^2+\lambda(3x^2+xy+3y^2-48)$，

$$\begin{cases} \frac{\partial L}{\partial x}=2x+\lambda(6x+y)=0, \\ \frac{\partial L}{\partial \lambda}=3x^2+xy+3y^2=48, \\ \frac{\partial L}{\partial y}=2y+\lambda(x+6y)=0, \end{cases} \quad \because \begin{vmatrix} f_x & f_y \\ g_x & g_y \end{vmatrix}=\begin{vmatrix} 2x & 2y \\ 6x+y & x+6y \end{vmatrix}=0,$$

$\therefore 2x(x+6y)-2y(6x+y)=0 \Rightarrow (x+y)(x-y)=0$，$\therefore y=-x$、$y=x$，

① $y=-x$時，$3x^2+x(-x)+3(-x)^2=48$，

$\therefore x=\pm\sqrt{\frac{48}{5}}$，$y=\mp\sqrt{\frac{48}{5}}$，得$x^2+y^2=\frac{96}{5}$，

② $y=x$時，$3x^2+x(x)+3(x)^2=48$，

$\therefore x=\pm\sqrt{\frac{48}{7}}$，$y=\pm\sqrt{\frac{48}{7}}$，得 $x^2+y^2=\frac{96}{7}$，

由以上討論：極大極為 $\frac{96}{5}$，極小值為 $\frac{96}{7}$。■

例題 6

若 $x^2+y^2=1$，求 x^2-y^2 之極值。

解 $L=(x^2-y^2)+\lambda(x^2+y^2-1)$，

$$\begin{cases} \frac{\partial L}{\partial x}=2x+\lambda 2x=0, \\ \frac{\partial L}{\partial y}=-2y+\lambda 2y=0, \\ \frac{\partial L}{\partial \lambda}=x^2+y^2=1, \end{cases}$$

$\begin{vmatrix} f_x & f_y \\ g_x & g_y \end{vmatrix}=\begin{vmatrix} 2x & -2y \\ 2x & 2y \end{vmatrix}=8xy=0$，得 $x=0$ 或 $y=0$，

(1) $x=0$ 時，$y=\pm 1$，$f(x,y)=x^2-y^2\big|_{x=0,y=\pm 1}=-1$，

(2) $y=0$ 時，$x=\pm 1$，$f(x,y)=x^2-y^2\big|_{x=\pm 1,y=0}=1$，

$\therefore$極大值為 1，極小值為 -1。■

練習題

1. 求 $f(x,y)=x^3+y^3-3xy$ 之極值。

2. 求 $f(x,y)=x^2-3xy+2y^2-2x$ 之極值。

3. 求 $f(x,y)=xy+\frac{2}{x}+\frac{4}{y}$ 之極值。

4. 求 $3x+4y=5$ 之條件下 x^2+y^2 之極值。

5. 求 $f(x,y)=x^4+y^4-4xy+1$ 之極值。

6. 求 $x+y=2$ 時，xy 之極值。

7. 受限於 $16x^2+9y^2=144$ 之條件下，求 $f(x,y)=xy$ 之極大值。

8. 受限於 $x^2+y^2=1$ 之條件下，求 $f(x,y)=x^2+2y^2$ 之極值。

9. $x^4+y^4=1$ 之條件下，求 $f(x,y)=x^2+y^2$ 之極大值與極小值。

解答

1. $(0,0)$處有鞍點，$(1,1)$處有相對極小值-1
2. $(-8,-6)$ 處有一鞍點
3. $(1,2)$處有相對極小值 6
4. 極小值 1
5. $f(x,y)$在$(0,0)$處有一鞍點，
   在$(1,1)$處有相對極小值-1，
   在 $(-1,-1)$ 處有相對極小值-1
6. 1
7. 6
8. 極大值 2、極小值 1
9. 極大值 $\sqrt{2}$ 、極小值 1

8-5 方向導數

本節學習目標

1. 單位向量、梯度。
2. 方向導數。

向量與純量

我們以一個平面上二點 $P(a, b)$，$Q(c, d)$而言，以 P 為始點，Q 為終點之向量以 $\overrightarrow{PQ}$ 表示，則定義 $\overrightarrow{PQ}=[c-a,d-b]$，其中 $c-a$，$d-b$ 稱為**分量**（Component），若 $\overrightarrow{PQ}$ 之長度記做 $\|\overrightarrow{PQ}\|$，定義 $\|\overrightarrow{PQ}\|=\sqrt{(c-a)^2+(d-b)^2}$，若 $\|\overrightarrow{PQ}\|=1$，則稱 $\overrightarrow{PQ}$ 為**單位向量**（Unit vector）。

若 $\boldsymbol{U}$ 為一非零向量（即 $\boldsymbol{U}$ 中至少有一分量不為 $\mathbf{0}$），則 $\dfrac{\boldsymbol{U}}{\|\boldsymbol{U}\|}$ 為**單位向量**。

內積

二個向量積，一是**內積**（Dot product），一是**外積**（Cross product）在此只討論內積。

定義　內積

若向量 $\boldsymbol{A}=[a_1,a_2]$、向量 $\boldsymbol{B}=[b_1,b_2]$，則 $\boldsymbol{A}$、$\boldsymbol{B}$ 之內積（記做 $\boldsymbol{A}\cdot\boldsymbol{B}$）定義為：$\boldsymbol{A}\cdot\boldsymbol{B}=a_1b_1+a_2b_2$。

上述內積定義可擴充至任一 n 維空間。

例題 1

$\boldsymbol{A}=[-1,0,1]$，$\boldsymbol{B}=[2,-1,-3]$，則 $\boldsymbol{A}\cdot\boldsymbol{B}$。

解 $\boldsymbol{A}\cdot\boldsymbol{B}=(-1)2+0(-1)+1(-3)=-2+0-3=-5$。 ■

例題 2

$\boldsymbol{A}=[a_1,a_2,a_3]$，$\boldsymbol{B}=[b_1,b_2,b_3]$，試證 $\boldsymbol{A}\cdot\boldsymbol{B}=\boldsymbol{B}\cdot\boldsymbol{A}$。

解 $\boldsymbol{A}\cdot\boldsymbol{B}=[a_1,a_2,a_3]\cdot[b_1,b_2,b_3]=a_1b_1+a_2b_2+a_3b_3$，

$\boldsymbol{B}\cdot\boldsymbol{A}=[b_1,b_2,b_3]\cdot[a_1,a_2,a_3]=b_1a_1+b_2a_2+b_3a_3$

$=a_1b_1+a_2b_2+a_3b_3$，

$\therefore \boldsymbol{A}\cdot\boldsymbol{B}=\boldsymbol{B}\cdot\boldsymbol{A}$。 ■

假設 $\boldsymbol{A}$ 是 R^3 內之一向量，

$$\|\boldsymbol{A}\|^2=(\|\boldsymbol{A}\|^2)=(\sqrt{a_1{}^2+a_2{}^2+a_3{}^2})^2=a_1{}^2+a_2{}^2+a_3{}^2，$$

$$\boldsymbol{A}\cdot\boldsymbol{A}=[a_1,a_2,a_3]\cdot[a_1,a_2,a_3]=a_1{}^2+a_2{}^2+a_3{}^2，$$

$$\therefore \|\boldsymbol{A}\|^2=\boldsymbol{A}\cdot\boldsymbol{A}。$$

那麼 $\boldsymbol{A}$ 之單位向量為 $\dfrac{\boldsymbol{A}}{\|\boldsymbol{A}\|}$。

例：若 $\boldsymbol{A}=[-1,2]$，那麼 $\|\boldsymbol{A}\|=\sqrt{(-1)^2+2^2}=\sqrt{5}$，故 $\boldsymbol{A}$ 之單位向量為 $\dfrac{1}{\sqrt{5}}[-1,2]=[-\dfrac{1}{\sqrt{5}},\dfrac{2}{\sqrt{5}}]$。

梯度

定義　梯度

函數 f 之**梯度**（Gradient）記做∇f，它定義爲

(1) $f(x, y)$ 之梯度爲 $\nabla f = [f_x, f_y] = \frac{\partial f}{\partial x}\boldsymbol{i} + \frac{\partial f}{\partial y}\boldsymbol{j}$，其中 $\boldsymbol{i} = [1, 0]$、$\boldsymbol{j} = [0, 1]$。

(2) $f(x, y, z)$ 之梯度爲 $\nabla f = [f_x, f_y, f_z] = \frac{\partial f}{\partial x}\boldsymbol{i} + \frac{\partial f}{\partial y}\boldsymbol{j} + \frac{\partial f}{\partial z}\boldsymbol{k}$，其中

$\boldsymbol{i} = [1, 0, 0]$、$\boldsymbol{j} = [0, 1, 0]$、$\boldsymbol{k} = [0, 0, 1]$。

由梯度之定義可知，多變量函數在 P 點處之梯度是 f 在 P 點上之偏導函數爲分量之向量。

例題 3

求下列函數之梯度：(1) $f(x, y) = x^2 + xy$　(2) $g(x, y, z) = x^3 + 3x^2yz + xz^2$。

解 (1) $\nabla f = [\frac{\partial}{\partial x}f, \frac{\partial}{\partial y}f] = [2x + y, x]$。

(2) $\nabla g = [\frac{\partial}{\partial x}g, \frac{\partial}{\partial y}g, \frac{\partial}{\partial z}g] = [3x^2 + 6xyz + z^2, 3x^2z, 3x^2y + 2xz]$。 ■

方向導數

有了單位向量、內積、梯度這些概念後，我們便可討論 $f(x, y)$在點 $P(x_0, y_0)$ 沿單位向量 $\boldsymbol{u}$ 之方向導數。

$z = f(x, y)$ 在點 (x_0, y_0) 之偏導函數，

$$f_x(x_0, y_0) = \lim_{h \to 0} \frac{f(x_0 + h, y_0) - f(x_0, y_0)}{h}$$

$$f_y(x_0, y_0) = \lim_{h \to 0} \frac{f(x_0, y_0 + h) - f(x_0, y_0)}{h}$$

$f_x(x_0, y_0)$ 是 $z = f(x, y)$ 在 x 方向之瞬時變化率，也就是沿單位向量 $\boldsymbol{i} = [1,0]$ 之方向向量。同理，$f_y(x_0, y_0)$ 是 $z = f(x, y)$ 在 y 方向之瞬時變化率，也就是沿單位向量 $\boldsymbol{j} = [0,1]$ 之方向向量。如果 $\boldsymbol{u} = [a, b]$ 是一個單位向量，那麼 $z = f(x, y)$ 在點 (x_0, y_0) 沿單位向量 u 之瞬時變化率。

定義

$\lim_{h \to 0} \frac{f(x_0 + ha, y_0 + hb) - f(x_0, y_0)}{h}$ 稱為 $f(x, y)$ 在 (x_0, y_0) 處沿單位向量 $\boldsymbol{u} = [a, b]$ 之方向的**方向導數**（Directional derivative），以 $D_u f$ 表之。

定理 D

$z = f(x, y)$ 之 f_x、f_y 存在，$\boldsymbol{u} = [a, b]$ 為任意之單位向量，則 $f(x, y)$ 在點 $P(x_0, y_0)$ 沿 $\boldsymbol{u}$ 之方向導數為 $D_{\boldsymbol{u}} f(P) = f_x(x_0, y_0)a + f_y(x_0, y_0)b$。

證明 由定義 $D_u f(x_0, y_0) = \lim_{h \to 0} \frac{f(x_0 + ha, y_0 + hb) - f(x_0, y_0)}{h}$，

令 $g(h) = f(x_0 + ha, y_0 + hb)$，且令 $x = x_0 + ha$、$y = y_0 + hb$，

由鏈鎖法則：$g'(h) = \frac{\partial f}{\partial x} \cdot \frac{dx}{dh} + \frac{\partial f}{\partial y} \frac{dy}{dh} = f_x \cdot a + f_y \cdot b$，

又 $g(0) = f(x_0, y_0)$，

$\therefore g'(0) = f_x(x_0, y_0)a + f_y(x_0, y_0)b$，

$\therefore D_{\boldsymbol{u}} f(P) = D_u f(x_0, y_0) = f_x(x_0, y_0)a + f_y(x_0, y_0)b$。 ◆

由上述定理有以下推論

推論 D1 $D_{\boldsymbol{u}} f(P) = \nabla f \big|_P \cdot \boldsymbol{u}$。

推論 D1 是定理 D 之內積表示。

例題 4

$f(x,y)=x^2y^3$ 在點(1, − 1)處沿向量[3, 4]方向之方向導數。

解 $u=[a,b]=\dfrac{1}{\|[3,4]\|}[3,4]=[\dfrac{3}{5},\dfrac{4}{5}]$，

$f_x(1,-1)=2xy^3\big|_{(1,-1)}=-2$，$f_y(1,-1)=3x^2y^2\big|_{(1,-1)}=3$，

$\therefore D_{u}f(1,-1)=af_x(1,-1)+bf_y(1,-1)=\dfrac{3}{5}(-2)+\dfrac{4}{5}(3)=\dfrac{6}{5}$。■

最大方向導數

$D_{u}f=\nabla f\cdot u=\|\nabla f\|\|u\|\cos\theta$（內積性質）$=\|\nabla f\|\cos\theta$（$u$ 爲單位向量）

(1) $\because D_{u}f=\|\nabla f\|\cos\theta\le\|\nabla f\|$，$\therefore D_{u}f$ 之極大值爲 $\|\nabla f\|$。

(2) $\because D_{u}f=\|\nabla f\|\cos\theta\ge-\|\nabla f\|$，$\therefore D_{u}f$ 之極小值爲 $-\|\nabla f\|$。

以上之結果可推廣到 3 度空間。

例題 5

$f(x,y,z)=\ln(x+y+z)$ 在點(1, 2, −1)處沿 $i+j+k$ 方向之方向導數，又最大方向導數為何？

解 $\nabla f=f_x i+f_y j+f_z k=\dfrac{1}{x+y+z}i+\dfrac{1}{x+y+z}j+\dfrac{1}{x+y+z}k$

$=\left[\dfrac{1}{x+y+z},\dfrac{1}{x+y+z},\dfrac{1}{x+y+z}\right]$，

$u=\dfrac{1}{\|i+j+k\|}(i+j+k)=\dfrac{1}{\sqrt{3}}[1,1,1]$，

$\therefore$最大方向導數爲

$D_{u}f\big|_{(1,2,-1)}=[\dfrac{1}{x+y+z},\dfrac{1}{x+y+z},\dfrac{1}{x+y+z}]\cdot\dfrac{1}{\sqrt{3}}[1,1,1]\Big|_{(1,2,-1)}=\dfrac{3}{2\sqrt{3}}=\dfrac{\sqrt{3}}{2}$。■

1. 求 $f(x,y)=x\sin y$ 在 $(2,\frac{\pi}{3})$ 處之最大方向導數。

2. 求 $f(x,y,z)=x^3+xy^2+z$ 在點 $(0,1,-1)$ 處之最大方向導數。

解答

1. $\frac{\sqrt{7}}{2}$

2. $\sqrt{2}$

09

重積分

9-1 二重積分

本節學習目標

二重積分之基本計算。

我們可用逐次積分（Iterated integral）角度來看重積分，以

1. $\int\int f(x,y)\,dxdy = \int[\int f(x,y)\,dx]dy$：

   先對 x 積分，在對 x 積分時把 y 視作常數，x 積分後再對 y 積分。

2. $\int\int f(x,y)\,dydx = \int[\int f(x,y)\,dy]dx$：

   先對 y 積分，在對 y 積分時把 x 視作常數，y 積分後再對 x 積分。

重積分有一些形式，例如：

$\int_R\int F(x,y)\,dxdy$ 或 $\int_R\int F(x,y)\,dR$

$$\int_R\int F(x,y)\,dR = \int_c^d\int_{h_2(y)}^{h_1(y)} f(x,y)\,dxdy$$

$\int\int f(x,y)dxdy$
└內積分┘
└外積分┘

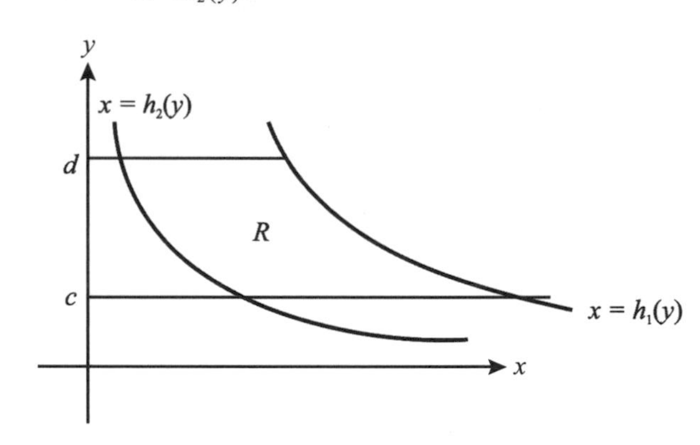

重積分之性質

1. $\int_R\int dxdy =$ 區域 R 之面積。

2. $\int_R\int cf(x,y)\,dxdy = c\int_R\int f(x,y)\,dxdy$。

3. $\int_R\int[f(x,y)+g(x,y)]\,dxdy = \int_R\int f(x,y)\,dxdy + \int_R\int g(x,y)\,dxdy$。

4. $R = R_1 \cup R_2 \Rightarrow \int_R\int f(x,y)\,dxdy = \int_{R_1}\int f(x,y)\,dxdy + \int_{R_2}\int f(x,y)\,dxdy$。

（若：$R_1 \cap R_2 = \phi$）

例題 1

求 $\int_0^1\int_0^1 (x+y)dxdy$。

解 $\int_0^1\int_0^1 (x+y)dxdy = \int_0^1 (\frac{x^2}{2}+xy)\Big|_0^1 dy = \int_0^1 (\frac{1}{2}+y)dy = (\frac{y}{2}+\frac{y^2}{2})\Big|_0^1 = 1$。 ■

由例題 1 可看出，對 x 積分時，我們將 y 視爲常數，這種方式在偏微分時已熟悉了。

定理 A　富比尼定理（Fubini theorem）

若 $f(x,y)$在 $a \le x \le b$，$c \le y \le d$ 爲連續則

$$\int_a^b\int_c^d f(x,\ y)dydx = \int_c^d\int_a^b f(x,\ y)dxdy$$

由定理 A，我們有下列推論：

推論 A1　若 $f(x,y)$在 $a \le x \le b$，$e \le y \le d$ 爲連續，且 $f(x,y) = g(x)h(y)$則

$$\int_a^b\int_c^d f(x,\ y)dydx = \int_a^b g(x)dx\int_c^d h(y)dy$$ 。

證明

$$\int_a^b\int_c^d f(x,y)dydx = \int_a^b\int_c^d h(y)g(x)dydx$$

$$= \int_a^b g(x)[\int_c^d h(y)dy]\cdot dx$$

$$= \int_a^b g(x)dx\cdot\int_c^d h(y)dy$$ 。 ◆

例題 2

以 $\int_0^1 \int_0^2 xy^2 dxdy$ 驗證定理 A 及推論 A1。

解 (1) 驗證定理 A：

$$\int_0^1 \int_0^2 xy^2 dxdy = \int_0^1 \frac{1}{2} x^2 y^2 \Big|_0^2 dy = \int_0^1 2y^2 dy = \frac{2}{3} y^3 \Big|_0^1 = \frac{2}{3},$$

$$\int_0^2 \int_0^1 xy^2 dydx = \int_0^2 \frac{1}{3} xy^3 \Big|_0^1 dx = \int_0^2 \frac{1}{3} xdx = \frac{1}{6} x^2 \Big|_0^2 = \frac{2}{3},$$

$$\therefore \int_0^1 \int_0^2 xy^2 dxdy = \int_0^2 \int_0^1 xy^2 dydx \text{。}$$

(2) 驗證推論 A1：

$$\int_0^1 \int_0^2 xy^2 dxdy = \int_0^1 y^2 dy \cdot \int_0^2 xdx = \frac{1}{3} y^3 \Big|_0^1 \cdot \frac{x^2}{2} \Big|_0^2 = \frac{1}{3} \cdot 2 = \frac{2}{3} \text{。}$$

■

要注意的是，若內積分中之一個積分界限不爲常數時，定理 A 便不適用，如例題 3、4。

例題 3

求 $\int_1^3 \int_0^{\ln x} e^y dydx$。

解 $$\int_1^3 \int_0^{\ln x} e^y dydx = \int_1^3 e^y \Big|_0^{\ln x} dx = \int_1^3 (e^{\ln x} - 1) dx$$

$$= \int_1^3 (x-1) dx = \left(\frac{x^2}{2} - x\right) \Big|_1^3 = 2 \text{。}$$

■

例題 4

求 $\int_0^1 \int_0^x (x^2 + xy + y^2)dydx$ 。

解 $\int_0^1 \int_0^x (x^2 + xy + y^2)dydx = \int_0^1 (x^2y + \frac{1}{2}xy^2 + \frac{1}{3}y^3)\Big|_0^x dx = \int_0^1 (x^3 + \frac{1}{2}x^3 + \frac{1}{3}x^3)dx$

$$= \int_0^1 \frac{11}{6}x^3 dx = \frac{11}{24}x^4\Big|_0^1 = \frac{11}{24}\text{ 。}$$

重積分另一種常見之表達方式為 $\int_R \int f(x, y)dxdy$ ，這裡的 R 是指積分區域。

<table>
<tr><td>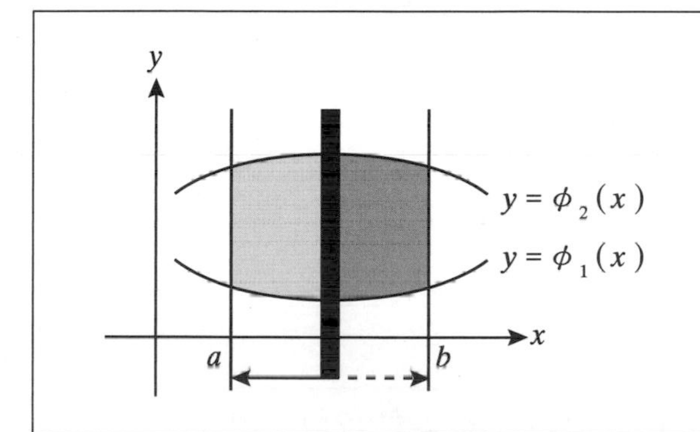
</td><td>$A = \int_a^b \int_{\phi_1(x)}^{\phi_2(x)} f(x, y)dydx$</td></tr>
<tr><td>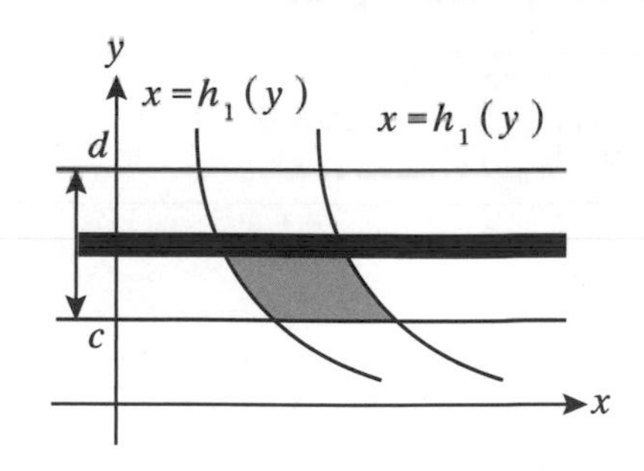
</td><td>$A = \int_c^d \int_{h_1(y)}^{h_2(y)} f(x, y)dydx$</td></tr>
<tr><td>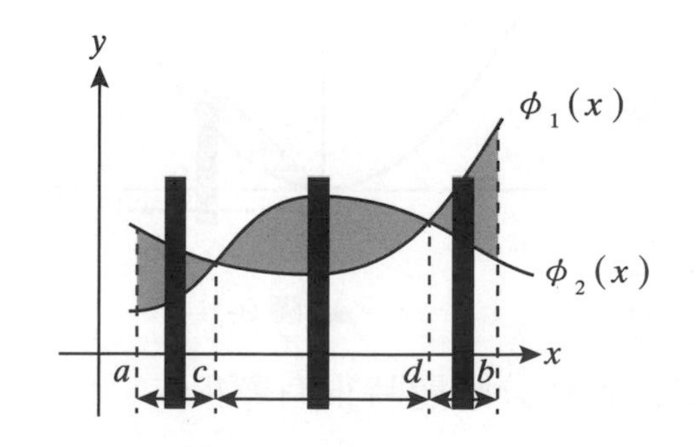
</td><td>$A = \int_a^c \int_{\phi_1(x)}^{\phi_2(x)} f(x, y)dydx$
$+\int_c^d \int_{\phi_1(x)}^{\phi_2(x)} f(x, y)dydx$
$+\int_d^b \int_{\phi_1(x)}^{\phi_2(x)} f(x, y)dydx$
粗線只在內積分之積分上下限不變之區間移動，一旦積分上下限改變便要另起一條粗線。</td></tr>
</table>

例題 5

求 $\int_R \int 2xydxdy$，R 為 $y=x^2$ 及 $y=x$ 所夾之區域。

方法一（先積 x 後積 y）	如右圖，$\int_R \int 2xydxdy$ $=\int_0^1 \int_y^{\sqrt{y}} 2xydxdy$ $=\int_0^1 y(x^2)\Big\|_y^{\sqrt{y}} dy$ $=\int_0^1 y(y-y^2)dy$ $=\int_0^1 (y^2-y^3)dy=(\frac{1}{3}y^3-\frac{1}{4}y^4)\Big\|_0^1=\frac{1}{12}$。
方法二（先積 y 後積 x）	$\int_R \int 2xydxdy$ $=\int_0^1 \int_{x^2}^{x} 2xydydx=\int_0^1 x(y^2)\Big\|_{x^2}^{x} dx=\int_0^1 x(x^2-x^4)dx$ $=\int_0^1 (x^3-x^5)dx=(\frac{x^4}{4}-\frac{x^6}{6})\Big\|_0^1=\frac{1}{12}$（即圖 9-1）。

■

比較例題 5 之二者重積分之界限，並體會個中之不同點。

在上例題之方法二，是所謂的動線法，這在第 4 章求二曲線在一閉區間所夾面積已學過。假想圖中有一條粗線，這條粗線基本上是一條垂直 x 軸之動線，它在積分範圍上游走全程：當粗線由 $x=0$ 走到 $x=1$ 時，粗線交到圖形 $y=x^2$（上）與 $y=x$（下），這種粗線法在重積分解題時很有幫助。

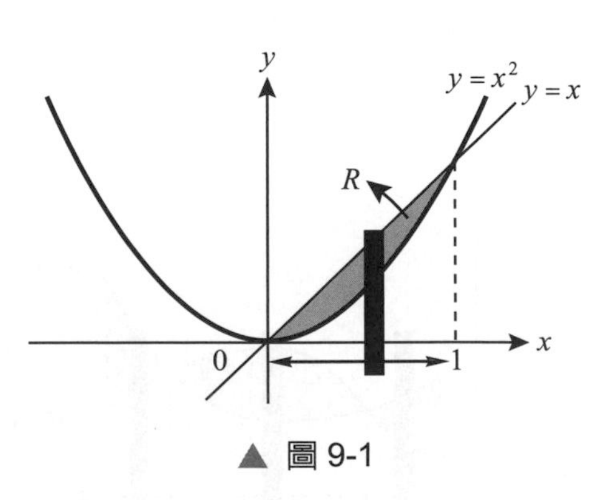

▲ 圖 9-1

例題 6

求 $\int_R\int \frac{x^2}{y^2}dxdy$，$R$ 為 $x=3$、$xy=1$ 及 $y=x$ 所圍成區域。

解

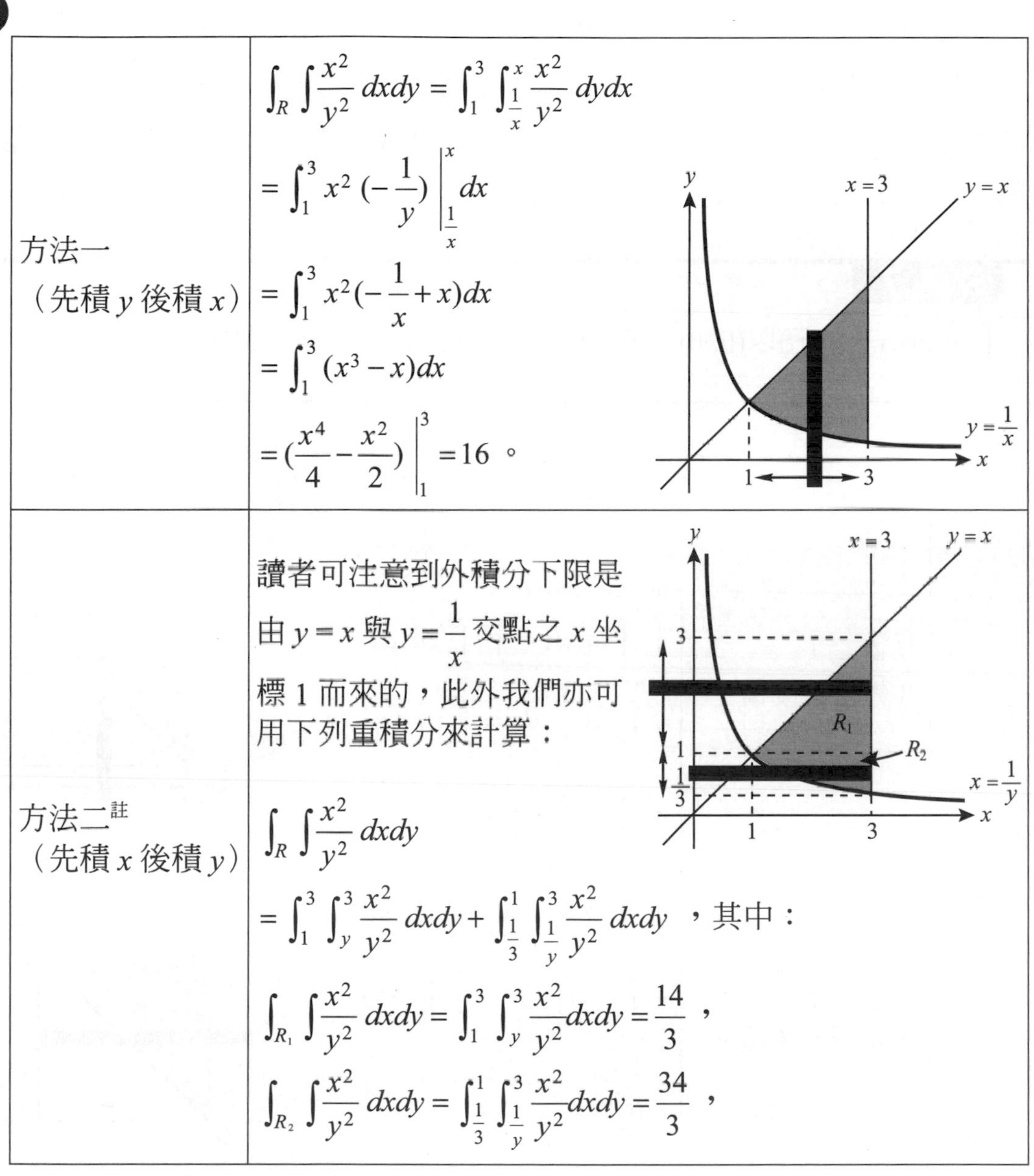

方法一 （先積 y 後積 x）	$\int_R\int \frac{x^2}{y^2}dxdy = \int_1^3\int_{\frac{1}{x}}^{x} \frac{x^2}{y^2}dydx$ $= \int_1^3 x^2(-\frac{1}{y})\Big\|_{\frac{1}{x}}^{x}dx$ $= \int_1^3 x^2(-\frac{1}{x}+x)dx$ $= \int_1^3 (x^3-x)dx$ $= (\frac{x^4}{4}-\frac{x^2}{2})\Big\|_1^3 = 16$。
方法二[註] （先積 x 後積 y）	讀者可注意到外積分下限是由 $y=x$ 與 $y=\frac{1}{x}$ 交點之 x 坐標 1 而來的，此外我們亦可用下列重積分來計算： $\int_R\int \frac{x^2}{y^2}dxdy$ $= \int_1^3\int_y^3 \frac{x^2}{y^2}dxdy + \int_{\frac{1}{3}}^{1}\int_{\frac{1}{y}}^{3} \frac{x^2}{y^2}dxdy$，其中： $\int_{R_1}\int \frac{x^2}{y^2}dxdy = \int_1^3\int_y^3 \frac{x^2}{y^2}dxdy = \frac{14}{3}$， $\int_{R_2}\int \frac{x^2}{y^2}dxdy = \int_{\frac{1}{3}}^{1}\int_{\frac{1}{y}}^{3} \frac{x^2}{y^2}dxdy = \frac{34}{3}$，

註：方法二較難，初學者可略之。

	$\therefore \int_R \int \frac{x^2}{y^2}\,dxdy$ $= \int_{R_1} \int \frac{x^2}{y^2}\,dxdy + \int_{R_2} \int \frac{x^2}{y^2}\,dxdy = \frac{14}{3} + \frac{34}{3} = 16$。

■

讀者可比較一下，方法二與方法一不同之處。二重積分在計算時將原積分區域劃分成 R_1、R_2 兩個區域分別求算之技巧以及積分界限之求取是重積分解題之關鍵。不論你（妳）怎麼劃分結果總是相同的。

例題 7

$\int_A \int xdydx$，A 為以(0, 0)、(0, 1)、(1, 1)為頂點之三角形區域。

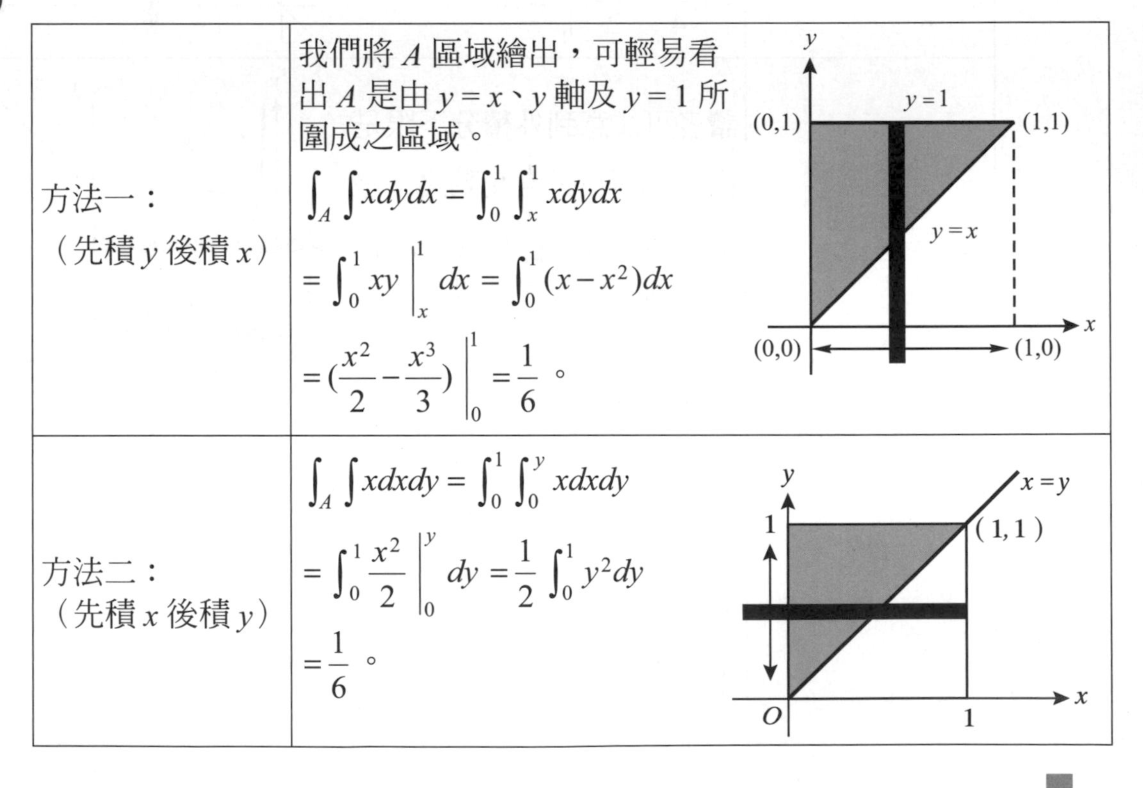

方法一： （先積 y 後積 x）	我們將 A 區域繪出，可輕易看出 A 是由 $y=x$、y 軸及 $y=1$ 所圍成之區域。 $\int_A \int xdydx = \int_0^1 \int_x^1 xdydx$ $= \int_0^1 xy \Big\vert_x^1 dx = \int_0^1 (x-x^2)dx$ $= (\frac{x^2}{2} - \frac{x^3}{3}) \Big\vert_0^1 = \frac{1}{6}$。
方法二： （先積 x 後積 y）	$\int_A \int xdxdy = \int_0^1 \int_0^y xdxdy$ $= \int_0^1 \frac{x^2}{2} \Big\vert_0^y dy = \frac{1}{2} \int_0^1 y^2 dy$ $= \frac{1}{6}$。

■

$\int_0^1 \int_x^1 xdydx = \int_0^1 \int_0^y xdxdy$，這是下節重積分改變積分順序之重點。

練習題

1. $\int_0^2 \int_0^{x-1} y\,dy\,dx$。

2. $\int_0^{\pi} \int_0^{\pi} \sin^2 x \sin^2 y\,dx\,dy$。

3. $\int_0^1 \int_0^{1-y} x\,dx\,dy$。

4. $\int_0^{\pi} \int_0^{x} x \sin y\,dy\,dx$。

5. $\int_0^1 \int_0^1 xye^{x^2+y^2}\,dx\,dy$。

6. $\int_0^1 \int_0^{x^2} (x-\sqrt{y})\,dy\,dx$。

7. $\int_D \int xy\,dx\,dy$，$D: y=x^2$ 與 $y=x$ 所夾區域。

8. $\int_R \int \cos(x+y)\,dx\,dy$，$D: x=0$、$y=\pi$、$y=x$ 所圍區域。

9. $\int_0^1 \int_0^2 \frac{y}{1+x^2}\,dy\,dx$。

10. $\iint_R (y-2x)\,dx\,dy$，$R: 1 \le x \le 2$、$3 \le y \le 5$。

解答

1. $\frac{1}{3}$
2. $\frac{\pi^2}{4}$
3. $\frac{1}{6}$
4. $\frac{\pi^2}{2}+2$
5. $\frac{1}{4}(e-1)^2$
6. $\frac{1}{12}$
7. $\frac{1}{24}$
8. -2
9. $\frac{\pi}{2}$
10. 2

9-2 重積分之一些技巧

本節學習目標

1. 改變積分順序。
2. 變數變換。

9-1 節之重積分問題均可直接解出，但也有許多重積分問題必須藉助某些特殊方法才能解出。本節將介紹兩個最基本之技巧：(1)改變積分順序及(2)變數變換法。

改變積分順序

我們在上節例題 7 說明了 $\int_A\int xdxdy$ A 以(0, 0)、(0, 1)、(1, 1)爲頂點之三角形區域有兩個同義之重積分表現法：

1. $\int_0^1\int_x^1 xdydx$ 及
2. $\int_0^1\int_0^y xdxdy$

在 1.我們是先對 y 積分，然後再對 x 積分，而在 2.我們是先對 x 積分，然後對 y 積分，二者積分順序恰好相反，但兩者之重積分區域是一樣的：

1. 之積分區域爲 $y=1$、$y=x$、$x=1$、$x=0$ 所包圍。
2. 之積分區域爲 $x=y$、$x=0$、$y=1$、$y=0$ 所包圍。

因此**改變積分順序是除將原題之積分先後順序改變外，積分區域不變是最大特色。**

例題 1

求 $\int_0^2 \int_{\frac{y}{2}}^1 ye^{x^3} dxdy$ 。

解 本例題無法直接計算，因此試由改變積分順序著手。

$$\int_0^2 \int_{\frac{y}{2}}^1 ye^{x^3} dxdy = \int_0^1 \int_0^{2x} ye^{x^3} dydx$$

$$= \int_0^1 e^{x^3} \left.\frac{y^2}{2}\right|_0^{2x} dx$$

$$= \int_0^1 2x^2 e^{x^3} dx$$

$$= \left.\frac{2}{3}e^{x^3}\right|_0^1 = \frac{2}{3}(e-1) \text{ 。}$$

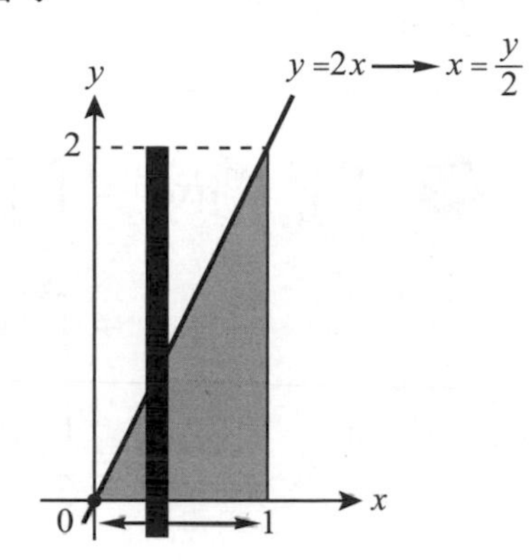

例題 2

求 $\int_0^1 \int_x^1 e^{y^2} dydx$ 。

解 $\int_0^1 \int_x^1 e^{y^2} dydx = \int_0^1 \int_0^y e^{y^2} dxdy = \int_0^1 \left. xe^{y^2} \right|_0^y dy = \int_0^1 ye^{y^2} dy = \left. \frac{1}{2}e^{y^2} \right|_0^1 = \frac{1}{2}(e-1)$ 。

我們現在將二者積分區域繪出，讀者可看出二者的積分區域並未有所改變，如圖 9-2、9-3 所示。

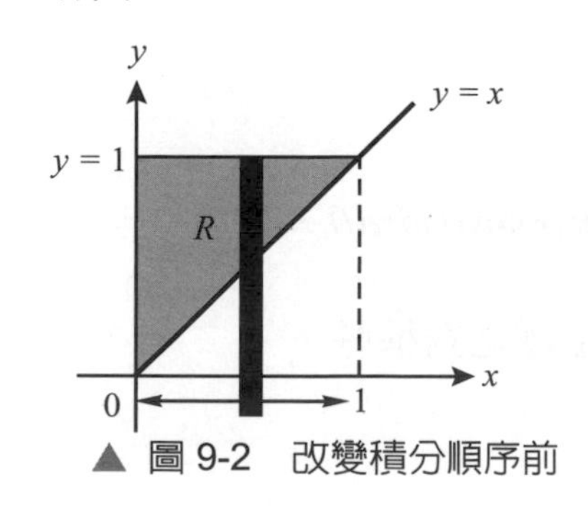

▲ 圖 9-2　改變積分順序前

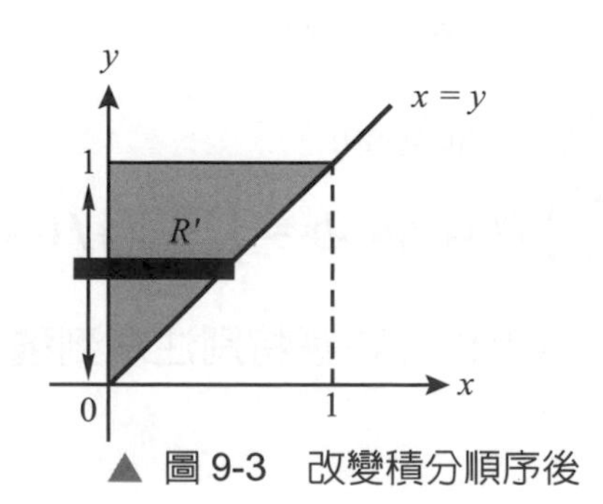

▲ 圖 9-3　改變積分順序後

一般而言 $\int_a^b \int_a^y f(x,y)dxdy = \int_a^b \int_x^b f(x,y)dydx$ 成立，讀者可自行繪出它們的積分區域以驗證之。

例題 3

$\int_0^1 \int_{3y}^3 e^{x^2} dxdy$。

解 $\int_0^1 \int_{3y}^3 e^{x^2} dxdy = \int_0^3 \int_0^{\frac{x}{3}} e^{x^2} dydx$

$= \int_0^3 ye^{x^2}\Big|_0^{\frac{x}{3}} dx = \int_0^3 \frac{x}{3} e^{x^2} dx$

$= \frac{1}{6} e^{x^2}\Big|_0^3 = \frac{1}{6}(e^9 - 1)$。

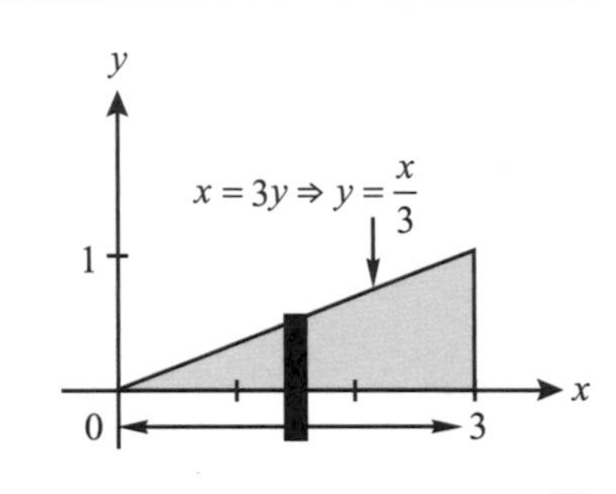

■

極座標之應用

$\int_R \int f(x,y)dxdy$ 之 $f(x,y)$ **是一個** x^2+y^2 **或者是** $a^2x^2+b^2y^2$ **之函數時可考慮用極座標** $x = r\cos\theta$ **、** $y = r\sin\theta$ **來行變數變換。**

取 $x = r\cos\theta$ 、 $y = r\sin\theta$，則：

$$|J| = \left\| \begin{matrix} \frac{\partial x}{\partial r} & \frac{\partial x}{\partial \theta} \\ \frac{\partial y}{\partial r} & \frac{\partial y}{\partial \theta} \end{matrix} \right\| = \left\| \begin{matrix} \cos\theta & -r\sin\theta \\ \sin\theta & r\cos\theta \end{matrix} \right\| = |r|$$

$|J|$ 稱為 Jacobian

及 $\int_R \int f(x,y)dxdy = \int_{R_1} \int |r| f(r\cos\theta, r\sin\theta)drd\theta$

在計算重積分時應**特別注意到積分區域之對稱性**。

例題 4

求 $\int_R\int\sqrt{x^2+y^2}dxdy$ ；其中 $R=\{(x,y)|x^2+y^2\le 1$ 、 $x\ge 0$ 、 $y\ge 0\}$ 。

解　本題之積分區域爲位在第一象限的 $\frac{1}{4}$ 圓形區域，取 $x=r\cos\theta$ 、 $y=r\sin\theta$ ，

$0\le r\le 1$ 、 $0\le\theta\le\frac{\pi}{2}$ ，

$\therefore \int_R\int\sqrt{x^2+y^2}dxdy$

$=\int_0^{\frac{\pi}{2}}\int_0^1 r\sqrt{r^2\cos^2\theta+r^2\sin^2\theta}drd\theta$

$=\int_0^{\frac{\pi}{2}}\int_0^1 r\cdot rdrd\theta=\int_0^{\frac{\pi}{2}}\frac{1}{3}d\theta=\frac{1}{3}\theta\Big|_0^{\frac{\pi}{2}}=\frac{\pi}{6}$ 。

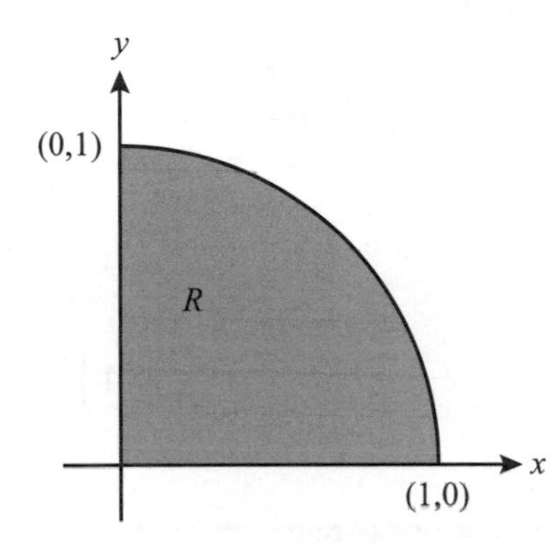

■

在例題 4 裡，如果將積分區域變爲 $R=\{(x,y)|x^2+y^2\le 1\}$，積分區域爲整個圓形區域，如圖 9-4 所示。則

$\int_R\int\sqrt{x^2+y^2}dxdy$

$=4\int_0^{\frac{\pi}{2}}\int_0^1 r\sqrt{r^2\cos^2\theta+r^2\sin^2\theta}drd\theta$

$=4\int_0^{\frac{\pi}{2}}\int_0^1 r^2drd\theta=4\cdot(\frac{\pi}{6})=\frac{2\pi}{3}$ 。

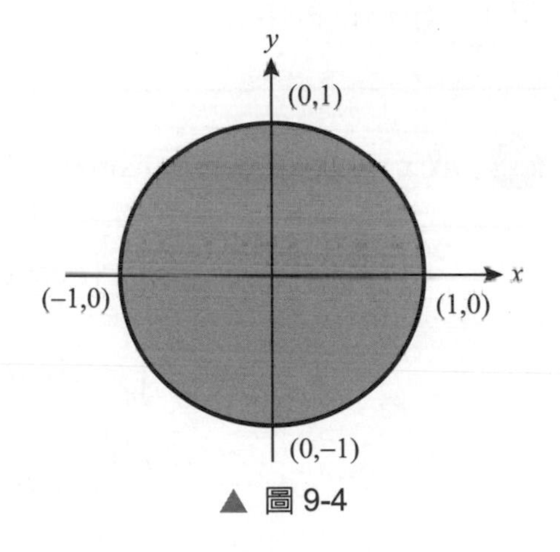

▲ 圖 9-4

在上面之解題過程中，我們利用積分區域的對稱性，即整個積分區域之重積分結果爲第一象限積分結果的四倍，這種**對稱性在重積分經常被用到**。

例題 5

求 $\int_R\int \frac{1}{\sqrt{x^2+y^2}}dxdy$，$R=\{(x,y)|x^2+y^2\le 4\}$。

解 其 $x=r\cos\theta$、$y=r\sin\theta$，$0\le r\le 2$，

$$\int_R\int\frac{dxdy}{\sqrt{x^2+y^2}}=4\int_0^2\int_0^{\frac{\pi}{2}}r\cdot\frac{d\theta dr}{\sqrt{r^2}}$$

$$=4\int_0^2\int_0^{\frac{\pi}{2}}\frac{r}{r}d\theta dr=4\int_0^2\int_0^{\frac{\pi}{2}}d\theta dr$$

$$=4\int_0^2\frac{\pi}{2}dr=4\cdot 2\cdot\frac{\pi}{2}=4\pi\text{。}$$

■

例題 6

求 $\int_R\int xydxdy$ 其中 $\{(x,y)|0\le x^2+y^2\le 1、0\le x\le 1、0\le y\le 1\}$。

解 取 $x=r\cos\theta$、$y=r\sin\theta$，$0\le r\le 1$、$0\le\theta\le\frac{\pi}{2}$，$|J|=r$，

$$\therefore \int_R\int xydxdy=\int_0^{\frac{\pi}{2}}\int_0^1 r(r\cos\theta r\sin\theta)drd\theta$$

$$=\int_0^{\frac{\pi}{2}}\int_0^1 r^3\cos\theta\sin\theta drd\theta\ \theta$$

$$=\int_0^{\frac{\pi}{2}}\frac{r^4}{4}\bigg|_0^1\cos\theta\sin\theta d\theta$$

$$=\frac{1}{4}\int_0^{\frac{\pi}{2}}\sin\theta d\sin\theta=\frac{1}{4}(\frac{1}{2}\sin^2\theta)\bigg|_0^{\frac{\pi}{2}}$$

$$=\frac{1}{8}\text{。}$$

■

例題 7

求 $\int_R\int\frac{1}{\sqrt{x^2+y^2}}dxdy$ ；$\{(x,y)|1\le x^2+y^2\le 4\}$ 。

解 取 $x=r\cos\theta$ 、 $y=r\sin\theta$ ， $x^2+y^2=r^2$ ，$1\le r\le 2$ 、 $0\le\theta\le 2\pi$ ，$|J|=r$ ，

$$\therefore \int_R\int\frac{1}{\sqrt{x^2+y^2}}dxdy$$

$$=4\int_1^2\int_0^{\frac{\pi}{2}}r\cdot\frac{d\theta dr}{\sqrt{r^2}}$$

$$=4\int_1^2\int_0^{\frac{\pi}{2}}d\theta dr$$

$$=4\int_1^2\frac{\pi}{2}dr$$

$$=4\cdot\frac{\pi}{2}=2\pi$$ 。

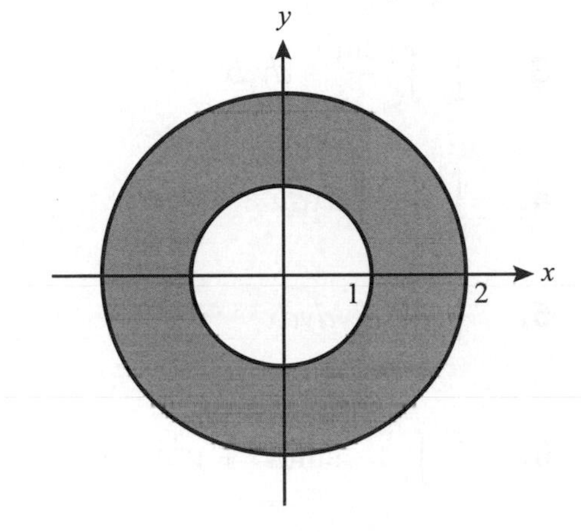

練習題

1. $\int_0^1 \int_y^1 \frac{1}{1+x^4}\, dxdy$ 。

2. $\int_0^1 \int_x^1 \frac{1}{1+y^2}\, dydx$ 。

3. $\int_0^{\pi} \int_x^{\pi} \frac{\sin y}{y}\, dydx$ 。

4. $\int_0^2 \int_y^2 e^{x^2}\, dxdy$ 。

5. $\int_0^4 \int_{\frac{x}{2}}^2 e^{y^2}\, dydx$ 。

6. $\int_0^1 \int_0^{\sqrt{1-x^2}} \sin(x^2+y^2)\, dydx$ 。

7. $\int_0^1 \int_0^{\sqrt{1-y^2}} \sqrt{1-x^2-y^2}\, dxdy$ 。

8. $\int_{-\infty}^{\infty} \int_{-\infty}^{\infty} \frac{1}{1+x^2+y^2}\, dxdy$ 。

9. $\int_0^1 \int_y^1 \frac{\sin x}{x}\, dxdy$ 。

10. $\int_0^2 \int_0^{\sqrt{4-x^2}} \sin(x^2+y^2)\, dydx$ 。

11. $\int_0^1 \int_0^{x^3} e^{\frac{y}{x}}\, dydx$ 。

解答

1. $\frac{\pi}{8}$
2. $\frac{1}{2}\ln 2$
3. 2
4. $\frac{1}{2}e^4 - \frac{1}{2}$
5. $e^4 - 1$
6. $\frac{\pi}{4}(1-\cos 1)$
7. $\frac{\pi}{6}$
8. 不存在
9. $1-\cos 1$
10. $\frac{\pi}{4} - \frac{\cos 4}{4}\pi$
11. $\frac{e}{2} - 1$

附錄

常用公式集

幾何公式

1. 球（sphere）：

(1) 體積V ： $V=\frac{4}{3}\pi r^3$，r：球半徑。

(2) 表面積：$A=4\pi r^2$ 。

2. 正圓錐（righ circular cone）：

(1) 體積V ： $V=\frac{1}{3}\pi r^2 h=\frac{1}{3}$底面積×高，$r$：錐底半徑、$h$：錐高。

(2) 表面積A ： $A=\pi r\sqrt{r^2+h^2}$ 。

3. 扇形（circular sector）：

(1) 面積：$A=\frac{1}{2}r^2\theta$，r：圓半徑、θ ：圓心角。

(2) 弧長：$S=r\theta$ 。

常用基本不等式

1. 算術平均數 ≥ 幾何平均數（在異於 0 之正數成立）

$$\frac{x_1+x_2+\cdots\cdots+x_n}{n}\geq\sqrt[n]{x_1x_2\cdots\cdots x_n}$$ 。

2. Cauchy 不等式：

$(a_1{}^2+a_2{}^2+\cdots\cdots+a_n{}^2)(b_1{}^2+b_2{}^2+\cdots\cdots+b_n{}^2)\geq(a_1b_1+\cdots\cdots+a_nb_n)^2$ 。

3. $-\sqrt{a^2+b^2}\leq a\cos x+b\sin x\leq\sqrt{a^2+b^2}$ 。

三角公式

1. 定義：

(1) $\sin\theta=\dfrac{y}{r}=\dfrac{1}{\csc\theta}$ 。

(2) $\cos\theta=\dfrac{x}{r}=\dfrac{1}{\sec\theta}$ 。

(3) $\tan\theta=\dfrac{y}{x}=\dfrac{1}{\cot\theta}$ 。

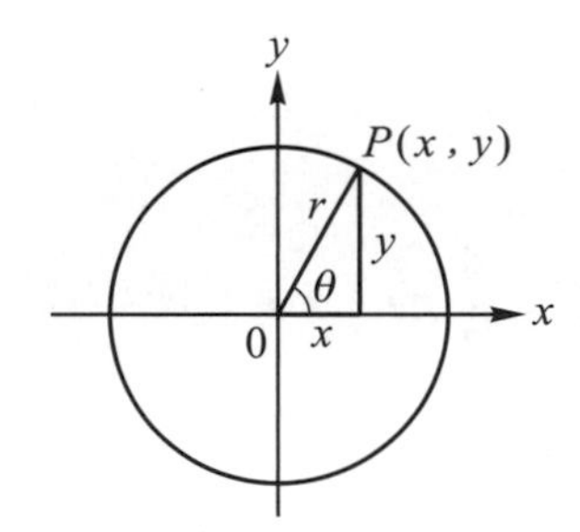

2. 恆等式：

(1) $\sin(-\theta)=-\sin\theta$ 、 $\cos(-\theta)=\cos\theta$ 。

(2) $\sin^2\theta+\cos^2\theta=1$ 、 $\tan^2\theta+1=\sec^2\theta$ 、 $1+\cot^2\theta=\csc^2\theta$ 。

(3) $\sin 2\theta=2\sin\theta\cos\theta$ 、 $\cos 2\theta=\cos^2\theta-\sin^2\theta=2\cos^2\theta-1=1-2\sin^2\theta$ 。

(4) $\sin^2\theta=\dfrac{1-\cos 2\theta}{2}$ 、 $\cos^2\theta=\dfrac{1+\cos 2\theta}{2}$ 。

(5) $\sin(A+B)=\sin A\cos B+\cos A\sin B$ 。

(6) $\sin(A-B)=\sin A\cos B-\cos A\sin B$ 。

(7) $\cos(A+B)=\cos A\cos B-\sin A\sin B$ 。

(8) $\cos(A-B)=\cos A\cos B+\sin A\sin B$ 。

(9) $\tan(A+B)=\dfrac{\tan A+\tan B}{1-\tan A\tan B}$ 。

(10) $\tan(A-B)=\dfrac{\tan A-\tan B}{1+\tan A\tan B}$ 。

(11) $\sin(A-\dfrac{\pi}{2})=-\cos A$ 、 $\cos(A-\dfrac{\pi}{2})=\sin A$ 。

(12) $\sin(A+\dfrac{\pi}{2})=\cos A$ 、 $\cos(A+\dfrac{\pi}{2})=-\sin A$ 。

(13) $\sin A\sin B=\dfrac{1}{2}\cos(A-B)-\dfrac{1}{2}\cos(A+B)$ 。

(14) $\cos A\cos B=\dfrac{1}{2}\cos(A-B)+\dfrac{1}{2}\cos(A+B)$ 。

(15) $\sin A\cos B=\dfrac{1}{2}\sin(A-B)+\dfrac{1}{2}\sin(A+B)$ 。

(16) $\sin A+\sin B=2\sin\dfrac{1}{2}(A+B)\cos\dfrac{1}{2}(A-B)$ 。

(17) $\sin A-\sin B=2\cos\dfrac{1}{2}(A+B)\sin\dfrac{1}{2}(A-B)$ 。

(18) $\cos A+\cos B=2\cos\dfrac{1}{2}(A+B)\cos\dfrac{1}{2}(A-B)$ 。

(19) $\cos A-\cos B=-2\sin\dfrac{1}{2}(A+B)\sin\dfrac{1}{2}(A-B)$ 。

微分公式

1. 微分之四則公式：

(1) $(f(x)\pm g(x))'=f'(x)\pm g'(x)$，

爲簡便計算，我們常將 $\dfrac{dy}{dx}$ 寫成 f' 。

(2) $(cf(x)+b)'=cf'(x)$ 。

(3) $(f(x)\cdot g(x))'=f'(x)g(x)+f(x)g'(x)$ 。

(4) $(\dfrac{f(x)}{g(x)})'=\dfrac{g(x)f'(x)-f(x)g'(x)}{g^2(x)}$ 。

2. $\frac{d}{dx}x^n = nx^{n-1}$，$n$ 為正整數。

3. 鏈鎖律：

(1) $\frac{d}{dx}f(g(x)) = f'(g(x))g'(x)$。

(2) $\frac{d}{dx}[f(x)]^n = n[f(x)]^{n-1}f'(x)$。

4. 反函數微分法：

若 $y = f(x)$ 之反函數 $x = g(y)$ 存在，且 $y = f(x)$ 為可微分，則 $\frac{dx}{dy} = \frac{1}{\frac{dy}{dx}}$。

5. 三角函數法（u 為 x 之可微分函數）：

(1) $\frac{d}{dx}\sin u = \cos u \cdot \frac{d}{dx}u$。

(2) $\frac{d}{dx}\cos u = -\sin u \cdot \frac{d}{dx}u$。

(3) $\frac{d}{dx}\tan u = \sec^2 u \cdot \frac{d}{dx}u$。

(4) $\frac{d}{dx}\cot u = -\csc^2 u \cdot \frac{d}{dx}u$。

(5) $\frac{d}{dx}\sec u = \sec u \tan u \cdot \frac{d}{dx}u$。

(6) $\frac{d}{dx}\csc u = -\csc u \cot u \cdot \frac{d}{dx}u$。

6. 反三角函數微分法：

(1) $\frac{d}{dx}\sin^{-1} u = \frac{1}{\sqrt{1-u^2}}\frac{d}{dx}u$，$|u|<1$。

(2) $\frac{d}{dx}\cos^{-1} u = \frac{-1}{\sqrt{1-u^2}}\frac{du}{dx}$，$|u|<1$。

(3) $\frac{d}{dx}\tan^{-1} u = \frac{1}{1+u^2}\frac{d}{dx}u$，$u \in \mathbb{R}$。

(4) $\frac{d}{dx}\cot^{-1} u = \frac{-1}{1+u^2}\frac{d}{dx}u$，$u \in \mathbb{R}$。

(5) $\frac{d}{dx}\sec^{-1} u = \frac{1}{|u|\sqrt{u^2-1}}\frac{d}{dx}u$，$|u|>1$。

(6) $\frac{d}{dx}\csc^{-1} u = \frac{-1}{|u|\sqrt{u^2-1}}\frac{d}{dx}u$，$|u|>1$。

7. 自然對數、指數函數之微分法：

(1) $\frac{d}{dx}\ln x=\frac{1}{x}$，$x>0$。

(2) $\frac{d}{dx}e^{u}=e^{u}\cdot\frac{d}{dx}u$。

8. 參數方程式：

$$\begin{cases} x=f(t) \\ y=g(t) \end{cases}$$

則

(1) $\frac{dy}{dx}=\frac{\frac{dy}{dt}}{\frac{dx}{dt}}$。

(2) $\frac{d^2y}{dx^2}=\frac{f'(t)g''(t)-g'(t)f''(t)}{[f'(t)]^3}$。

增減函數與函數圖形之凹性

1. 若$f(x)$在$[a, b]$爲連續且在(a, b)爲可微分，

(1) 若 $f'(x)>0$，$\forall x\in(a,b)$，則$f(x)$在(a, b)爲遞增函數。

(2) 若 $f'(x)<0$，$\forall x\in(a,b)$，則$f(x)$在(a, b)爲遞減函數。

(3) 若 $f'(x)=0$，$\forall x\in(a,b)$，則$f(x)$在(a, b)爲常數函數。

2. 若f在$[a, b]$中爲連續，且在(a, b)中爲可微分，則

(1) 在(a, b)中滿足 $f''>0$，則f在$[a, b]$中爲上凹。

(2) 在(a, b)中滿足 $f''<0$，則f在$[a, b]$中爲下凹。

(3) 若函數f上之一點$(c, f(c))$改變了圖形之凹性，則該點稱爲反曲點，因此 $f''(c)=0$ 或 $f''(c)$ 不存在時，$x=c$ 即爲f之反曲點。

極值

1. 若函數 f 在 $x=c$ 處有一相對極值，則 $f'(c)=0$ 或 $f'(c)$ 不存在。

2. f 在(a, b)中為連續，且 c 為(a, b)中之一點

(1) 若 $f'>0$，$\forall x\in(a,c)$ 且 $f'<0$，$\forall x\in(c,b)$，則 $f(c)$為 f 之一相對極大值。

(2) 若 $f'<0$，$\forall x\in(a,c)$ 且 $f'>0$，$\forall x\in(c,b)$，則 $f(c)$為 f 之一相對極小值。

二階導函數判別法

1. f'、f'' 在包含 c 之開區間(a, b)均存在，若 $f'(c)=0$，則

(1) $f''(c)<0$ 時，$f(c)$為 f 之一相對極大值。

(2) $f''(c)>0$ 時，$f(c)$為 f 之一相對極小值。

2. 若函數 $f(x)$在 $x=x_0$ 之 n 階導函數存在，且
$f'(x_0)=f''(x_0)=\cdots=f^{(n-1)}(x_0)=0$，但 $f^{(n)}(x_0)\neq 0$，則

(1) n 為偶數時，$x=x_0$ 為一臨界點，且

$$\begin{cases} f^{(n)}(x_0)>0\text{，} & f(x)\text{ 在 } x=x_0 \text{ 處有相對極小值} \\ f^{(n)}(x_0)<0\text{，} & f(x)\text{ 在 } x=x_0 \text{ 處有相對極大值} \end{cases}\text{。}$$

(2) n 為奇數時，$x=x_0$ 不是 $f(x)$之極點。

積分篇

積分公式

1. (1) 若 f、g 之反導函數均存在，且 k 為任一常數，則

① $\int kf(x)dx=k\int f(x)dx$。

② $\int(f(x)\pm g(x))\,dx=\int f(x)dx\pm\int g(x)dx$。

(2) 若 $f(x)$在$[\alpha,\beta]$中為可積分，a、b、c 為$[\alpha,\beta]$中之三點，則

① $b\in[a,c]$，$\int_a^c f(x)dx=\int_a^b f(x)dx+\int_b^c f(x)dx$。

② $\int_a^b f(x)dx=-\int_b^a f(x)dx$。

③ $\int_a^a f(x)dx=0$。

④ 在$[a, b]$，若 $f(x)\geq g(x)$ 則$\int_a^b f(x)dx\geq\int_a^b g(x)dx$。

2. $\int x^n dx=\begin{cases}\dfrac{1}{n+1}x^{n+1}+c, & n\neq -1\\ \ln|x|+c, & n=-1\end{cases}$。

3. 有關指數函數與對數函數之積分公式：

(1) $\int e^x dx=e^x+c$。

(2) $\int\frac{f'(x)}{f(x)}dx=\ln|f(x)|+c$。

(3) $\int a^x dx=\frac{1}{\ln a}a^x+c$，$a>0$。

4. 有關三角函數之不定積分：

(1) $\int\sin xdx=-\cos x$。

(2) $\int\cos dx=\sin x+c$。

(3) $\int\tan xdx=-\ln|\cos x|+c$。

(4) $\int\cot xdx=\ln|\sin x|+c$。

(5) $\int\sec xdx=\ln|\sec x+\tan x|+c$。

(6) $\int\csc xdx=\ln|\csc x-\cot x|+c$。

5. (1) $\int\frac{du}{\sqrt{u^2\pm a^2}}=\ln\left|u+\sqrt{u^2\pm a^2}\right|+c$。

(2) $\int\sqrt{u^2\pm a^2}du=\frac{u}{2}\sqrt{u^2\pm a^2}\pm\frac{a^2}{2}\ln\left|u+\sqrt{u^2\pm a^2}\right|+c$。

(3) $\int\frac{1}{\sqrt{a^2-u^2}}du=\sin^{-1}\frac{u}{a}+c$。

(4) $\int\sqrt{a^2-u^2}du=\frac{u}{2}\sqrt{a^2-u^2}+\frac{a^2}{2}\sin^{-1}\frac{u}{a}+c$。

(5) $\int\frac{du}{a^2+u^2}=\frac{1}{a}\tan^{-1}\frac{u}{a}+c$。

6. 不定積分之變數變換若 g 爲一可微分函數，F 爲 f 之反導函數，則

(1) $\int f(g(x))g'(x)dx = F(g(x)) + c$。

(2) $\int f(ax+b)dx = \int f(ax+b)d(ax+b)\cdot\frac{1}{a} = \frac{1}{a}\int f(ax+b)d(ax+b)$。

(3) $\int f(x^n)x^{n-1}dx = \int f(x^n)dx^n\cdot\frac{1}{n} = \frac{1}{n}\int f(x^n)dx^n$。

(4) $\int f(\sin x)\cos x dx = \int f(\sin x)d\sin x$。

(5) $\int f(x^n)\frac{1}{x}dx = \frac{1}{n}\int f(x^n)\frac{1}{x^n}dx^n$。

（$\because dx^n = nx^{n-1}dx \Rightarrow \frac{1}{n}\frac{dx^n}{x^n} = \frac{1}{x}dx$）

7. $\int f(a^2 \pm x^2)dx$ 或 $\int f(x^2 - a^2)dx$

(1) $\int f(a^2 - x^2)dx$：可令 $x = a\sin y \Rightarrow \begin{cases} y = \sin^{-1}\frac{x}{a} \\ dx = a\cos y dy \end{cases}$。

(2) $\int f(a^2 + x^2)dx$：可令 $x = a\tan y \Rightarrow \begin{cases} y = \tan^{-1}\frac{x}{a} \\ dx = a\sec^2 y dy \end{cases}$。

(3) $\int f(x^2 - a^2)dx$：可令 $x = a\sec y \Rightarrow \begin{cases} y = \sec^{-1}\frac{x}{a} \\ dx = a\sec y\tan y dy \end{cases}$。

定積分之性質

1. 定理（積分均值定理）：若 f 在 $[a, b]$ 爲連續，則在 $[a, b]$ 間存在一個 c，使得 $\int_a^b f(t)dt = (b-a)f(c)$。

2. 定理：若 f 在 $[a, b]$ 爲連續函數，$x \in (a, b)$，則 $\frac{d}{dx}[\int_a^x f(t)\,dt] = f(x)$。

推論：若 f、s 及 p 在 $[a, b]$ 爲連續函數，$x \in (a, b)$，則

(1) $\frac{d}{dx}[\int_a^{s(x)} f(t)\,dt] = f(s(x))\cdot s'(x)$。

(2) $\frac{d}{dx}[\int_{p(x)}^{s(x)} f(t)\,dt] = f(s(x))\cdot s'(x) - f(p(x))p'(x))$。

3. 定積分之變數變換：

(1) 若函數 g' 在 $[a, b]$ 中為連續，且 f 在 g 之值域中為連續，取 $u = g(x)$，則 $\int_a^b f(g(x))g'(x)\,dx = \int_{g(a)}^{g(b)} f(u)\,du$。

(2) 設 f 為一奇函數（即 f 滿足 $f(-x) = -f(x)$），則 $\int_{-a}^{a} f(x)dx = 0$。

(3) 設 f 為一偶函數（即 f 滿足 $f(-x) = f(x)$），則 $\int_{-a}^{a} f(x)dx = 2\int_0^a f(x)dx$。

4. Wallis 公式：

$$\int_0^{\frac{\pi}{2}} \sin^n x dx = \int_0^{\frac{\pi}{2}} \cos^n x dx = \begin{cases} \frac{1\cdot 3\cdot 5\cdots\cdots(n-1)}{2\cdot 4\cdot 6\cdots\cdots n}\cdot\frac{\pi}{2}, & n\text{為偶數} \\ \frac{2\cdot 4\cdot 6\cdots\cdots(n-1)}{1\cdot 3\cdot 5\cdots\cdots n}, & n\text{為奇數} \end{cases}$$ 。

5. Gamma 函數記做 $\Gamma(n)$，定義為：

(1) $\Gamma(n) = \int_0^\infty x^{n-1}e^{-x}dx$，$n > 0$。

(2) $\Gamma(\frac{1}{2}) = \sqrt{\pi}$。

定積分在求面積上之應用

1. 平面面積：

(1) 若 $y = f(x)$ 在 $[a, b]$ 中為一連續的非負函數，則 $y = f(x)$ 在 $[a, b]$ 中與 x 軸所夾區域的面積為 $A(R) = \int_a^b f(x)dx$。

(2) 若我們要求 $y = f(x)$ 與 $y = g(x)$ 在 $[a, b]$ 間所夾面積，假設在 $[a, b]$ 間 $f(x) \geq g(x)$，則 $y = f(x)$ 與 $y = g(x)$ 在 $[a, b]$ 間所夾之面積 $R = \int_a^b [f(x) - g(x)]\,dx$。

2. 旋轉固體體積：

$y=f(x)$ 繞 x 軸旋轉一週，則其在 $a\le x\le b$ 間所夾區域固體之體積

$V=\pi\int_a^b f^2(x)\,dx$ 。

$x=g(y)$ 繞 y 軸旋轉一週，則其在 $c\le y\le d$ 間所夾固體之體積

$V=\pi\int_c^d g^2(y)\,dy$ 。

上述公式是在 $a\le x\le b$ 間繞 y 軸旋轉之體積，若是繞 x 軸在 $d\le y\le c$ 間旋轉之體積便為 $\int_c^d 2\pi yh(y)dy$ ， $x=h(y)$ 。

無窮級數篇

正項級數

1. 每一有界單調（不論遞增或遞減）數列之極限值存在。

2. 正項級數－審斂法：

(1) $\sum_{i=1}^{\infty}a_i$ 、 $\sum_{i=1}^{\infty}b_i$ 均為正項級數，

若 $a_i\le b_i$ ， $\forall i$ ，且若 $\sum_{i=1}^{\infty}b_i$ 收斂，則 $\sum_{i=1}^{\infty}a_i$ 收斂。

若 $a_i\le b_i$ ， $\forall i$ ，且若 $\sum_{i=1}^{\infty}a_i$ 發散，則 $\sum_{i=1}^{\infty}b_i$ 發散。

(2) 積分審斂法：

設 $f(x)$在$[1,\infty)$ 中為連續的正項非遞增函數， $a_k=f(k)$ ，則 $\sum_{n=1}^{\infty}a_n$ 收斂之充要條件為 $\int_1^{\infty}f(x)dx<\infty$ 。

(3) 極限檢定法：

$\sum_{n=1}^{\infty} a_n$ 爲正項級數，$\lim_{n\to\infty} n^p a_n =$ 有限值，若 $p \le 1$，則 $\sum_{n=1}^{\infty} a_n$ 爲發散，$p > 1$，則 $\sum_{n=1}^{\infty} a_n$ 收斂。

(4) 比值檢定法：

設 $\sum a_k$ 爲一正項級數，且 $\lim_{n\to\infty} \frac{a_{n+1}}{a_n} = \ell < 1 (\ell > 1)$，則 $\sum_{k=1}^{\infty} a_k$ 收斂 （發散）；若 $\ell = 1$，無法檢定。

(5) 根審斂法：

$\sum_{n=1}^{\infty} a_n$ 爲正項級數，$\lim_{n\to\infty} \sqrt[n]{a_n} = R$，若 $R > 1$，則 $\sum_{n=1}^{\infty} a_n$ 發散，$R < 1$，則 $\sum_{n=1}^{\infty} a_n$ 收斂，$R = 1$，則無法判斷 $\sum_{n=1}^{\infty} a_n$ 之斂散性。

3. 有一些不等式在應用比較審斂法時很有幫助，如 $x \ge \sin x$、$x \ge \cos x$、$x \ge \ln(1+x)$、$x \ge \ln x$、$\tan x \ge x$、$e^x \ge x$、$x \ge \tan^{-1} x$。

交錯級數

1. 設 $\sum a_k$ 爲任意級數，若 $\sum |a_k|$ 收斂，則稱 $\sum a_k$ 爲絕對收斂；若 $\sum a_k$ 收斂而 $\sum |a_k|$ 發散，則稱 $\sum a_k$ 爲條件收斂。

2. 重要定理：

(1) 若① $a_{k+1} \le a_k$，$\forall k$（即 a_k 遞減），且② $\lim_{k\to\infty} a_k = 0$，
則交錯級數 $\sum (-1)^{k-1} a_k$ 收斂。

(2) 極限檢定法：

若 $\lim_{n\to\infty} n^p a_n = A$（常數），$p < 1$，則 $\sum_{n=1}^{\infty} a_n$ 絕對收斂。

(3) 若 $\sum a_n$ 爲絕對收斂，則 $\sum a_n$ 爲收斂，即 $\sum |a_n|$ 爲收斂，則 $\sum a_n$ 爲收斂。

(4) 比值檢定法：

$$\lim_{n\to\infty}\left|\frac{a_{n+1}}{a_n}\right|=\ell$$

① 若 $\ell>1$，則 $\sum_{n=1}^{\infty}a_n$ 發散。

② 若 $\ell<1$，則 $\sum_{n=1}^{\infty}a_n$ 絕對收斂。

③ 若 $\ell=1$，無法判定斂散性。

(5) 根值檢定法：

若 $\lim_{n\to\infty}\sqrt[n]{|a_n|}=\ell$

① $\ell>1$，則 $\sum_{n=1}^{\infty}a_n$ 發散。

② $\ell<1$，則 $\sum_{n=1}^{\infty}a_n$ 絕對收斂。

③ $\ell=1$，無法判定斂散性。

泰勒級數

1. 常用之冪級數

(1) $e^x=1+x+\frac{x^2}{2!}+\frac{x^3}{3!}+\cdots\cdots$，$x\in\mathbb{R}$。

(2) $\sin x=x-\frac{x^3}{3!}+\frac{x^5}{5!}-\frac{x^7}{7!}+\cdots\cdots$，$x\in\mathbb{R}$。

(3) $\cos x=1-\frac{x^2}{2!}+\frac{x^4}{4!}-\frac{x^6}{6!}+\cdots\cdots$，$x\in\mathbb{R}$。

(4) $(1+x)^n=1+nx+\frac{n(n-1)}{2!}x^2+\cdots+\frac{n(n-1)\cdots\cdots(n-k+1)}{k!}x^k+\cdots$。

(5) $\ln(1+x)=x-\frac{x^2}{2}+\frac{x^3}{3}-\frac{x^4}{4}+\cdots\cdots$，$-1<x<1$。

(6) $\frac{1}{1+x}=1-x+x^2-x^3+x^4-\cdots\cdots$，$|x|<1$。

2. 二項級數：

(1) $(a+b)^m$

$$= a^m + \binom{m}{1} a^{m-1}b + \binom{m}{2} a^{m-2}b^2 + \cdots\cdots + \binom{m}{k} a^{m-k}b^k + \cdots\cdots + b^m ,$$

m 爲正整數，在此 $\binom{m}{k} = \dfrac{m!}{k!(m-k)!} = \dfrac{m(m-1)\cdots\cdots(m-k+1)}{k!}$

(2) $(1+x)^m = 1 + \binom{m}{1} x + \binom{m}{2} x^2 + \cdots\cdots + x^m$

$$= 1 + mx + \frac{m(m-1)}{2!} x^2 + \cdots\cdots + mx^{m-1} + x^m ，m \in \mathbb{R} 。$$

偏導函數

1. 二變數函數偏導函數之重要結果：

(1) 若 $f(x, y)$ 爲 k 階齊次函數，即 $f(\lambda x, \lambda y) = \lambda^k f(x, y)$，$\lambda \neq 0$、$\lambda \in \mathbb{R}$，則 $xf_x + yf_y = kf$。

(2) 在 $f_{xy}(x, y)$、$f_{yx}(x, y)$ 在開區域 I 內爲連續，則在 I 中 $f_{xy}(x, y) = f_{yx}(x, y)$。

(3) 鏈鎖法則：

令 $z = f(u, v)$、$u = g(x, y)$、$v = h(x, y)$，則

$$\frac{\partial z}{\partial x} = \frac{\partial z}{\partial u} \cdot \frac{\partial u}{\partial x} + \frac{\partial z}{\partial v} \cdot \frac{\partial v}{\partial x} 、 \frac{\partial z}{\partial y} = \frac{\partial z}{\partial u} \cdot \frac{\partial u}{\partial y} + \frac{\partial z}{\partial v} \cdot \frac{\partial v}{\partial y} 。$$

(4) 若 $f(x, y) = 0$，則 $\dfrac{dy}{dx} = -\dfrac{f_x}{f_y}$，$f_y \neq 0$。

2. $f(x, y)$ 之相對極值求法：

(1) 一階條件：

令 $\begin{cases} f_x = 0 \\ f_y = 0 \end{cases}$ 得到 $f(x, y)$ 之臨界點。

(2) 二階條件：

計算 $\Delta = \begin{vmatrix} f_{xx} & f_{xy} \\ f_{yx} & f_{yy} \end{vmatrix}_{(x_0, y_0)}$，$(x_0, y_0)$ 爲 $f(x, y)$ 之臨界點，

① 若$\Delta > 0$，且$f_{xx}(x_0, y_0) > 0$，則$f(x, y)$在(x_0, y_0)有相對極小值。

② 若$\Delta > 0$，且$f_{xx}(x_0, y_0) < 0$，則$f(x, y)$在(x_0, y_0)有相對極大值。

③ 若$\Delta < 0$，則$f(x, y)$在(x_0, y_0)處有一鞍點。

④ 若$\Delta = 0$，則$f(x, y)$在(x_0, y_0)處無任何資訊（即非以上三種）。

3. 方向導數：

$z = f(x, y)$之f_x，f_y存在，$\boldsymbol{u} = [a, b]$為任意之單位向量，則$f(x, y)$在點$P(x_0, y_0)$沿 $\boldsymbol{u}$ 之方向導數為$D_u f(P) = f_x(x_0, y_0)a + f_y(x_0, y_0)b$，$D_u f$之極大值為$\|\nabla f\|$，極小值為$-\|\nabla f\|$。

（請由此線剪下）

讀者回函卡

掃 QRcode 線上填寫 ▶▶▶

姓名：________ 生日：西元____年____月____日 性別：□男 □女

電話：（ ）________ 手機：________

e-mail：（必填）________

註：數字零，請用 Φ 表示，數字 1 與英文 L 請另註明並書寫端正，謝謝。

通訊處：□□□□□________

學歷：□高中・職 □專科 □大學 □碩士 □博士

職業：□工程師 □教師 □學生 □軍・公 □其他

學校／公司：________ 科系／部門：________

・需求書類：

□ A. 電子 □ B. 電機 □ C. 資訊 □ D. 機械 □ E. 汽車 □ F. 工管 □ G. 土木 □ H. 化工 □ I. 設計

□ J. 商管 □ K. 日文 □ L. 美容 □ M. 休閒 □ N. 餐飲 □ O. 其他

・本次購買圖書為：________ 書號：________

・您對本書的評價：

封面設計：□非常滿意 □滿意 □尚可 □需改善，請說明________

內容表達：□非常滿意 □滿意 □尚可 □需改善，請說明________

版面編排：□非常滿意 □滿意 □尚可 □需改善，請說明________

印刷品質：□非常滿意 □滿意 □尚可 □需改善，請說明________

書籍定價：□非常滿意 □滿意 □尚可 □需改善，請說明________

整體評價：請說明________

・您在何處購買本書？

□書局 □網路書店 □書展 □團購 □其他________

・您購買本書的原因？（可複選）

□個人需要 □公司採購 □親友推薦 □老師指定用書 □其他________

・您希望全華以何種方式提供出版訊息及特惠活動？

□電子報 □ DM □廣告（媒體名稱________）

・您是否上過全華網路書店？（www.opentech.com.tw）

□是 □否 您的建議________

・您希望全華出版哪方面書籍？________

・您希望全華加強哪些服務？________

感謝您提供寶貴意見，全華將秉持服務的熱忱，出版更多好書，以饗讀者。

填寫日期： / /

2020.09 修訂

親愛的讀者：

感謝您對全華圖書的支持與愛護，雖然我們很慎重的處理每一本書，但恐仍有疏漏之處，若您發現本書有任何錯誤，請填寫於勘誤表內寄回，我們將於再版時修正，您的批評與指教是我們進步的原動力，謝謝！

全華圖書 敬上

勘誤表

書號		書名		作者	
頁數	行數	錯誤或不當之詞句		建議修改之詞句	

我有話要說：（其它之批評與建議，如封面、編排、內容、印刷品質等・・・）

得　分

微積分

學後評量

CH00　基礎數學之回顧

班級：

學號：

姓名：

1. 選擇題：

(1) (　　) 以下集合何者爲空集合？

① $\{x \mid 2x+1=1\}$　② $\{x \mid x \neq x\}$　③ $\{x \mid |x|=-1, x \in \mathbb{R}\}$

(A) ①，②　(B) ②，③　(C) ①，③　(D) 以上皆非。

(2) (　　) p：$x \geq 1$，q：$x \geq 2$ 則

(A) p 是 q 之充分條件　(B) q 是 p 之充分條件

(C) p 是 q 之必要條件　(D) q 是 p 之必要條件。

(3) (　　) ①今天下雨嗎？　②瑪麗好美呀！　③ $2+1=6$，

問哪個是命題？

(A) ①，②　(B) ②，③　(C) ③　(D) ①，②，③都不是。

(4) (　　) 下列複合命題何者爲僞？

(A) 臺北市在臺灣或臺中市在日本

(B) 若臺中市在日本則 $1+2=3$

(C) 若 $1+2=3$ 則 $2+4=7$

(D) 若且惟若 $1+2=5$ 則 $2+3=7$。　(20 分)

（請沿虛線撕下）

2. 解 $\dfrac{x(x^2+1)(x-2)}{x-1} \leq 0$ 。（10 分）

3. 利用 $|x+y| \leq |x|+|y|$ 之關係：

(1) 試證 $|x+y+z| \leq |x|+|y|+|z|$

(2) 若 $|x| \leq \dfrac{1}{2}$，$|y| \leq \dfrac{1}{6}$，試證 $|x+2y+1| \leq 2$。

（30 分）

4. 若我們定義二集合之差集（Difference）

$A-B=\{x \mid x \in A \text{ 且 } A \notin B\}$，依指定集合運算求在圖形上對應之區域

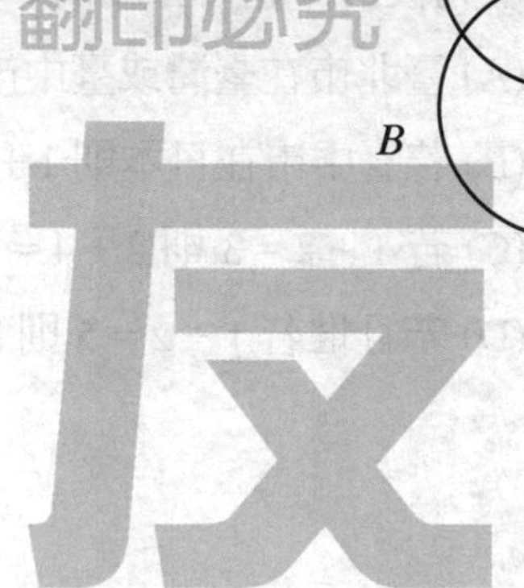

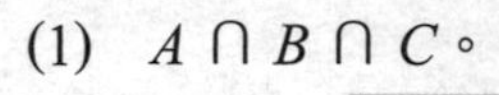

(1) $A \cap B \cap C$。

(2) $A-(B \cap C)$。

(3) $(A-B) \cup (A-C)$。（30 分）

5. 若 $A \subseteq \phi$ 試證 $A=\phi$。（10 分）

得　分

微積分

學後評量

CH01　函數、極限與連續

班級：____________

學號：____________

姓名：____________

1. 設 $f(x)=x^3+1$，試回答：

   (1) $f(x)$ 之定義域。

   (2) 求 $f(-1)$。

   (3) 若 $\lim\limits_{x\to -1}\dfrac{g(x)}{x^3+1}=2$，求 $\lim\limits_{x\to -1}(g(x)+x^2)$。

   (4) 若 $g(x)=2x+1$，求 $\lim\limits_{x\to 3}g(f(x))$。

   (5) $g(x)=2x+1$，$f(g(x))$ 是否為連續函數？　（25 分）

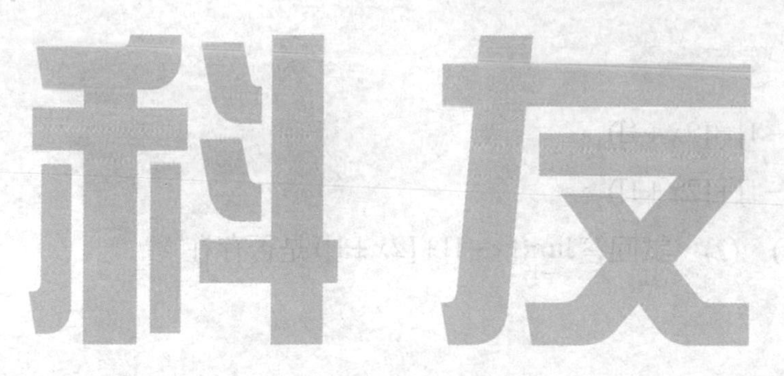

（請沿虛線撕下）

2. $f(x)=\begin{cases}3x+2 & x\geq -1\\ x^2 & x<-1\end{cases}$，試回答：

(1) $f(2)$。

(2) $f(-1)$。

(3) $f(x)$ 在 $x=-1$ 處是否連續。（15 分）

3. 求 $\lim\limits_{x\to 2}\dfrac{x^2+x-6}{x^2-5x+6}$。（10 分）

4. 求 $\lim\limits_{x\to 1}\dfrac{\sqrt{x}-1}{x^2-1}$。（10 分）

5. 求

(1) $\lim\limits_{x\to 1^+}([x-1]+[2x+1])$。

(2) $\lim\limits_{x\to 1^-}([x-1]+[2x+1])$。

(3) 利用 (1)、(2)，試回答 $\lim\limits_{x\to 1}([x-1]+[2x+1])$ 是否存在。（30 分）

6. 若 $\lim\limits_{x\to 1}f(x)+2\lim\limits_{x\to 1}g(x)=5$，$3\lim\limits_{x\to 1}f(x)-\lim\limits_{x\to 1}g(x)=1$，求 $3\lim\limits_{x\to 1}f(x)-2\lim\limits_{x\to 1}g(x)$。（10 分）

得　分

全華圖書

微積分

學後評量

CH02 微分學

班級：＿＿＿＿＿＿＿＿

學號：＿＿＿＿＿＿＿＿

姓名：＿＿＿＿＿＿＿＿

1. $f(x)$ 為可微分是 $f(x)$ 為連續之＿＿＿＿條件？$f(x)$ 在 $x=a$ 可微分是 $\lim\limits_{x\to a^+} f(x)=\lim\limits_{x\to a^-} f(x)$ 之＿＿＿＿條件（充分，必要，充要，還是皆非）。（10分）

2. 試求下列各題之導函數：

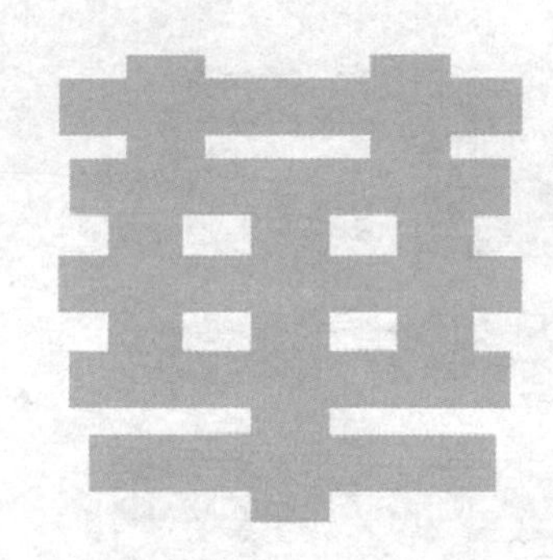

(1) $f(x)=\dfrac{x+3}{x+1}$

(2) $f(x)=\dfrac{\sin(x^2)}{x}$

(3) $f(x)=3^{x^2}$

(4) $f(x)=e^{\tan^{-1}x^2}$

(5) $f(x)=e^{\ln(x^2+x+1)}$

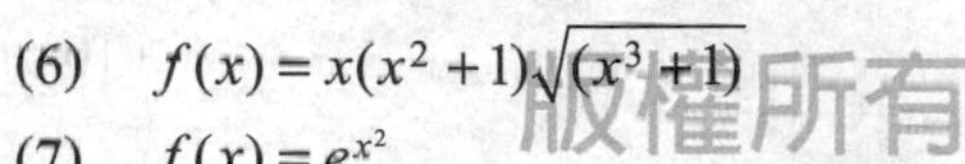

(6) $f(x)=x(x^2+1)\sqrt{(x^3+1)}$

(7) $f(x)=e^{x^2}$

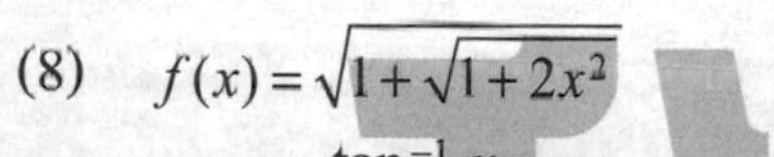

(8) $f(x)=\sqrt{1+\sqrt{1+2x^2}}$

(9) $f(x)=\dfrac{\tan^{-1}x}{x}$ （45分）

（請沿虛線撕下）

3. 給定 $x^2+9y^2=1$，求 $\dfrac{dy}{dx}$ 與 $\dfrac{d^2y}{dx^2}$ 。（10 分）

4. 試求過 $x^2+xy-y^2=1$ 一點 $(1, 1)$ 之切線方程式與法線方程式。（15 分）

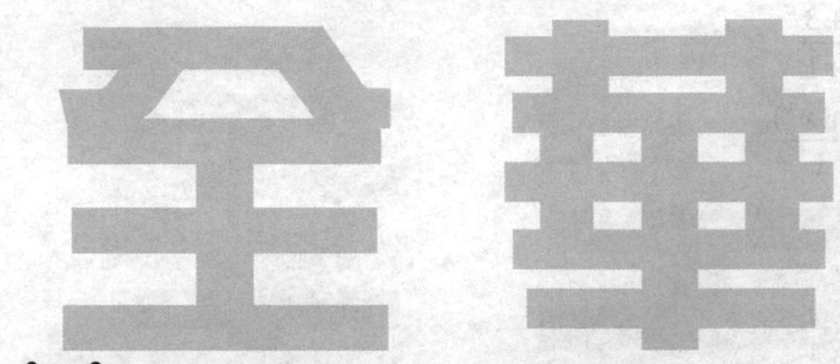

5. 若 $y=\dfrac{3x-2}{(2x+1)(x-3)}$ 之 $y^{(n)}$。（10 分）

6. 用導數定義求 $f(x)=\sin x$ 在 $x=0$ 處之導數。（10 分）

得　分

微積分

學後評量

CH03　微分的應用

班級：＿＿＿＿＿＿＿＿

學號：＿＿＿＿＿＿＿＿

姓名：＿＿＿＿＿＿＿＿

1. 求 $f(x)=2x^3-9x^2+12x+1$ 之

　(1) 遞增區間。

　(2) 遞減區間。

　(3) 上凹區間。

　(4) 下凹區間。

　(5) 反曲點。

　(6) 相對極大。

　(7) 相對極小。

　(8) 在 $[-1, 5]$ 之絕對極值。　　（40 分）

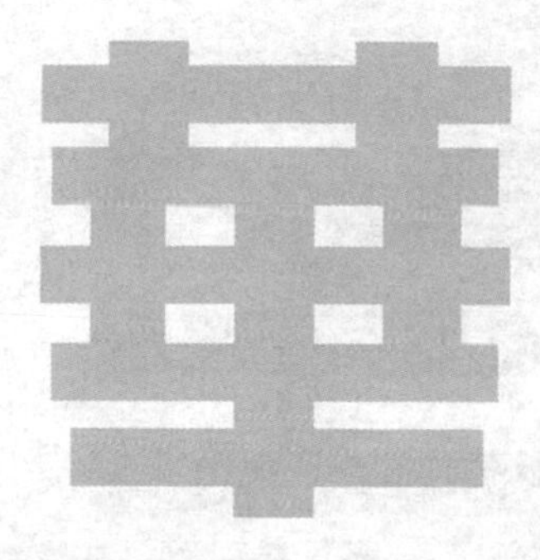

2. 試依下列資訊繪出 $y = f(x)$ 之概圖：

(1) $x < -3$ 或 $x > 2$ 時 $f'(x) > 0$

(2) $-3 < x < 2$ 時 $f'(x) < 0$

(3) $x > 1$ 時 $f''(x) > 0$

(4) $x < 1$ 時 $f''(x) < 0$

(5) $f(-3) = 2$，$f(1) = 0$，$f(0) = 0.9$，$f(2) = -2$ （20 分）

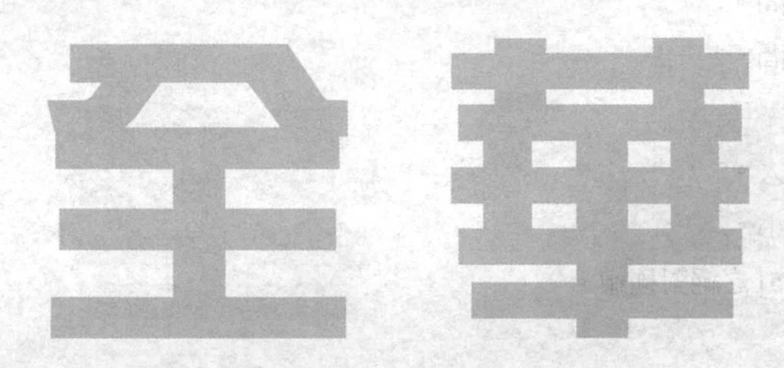

3. 求高為 a，底為 b 之直角三角形，內接矩形之最大面積。 （20 分）

4. $y = ax^3 + bx^2$ 在 $(1, 6)$ 處有反曲點，求 a、b。 （20 分）

得 分

微積分

學後評量

CH04 積分

班級：＿＿＿＿＿＿＿＿

學號：＿＿＿＿＿＿＿＿

姓名：＿＿＿＿＿＿＿＿

1. 填充題：

(1) $\int_0^2 e^{-x}dx=$ ＿＿＿＿＿。

(2) $\int_{-1}^1 \frac{x}{1+x^4}dx=$ ＿＿＿＿＿。

(3) $\int x\sqrt{1+3x^2}\,dx=$ ＿＿＿＿＿。

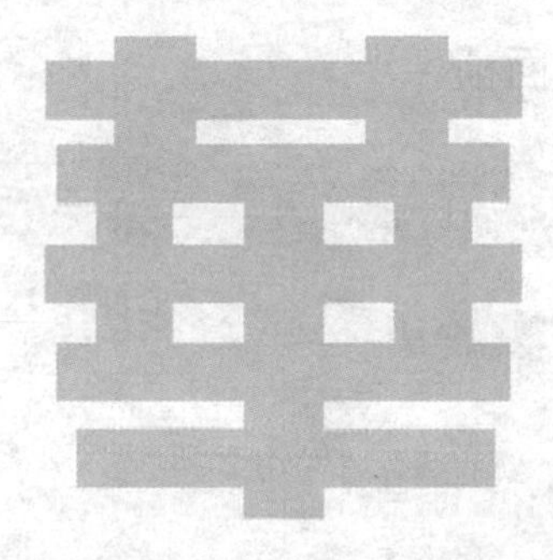

(4) $\int_0^1 3^x dx=$ ＿＿＿＿＿。

(5) $\int \frac{dx}{1+2x}=$ ＿＿＿＿＿。

(6) $\int_0^{\frac{\pi}{2}} \frac{\cos x}{1+\sin x}dx=$ ＿＿＿＿＿。

(7) $\int_{-2}^2 x|x|dx=$ ＿＿＿＿＿。

(8) $\frac{d}{dx}\int_0^3 \frac{dx}{\sqrt{1+x^5}}=$ ＿＿＿＿＿。

(9) $\frac{d}{dx}\int_0^{x^2} \tan(t^2)dx=$ ＿＿＿＿＿。

(10) $\int \cos^2 x\sin x dx=$ ＿＿＿＿＿。 （60 分）

（請沿虛線撕下）

2. 求 $y=\sqrt{x}$，$0<x<1$ 圍成之區域繞 x 旋轉之體積。 （15 分）

3. (1) 繪 $f(x)=x^2-2x+2$ 之與 $x=2$、x 軸、y 軸所圍成之區域。

   (2) 求 (1) 之面積。 （15 分）

4. 敘述「微積分基本定理」。 （10 分）

得　分

微積分

學後評量

CH05 積分之進一步方法

班級：________

學號：________

姓名：________

1. 填充題：

(1) $\int xe^x dx =$ ________。

(2) $\int_{-\frac{\pi}{2}}^{\frac{\pi}{2}} \sin^3 x dx =$ ________。

(3) $\int \frac{dx}{\sqrt{1-x^2}} =$ ________。

(4) $\int \frac{dx}{5+4x+4x^2} =$ ________。

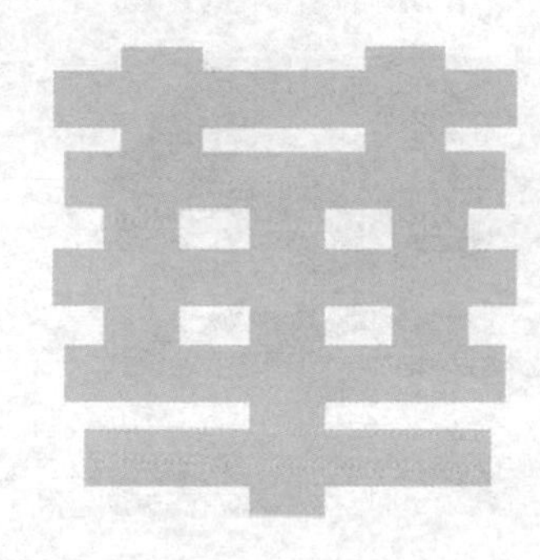

(5) $\int \frac{dx}{x(x-1)} =$ ________。

(6) $\int \frac{2x-3}{(x-1)(x-2)} dx =$ ________。

(7) $\int \frac{dx}{\sqrt{x^2-1}} =$ ________。

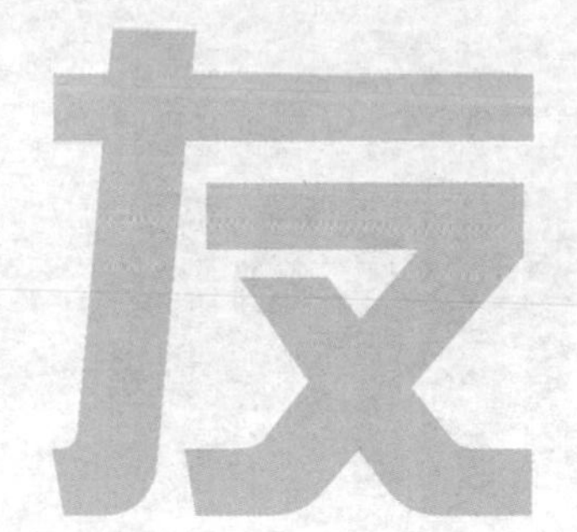

(8) $\int \frac{3}{x^2+3x} dx =$ ________。

(9) $\int x \cos x dx =$ ________。

(10) $\int_0^{\frac{\pi}{2}} \sin^7 x dx =$ ________。

（70 分）

（請沿虛線撕下）

2. 求$\int \tan^{-1} x dx$。（15 分）

3. $I_n = \int_1^e (\ln x)^n dx$，試證$I_{n+1} = e - (n+1)I_n$，$x \in \mathbb{Z}^+$，並以此結果求$I_3$。（15 分）

得 分

全華圖書（版權所有，翻印必究）
微積分
學後評量
CH06 不定式與瑕積分

班級：________
學號：________
姓名：________

1. 填充題：

(1) $\int_0^{\infty} x^2 e^{-x} dx =$ ________。

(2) $m \neq 0$，$\lim\limits_{x\to 1}\dfrac{1-x^n}{1-x^m} =$ ________。

(3) $\lim\limits_{x\to\infty}(1+x)^{\frac{2}{x}} =$ ________。

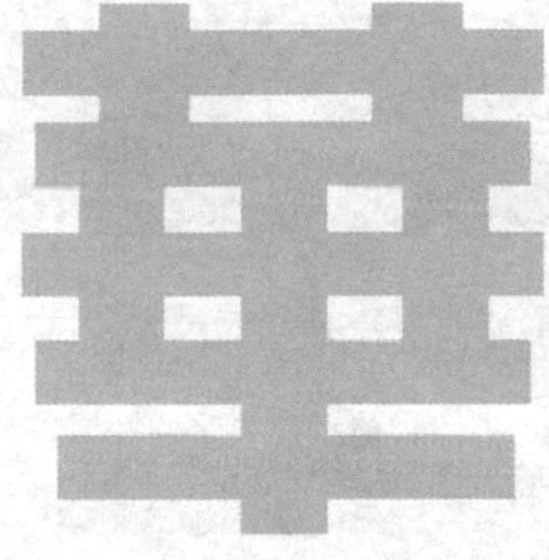

(4) $\lim\limits_{x\to\infty}(\sqrt{1+x^4}-x^2) =$ ________。

(5) $\int_0^1 \ln x dx =$ ________。

(6) $\int_{-\infty}^{\infty} \dfrac{x}{1+x^2} dx =$ ________。

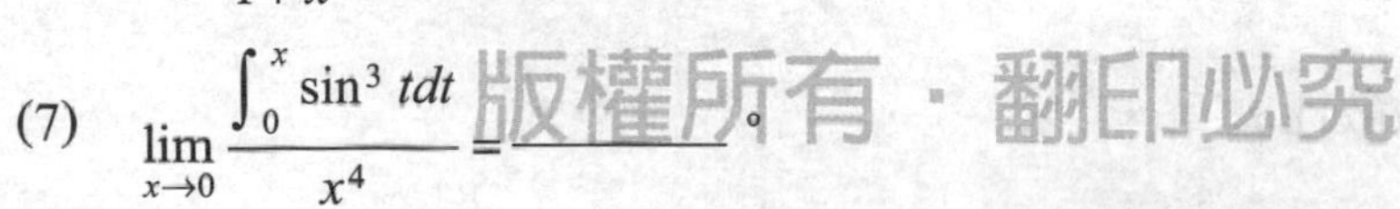

(7) $\lim\limits_{x\to 0}\dfrac{\int_0^x \sin^3 t dt}{x^4} =$ ________。

(8) $\lim\limits_{x\to 0^+} x^x =$ ________。

(9) $\int_1^{\infty} \dfrac{\sqrt{x}\, dx}{x^2+3x+1} =$ ________（收斂／發散）。

(10) $\int_0^2 \dfrac{dx}{x^2-1} =$ ________（收斂／發散）。 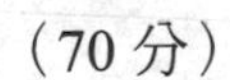（70 分）

（請沿虛線撕下）

2. 求$\lim_{x\to 0}\frac{(1+mx)^n-(1+nx)^m}{x^2}$。（15分）

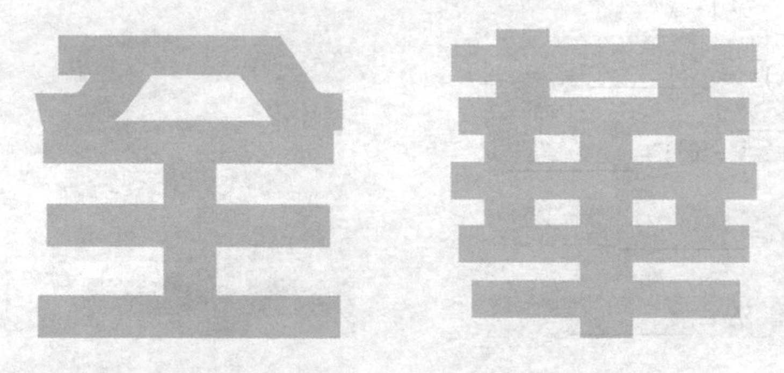

3. 判斷下列瑕積分之斂散性。

(1) $\int_1^{\infty}\frac{x+2}{x^3+x+1}dx$。

(2) $\int_0^{\infty}e^{-x^2}dx$。（15分）

得　分

全華圖書（版權所有，翻印必究）

微積分

學後評量

CH07　無窮級數

班級：__________

學號：__________

姓名：__________

1. 判斷下列正項級數之斂散性：

(1) $\sum_{n=1}^{\infty}\frac{n}{n^2+n+1}$ 。

(2) $\sum_{n=1}^{\infty}(1+\frac{1}{n})^{2n}$ 。

(3) $\sum_{n=1}^{\infty}\sin(\frac{1}{n^3})$ 。

(4) $\sum_{n=1}^{\infty}(\frac{n}{3n+2})^n$ 。

(5) $\sum_{n=1}^{\infty}\frac{(2n)!}{2^n(n!)^2}$ 。　（30 分）

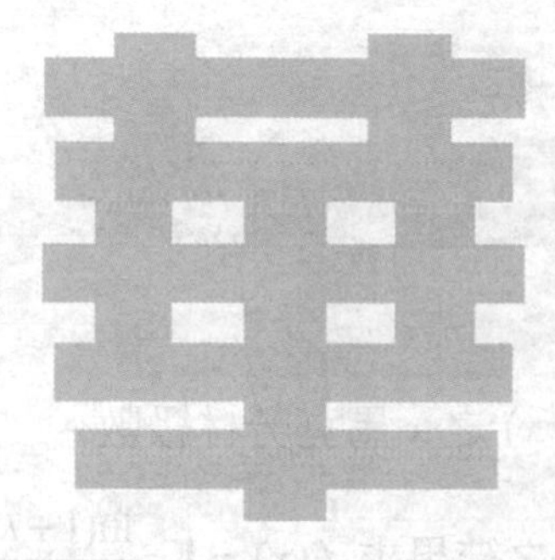

2. 已知 $|a|<1$，$|b|<1$，求 $\lim_{n\to\infty}\frac{1+a+a^2+\cdots+a^n}{1+b+b^2+\cdots+b^n}$ 並以 a、b 表示。　（15 分）

（請沿虛線撕下）

3. 討論 $\sum_{n=1}^{\infty} \frac{(-1)^n n!}{e^n}$ 之斂散性。（10 分）

4. 求 $\sum_{n=1}^{\infty} \frac{n!}{n^n} e^n$ 之收斂區間。（10 分）

5. (1) 求 $\ln(1+x)$ 之 x 馬克勞林級數。

   (2) 利用 (1) 之結果求 $f(x)=\int_0^x \frac{\ln(1+t)}{t}\,dt$ 之 x 的冪級數。（20 分）

6. 試將 $f(x)=\ln x$ 展開成 $x-1$ 之泰勒級數。

   （提示：$\ln x=\ln(1+(x-1))$，令 $y=x-1$ 求 $\ln(1+y)$ 之冪級數）（15 分）

得　分

微積分
學後評量
CH08 偏微分

班級：＿＿＿＿＿＿
學號：＿＿＿＿＿＿
姓名：＿＿＿＿＿＿

1. 填充題：

(1) $\lim\limits_{\substack{x\to 0\\ y\to 0}}(x^2-2x+y)=$＿＿＿＿＿。

(2) $f(x,\ y)=x^2+y^2$，那麼 $xf_x+yf_y=$＿＿＿＿＿ $f(x,\ y)$。

(3) $f(x,\ y)=x^2+y^2$，那麼 $\lim\limits_{\Delta x\to 0}\dfrac{f(x+\Delta x,\ y)-f(x,\ y)}{\Delta x}=$＿＿＿＿＿。

(4) $f(x,\ y)=y^2 2^x$，則 $f_{xy}=$＿＿＿＿＿。

(5) $f(x,\ y)=x^4+xy+y$ 則 $f_{xxy}=$＿＿＿＿＿。

(6) 若 $z=f(x,y)$，$x=s(u,v)$，$y=t(v)$，則 $\dfrac{\partial z}{\partial v}=$＿＿＿＿＿。

(7) $f(x,\ y)=\dfrac{x-y}{x+y}$，若沿 $y=-x$，求 $x\to 0$，$y\to 0$ 時 $f(x,y)\to$＿＿＿＿＿。

(8) $x^2+5xy+y^4=1$，求 $\dfrac{dy}{dx}=$＿＿＿＿＿。（40 分）

（請沿虛線撕下）

2. 求 $f(x, y) = x^2 - xy + y^2$ 之相對極值與鞍點。（25 分）

3. 在 $x + y = 1$ 之條件下，求 $x^2 + xy + y^2$ 之極值。（20 分）

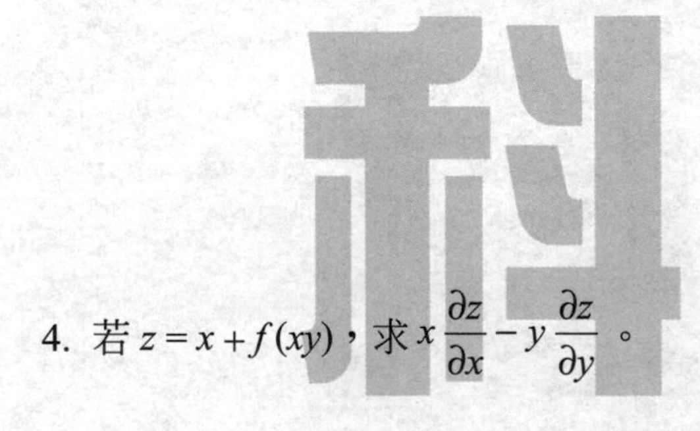

4. 若 $z = x + f(xy)$，求 $x\dfrac{\partial z}{\partial x} - y\dfrac{\partial z}{\partial y}$ 。（15 分）

得　分

微積分

學後評量

CH09　重積分

班級：＿＿＿＿＿＿

學號：＿＿＿＿＿＿

姓名：＿＿＿＿＿＿

1. 填充題：

(1) $\int_0^1\int_0^1 x^2 y dx dy =$ ＿＿＿＿＿。

(2) $\int_{-\pi}^{\pi}\int_{-\pi}^{\pi} \cos y dy dx =$ ＿＿＿＿＿。

(3) $\int_{-1}^{1}\int_0^x xy dy dx =$ ＿＿＿＿＿。

(4) $R = \{(x, y) \mid 4 \ge x^2 + y^2 \ge 1\}$，$\iint_R \frac{1}{\sqrt{x^2+y^2}} dx dy =$ ＿＿＿＿＿。

(5) $\int_0^2\int_y^2 e^{x^2} dx dy =$ ＿＿＿＿＿。

(6) $R = \{(x, y) \mid x^2 + y^2 \le a^2，a \ge 0\}$，求 $\iint_R \sqrt{x^2+y^2} dx dy =$ ＿＿＿＿＿。　（60 分）

（請沿虛線撕下）

2. 設 R 爲 $x=2$，$y=x$，$xy=1$ 所圍成之區域 （20 分）

(1) 試繪區域 R。

(2) 求 $\int_R\int \frac{x^2}{y^2}\,dxdy$ 。

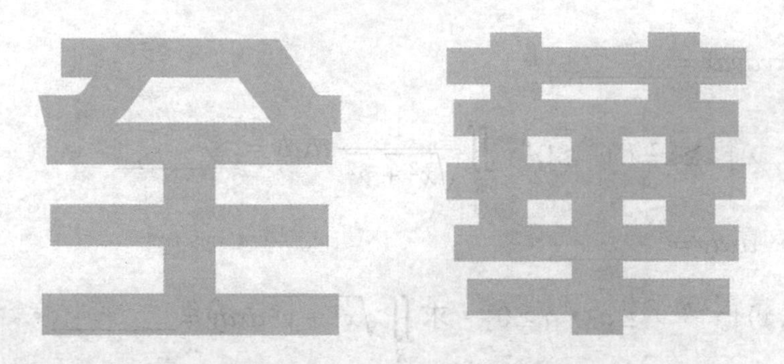

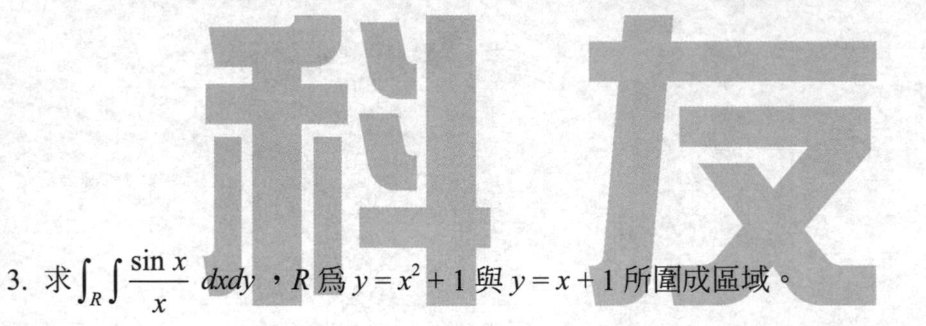

3. 求 $\int_R\int \frac{\sin x}{x}\,dxdy$ ，R 爲 $y=x^2+1$ 與 $y=x+1$ 所圍成區域。 （20 分）